普通高等教育通识类课程教材

计算机应用基础

主　编　周丽娟　纪淑芹　杨海波

副主编　侯仲尼　毛宇婷　陈天亨

U0201790

中国水利水电出版社
www.waterpub.com.cn

·北京·

内 容 提 要

本书根据作者多年的实践和教学经验，在学以致用思想的指导下，从实际应用出发，结合大学信息技术教育的现状编写而成。全书共分为 7 章，主要内容包括计算机基础知识、Windows 10 操作系统、Word 2016 文字处理、Excel 2016 电子表格处理、PowerPoint 2016 演示文稿制作、计算机网络基础以及信息安全基础。

本书介绍了文档编辑、电子表格和演示文稿的基础操作以及实例制作，此外也针对计算机基础、网络基础、信息安全基础进行了简要的介绍以及实例展示。本书涉及知识面广、取材丰富、内容深入浅出、形式简单明了、语言简练、通俗易懂、图文并茂，将简洁的基础知识与详细的操作步骤有机结合起来。旨在使书中内容能够更好地被学生掌握，提高计算机办公软件以及基础知识的教学质量，有效培养学生的计算机基础应用能力，提高学生的信息基础素质。

本书适合高等院校非计算机专业的低年级学生使用，可作为计算机应用基础实践课程的教材，也可作为学习计算机基础知识、提高解决实际问题能力的参考书，还可作为计算机爱好者的自学用书。

图书在版编目（CIP）数据

计算机应用基础 / 周丽娟，纪淑芹，杨海波主编
. -- 北京 ：中国水利水电出版社，2021.9（2022.10 重印）
普通高等教育通识类课程教材
ISBN 978-7-5170-9908-6

Ⅰ．①计… Ⅱ．①周… ②纪… ③杨… Ⅲ．①电子计算机－高等学校－教材 Ⅳ．①TP3

中国版本图书馆CIP数据核字(2021)第179851号

策划编辑：崔新勃	责任编辑：陈红华	封面设计：李 佳

书　　名	普通高等教育通识类课程教材 计算机应用基础 JISUANJI YINGYONG JICHU
作　　者	主编　周丽娟　纪淑芹　杨海波 副主编　侯仲尼　毛宇婷　陈天亨
出版发行	中国水利水电出版社 （北京市海淀区玉渊潭南路 1 号 D 座　100038） 网址：www.waterpub.com.cn E-mail：mchannel@263.net（万水） 　　　　sales@mwr.gov.cn 电话：（010）68545888（营销中心）、82562819（万水）
经　　售	北京科水图书销售有限公司 电话：（010）68545874、63202643 全国各地新华书店和相关出版物销售网点
排　　版	北京万水电子信息有限公司
印　　刷	北京建宏印刷有限公司
规　　格	184mm×260mm　16 开本　20 印张　499 千字
版　　次	2021 年 9 月第 1 版　2022 年 10 月第 3 次印刷
印　　数	4001—4500 册
定　　价	59.00 元

前　　言

进入 21 世纪，随着信息技术的迅速发展及中学信息技术教育的逐步普及，大学非计算机专业的计算机课程的内容改革已成为各高校从事计算机基础教育的广大教师关注的热门话题。在计算机基础的实际教学中需要对学生在就业中的诉求加以解决，同时也要对学生的应用能力进行培养，使学生能够完成基础的工作内容，并且调整学生的学习方式及知识结构，体现当前高等教育改革发展的新形势、新目标和新要求。

编者通过多年的教学实践及与其他高等院校的交流，并参考教育部非计算机专业计算机基础课程教学指导委员会提出的《关于进一步加强高校计算机基础教学的意见》中有关"大学计算机基础"课程教学要求编写了本书。

本书的主要特色：第一，教材内容精心组织，具有逻辑性，满足学生课后学习的需求；第二，在注重基础知识的同时，融入了编者多年的教学经验，增强了本书的实用性；第三，内容全面，并且注重细节上的编写，对于问题的不同层面都进行了详细介绍，使读者能够应对各方面的问题。

全书在吉林省高教学会计算机共同课专业委员会的指导下，由周丽娟、纪淑芹、杨海波侯仲尼、毛宇婷、陈天亨等一线教师共同编写完成。参编人员还有王梓旭、张守伟等。

教育改革在不断地发展，新的教育教学体系和思想也在探索中。由于作者水平有限，加之时间仓促，书中难免有疏漏和不妥之处，恳请各位读者和专家批评指正，以便再版时及时修正。

编　者
2021 年 6 月

目　　录

第1章 计算机基础知识

学习目标

- 了解：计算机的发展历史。
- 理解：数据的表示方法、计算机的基本工作原理及结构。
- 应用：计算机硬件的组成、计算机的软件系统。

从 1946 年世界上第一台电子计算机诞生至今已有半个多世纪，计算机及其应用已渗透到社会生活的各个领域，有力地推动了整个信息社会的发展。在 21 世纪，掌握以计算机为核心的信息技术的基础知识和应用能力是现代大学生必备的基本素质。

1.1 计算机发展概述

人类在其漫长的文明史上，为了提高计算速度，不断发明和改进各种计算工具。人类最早的计算工具可以追溯到中国春秋时期的算筹。由算筹演化而来的算盘是世界上第一种手动式计数器，迄今仍在使用。从算盘到计算机的诞生再到计算机今天的发展，人类走过了一段漫长的路程。

1.1.1 计算机发展简史

1. 计算工具发展简述

计算是人类与自然作斗争的一项重要活动，我们的祖先在史前就知道用石子和贝壳计数。随着生产力的发展，人类创造了简单的计算工具。两千多年前中国的春秋战国时期，中国人发明的算筹是有实物为证的人类最早的计算工具。唐宋时期开始使用算盘，算盘本身并不能进行加减乘除，而需要人按口诀拨动它，因此算盘实际上是一种计数工具。

在欧洲，布莱士·帕斯卡（Blaise Pascal）于 1642 年创造了第一台能进行加减运算的机械式计算机，如图 1-1 所示。该机器用来计算法国的税收，取得了很大的成功。1673 年德国数学家戈特弗里德·威廉!莱布尼兹（Gottfried Wilhelm Leibniz）改进了布莱士·帕斯卡的设计，增加了乘除运算。这两台机器发明较早，但由于当时的生产水平还不能提供廉价的精密小齿轮和其他精密零部件，一直到 19 世纪，机械式计算机才成为商品在市场上出售。

图 1-1 机械式计算机

这个时期的计算机的每一步运算都需要人工干预，即每一步计算都要靠操作者提供操作数，机器不能进行自动计算。

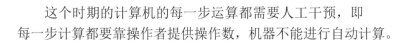

19 世纪 20 年代，英国数学家查里斯·巴贝奇（Charles Babbage）提出了自动计算机的基本概念，尝试设计用于航海和天文计算的差分机，这是最早采用寄存器来存储数据的计算机，如图 1-2 所示。巴贝奇在研制差分机和通用自动计算机方面做了许多重要工作，他提出了"条件转移"概念，这是现代计算机程序设计必不可少的一项重要设计思想。他还提出了用卡片来存储指令和数据的方法，1884 年美国人霍勒瑞斯（Hollerith）利用这一原理制成了卡片机。他采用电气控制技术取代纯机械装置，将不同的数据用卡片上不同的穿孔表示，通过专门的读卡设备将数据输入计算装置。这是计算机发展史上的第一次质变，以穿孔卡片记录数据的思想正是现代软件技术的萌芽。1896 年，霍勒瑞斯创办了当时

图 1-2　差分机

著名的制表机公司，1911 年又组建了一家计算机制表记录公司，该公司在 1924 年改名为"国际商用机器公司"，这就是举世闻名的 IBM（International Business Machines Corporation）公司。

到 20 世纪初，雄厚的商业资本进入了计算机的研制和生产领域，在国际商用机器公司（IBM）和贝尔（Bell）公司的资助下，许多大型多功能继电器式的计算机相继研制成功，计算技术的研究取得了很大进展。

2．电子计算机发展的初期

20 世纪 40 年代，无线电技术和无线电工业的发展为现代电子计算机的研究奠定了物质基础，1943－1946 年，美国宾夕法尼亚大学研制的 ENIAC（Electronic Numerical Integrator And Computer）是世界上第一台电子计算机，如图 1-3 所示。当时，第二次世界大战正在进行，为了完成新武器弹道的许多复杂的计算，在美国陆军部的资助下，由艾克特（Eckert）和莫希利（Mauchley）主持了这项研究工作，ENIAC 计算机于 1945 年底完成，1946 年 2 月正式交付使用。ENIAC 是电子数值积分和计算机的缩写，是最早问世的电子数字计算机，人们认为它是现代计算机的始祖。

图 1-3　世界上第一台电子计算机 ENIAC

ENIAC 共用了 18800 个电子管和 1500 个继电器，重达 30 吨，占地 $170m^2$，耗电 150kW，每秒钟能进行 5000 次加法运算，是一个划时代的产品。该计算机存在两个主要缺点：一是存储容量太小，二是依靠人工连线编排程序，操作不方便，准备的时间大大超过实际的计算时间。尽管 ENIAC 存在这些缺点，但它使人们看到了使用电子计算机进行高速运算的曙光，ENIAC 的诞生是人类文明的一次飞跃。

在 ENIAC 研制的同时，冯·诺依曼（Von Neumann）也正在研制一台被认为是现代计算机原型的通用电子数字计算机 EDVAC（Electronic Discrete Variable Automatic Compute）。这台机器于 1941 年开始设计，50 年代初制成。其确定了计算机硬件的五个基本部件：运算器、控制器、存储器、输入设备和输出设备，EDVAC 采用二进制编码把程序和数据存储在存储器中。

在 EDVAC 还未研制成功之前，冯·诺依曼的设计思想启发了另外两台机器的设计。一台是在英国剑桥大学威尔克斯（Wilkes）指导下制造的 EDSAC（Electronic Delay Storage Automatic

Calculator），它于 1949 年制成，用了 3000 个电子管，能存储 512 个 34 位二进制数。另一台是在图灵（Turing）指导下于 1950 年制成的 ACE（Automatic Computing Engine），其字长为 32 位二进制数，存储容量也是 512 个单元，加减运算速度达 32 微秒，乘法运算达 1 毫秒。

　　虽然与现代计算机相比，50 多年前的这些机器显得很粗糙、很原始，但重要的是它们开创了新的道路。这一历史先河最终形成了今日的洪流，为计算事业做出杰出贡献的图灵、冯·诺依曼等科学家将永远被铭记于人们心中。

　　3. 电子计算机发展的四个阶段

　　电子计算机的发展与半导体工业是互相促进的，电子器件的发展是推动计算机不断发展的核心因素。根据电子计算机所采用的电子逻辑器件的发展，一般将现代电子计算机 50 多年的发展历史划分为四个阶段，即现代计算机的发展经历了四次更新换代。每一代的变革在技术上都是一次新的突破，在性能上都是一次质的飞跃。

　　（1）第一代计算机：电子管时代（1946－1958 年）。这一时期的计算机采用电子真空管和继电器作为基本逻辑器件构成处理器和存储器。程序设计采用 0 和 1 组成的二进制码表示的机器语言，只用于科学计算和军事目的。电子管时代的计算机体积大、速度慢、消耗大、造价昂贵，其代表机型除 ENIAC 外，还有 EDVAC 和 1951 年批量生产的 UNIVAC（Universal Automatic Computer）等。

　　（2）第二代计算机：晶体管时代（1958－1964 年）。在这一阶段，计算机的基础电子器件是晶体管，内存储器普遍使用磁芯存储器。磁芯存储器由美籍华人王安发明。第二代计算机运算速度一般为每秒 10 万次，高者达几十万次，同时计算机软件也有了较大的发展，采用了监控程序，出现了诸如 Cobol、Fortran 等高级语言。计算机应用不再限于计算和军事方面，还用于数据处理、工程设计、气象分析、过程控制以及其他科学研究。

　　第二代计算机的标志是采用晶体管代替电子管。点触型晶体管是 1947 年由贝尔实验室的布拉顿和巴丁发明的，面结型晶体管是 1950 年由肖克利发明的。第一台晶体管计算机于 1955 年由美国贝尔实验室研制成功。与第一代计算机相比，第二代晶体管计算机具有体积小、成本低、功能强、耗电少、可靠性高等优点。第二代晶体管计算机除了处理器的速度较第一代计算机有大幅度提高以外，它还采用了快速磁芯存储器，主存储器的容量达到 10 万字节以上。

　　（3）第三代计算机：集成电路时代（1964 年－1970 年）。随着电子制造业的发展，计算机的基础电子器件改为中小规模的集成电路。在几平方毫米的单晶体硅片上可以集成几十个甚至几百个晶体管逻辑电路，集成电路由美国物理学家基尔比和诺伊斯同时发明。内存储器使用性能更好的半导体存储器，存储容量有了大幅度提高，运算速度高达每秒几十万次到几百万次。软件技术也进一步成熟，出现了操作系统和编译系统，并出现了多种程序设计语言，如人机对话式的 BASIC 语言等。第三代集成电路计算机与第二代晶体管计算机相比，体积更小、速度更快、稳定性更强、应用范围更广。第三代计算机的代表产品是美国 IBM 公司研制出的 IBM S/360 系列计算机，包括大、中、小等 6 个型号。

　　（4）第四代计算机：大规模、超大规模集成电路时代（1970 年至今）。随着半导体技术的发展，集成电路的集成度越来越高。第四代计算机采用大规模、超大规模集成电路。作为其主要功能部件，内存储器使用集成度更高的半导体存储器，计算速度可达每秒几百万次至数亿次。这一时期的计算机无论是在体系结构方面还是在软件技术方面都有了较大提高，并行处理、多机系统、计算机网络均得到发展，软件更加丰富，出现了数据库系统、分布式操作系统和各种实用软件。其应用范围急剧扩展，广泛应用于数据处理、工业控制、辅助设计、图像识别、语言识别等方面，渗透到人类社会的各个领域，并且进入了家庭。

20 世纪 80 年代初，科学家开始研制新一代的智能计算机。其核心思想是把程序设计变为逻辑设计，突破冯·诺依曼式计算机的体系结构，不仅要求计算机提高运算速度，更重要的是要求计算机更多地替代人脑的功能，即在极短的时间内做出更多的逻辑判断，使计算机像人一样具有听、说、看、思考等功能。它研究的应用领域包括模式识别、自然语言的理解和生成、自动定理证明、联想与思维机理、数据智能检索、专家系统、自动程序设计等。

从体系结构来看，目前计算机的仍然属于冯·诺依曼体系结构的范畴。而今后计算机的发展将突破冯·诺依曼体系结构，研制出非冯·诺依曼体系的计算机，进一步提高计算机的智能水平是完全可能的。

科学家们在研制智能计算机的同时也开始探索更新一代的计算机：光电子计算机和生物电子计算机。它们不再采用传统的电子元件，光电子计算机采用光技术和光电子器件，生物电子计算机采用生物芯片，以生物工程技术产生的蛋白分子为主要材料。目前使用的计算机仍是冯·诺依曼式计算机，非冯·诺依曼的新一代计算机还不成熟，但相信其不久将成为现实。

4．我国计算机发展的历程简述

美国于 20 世纪 40 年代初开始研究计算技术，并于 1946 年成功地研制了 ENIAC 计算机。日本 1954 年开始进行计算技术的研究。我国计算技术的研究始于 1956 年，至今有超过 60 年的发展历程，与国际计算机的发展过程相似。

我国成功地研制出了银河、曙光、神威等系列的计算机产品，如图 1-4 和图 1-5 所示为"银河"计算机。我国第一台小型通用数字电子计算机代号为 103 机，大型系统为 104 机，第一台国产晶体管计算机为 109 乙机，这些机器的主要任务都是进行科学计算。国家智能计算机研发中心研制成功的曙光系列计算机代表了我国高性能计算机的水平。

图 1-4　"银河"亿次巨型机　　　　　图 1-5　"银河Ⅱ"巨型机

国内高性能的计算机还有银河系列和神威系列产品。微型计算机代表国产发展水平的有 IBM-PC 兼容机长城产品，还有浪潮、联想、方正等产品。2001 年，中国科学院计算技术研究所研制成功 CPU——"龙芯"芯片。2002 年，曙光公司推出了具有完全自主知识产权的"龙腾"服务器。

国产软件的研究也取得了长足的进展，如中文版 Linux 操作系统、集成办公软件、东大阿尔派的国产数据库管理系统等令人欣喜的成绩，其技术水平已与世界发展水平同步或接近。

1.1.2　现代计算机的分类

随着计算机技术的发展和应用的推动，尤其是微处理器的发展，计算机类型越来越多样化。根据用途及其使用范围，计算机可以分为通用机和专用机。通用机的特点是通用性强，具有很强的综合处理能力，能够解决各种类型的问题；专用机则功能单一，但配有解决特定问题的软硬件，能够高速、可靠地解决特定的问题。按计算机的规模和处理能力分，通用计算机又分为巨型机、大型机、小型机、微型机、工作站和服务器六类。从计算机运算速度等性能指标来看，计算机主要有高性能计算机、微型机、工作站、服务器、嵌入式计算机等。分类标准不是固定的。

1. 高性能计算机

高性能计算机是指目前速度最快、处理能力最强的计算机，过去称为巨型或大型机。目前运算速度最高的是日本 NEC 公司研发的 Earth Simulator（地球模拟器），它的实测运算速度可达每秒 35 万亿次浮点运算，峰值运算速度可达每秒 40 万亿次浮点运算。高性能计算机数量不多，但却有重要和特殊的用途，在军事方面，可用于战略防御系统、大型预警系统、航天测控系统等；在民用方面，可用于大区域中长期天气预报、大面积物探信息处理系统、大型科学计算和模拟系统等。

中国巨型机之父是 2004 年国家最高科学技术奖的获得者金怡濂院士，他在 20 世纪 90 年代初提出了我国超大规模巨型计算机研制的全新跨越式方案。这一方案把巨型机的峰值运算速度从每秒 10 亿次提升到每秒 3000 亿次以上，跨越了两个数量级，闯出了一条中国巨型机赶超世界先进水平的发展道路。

近年来，我国巨型机的研发也取得了很大的成绩，推出了"曙光""联想"等代表国内最高水平的巨型机系统，并在国民经济的关键领域得到了应用。联想的深腾 6800 实际运算速度为每秒 4.183 万亿次，峰值运算速度为每秒 5.324 万亿次。在上海超级计算中心落户的曙光 4000A 采用 2000 多颗 64 位 AMD Opteron 处理器，运算速度将达到每秒 10 万亿次。

2. 微型计算机（个人计算机）

微型计算机又称个人计算机（Personal Computer，PC）。1971，年 Intel 公司的工程师马西安•霍夫（M.E.Hoff）成功地在一个芯片上实现了中央处理器（Central Processing Unit，CPU）的功能，制成了世界上第一片 4 位微处理器 Intel 4004，组成了世界上第一台 4 位微型计算机 MCS-4，从此揭开了世界微型计算机大发展的帷幕。随后，许多公司（如 Motorola、Zilog 等）也争相研制微处理器，推出了 8 位、16 位、32 位、64 位的微处理器。每 18 个月微处理器的集成度和处理速度就提高一倍，价格却下降一半。目前市场上的 CPU 主要有 Intel 的 Pentium 4、Celeron 和 AMD 的 Athlon 64 等。

自 IBM 公司 1981 年采用 Intel 微处理器推出 IBM PC 以来，微型计算机因其小、巧、轻、使用方便、价格低廉等优点在过去 20 年中得到迅速发展，成为计算机的主流。今天微型计算机的应用已经遍及社会的各个领域，从工厂的生产控制到政府的办公自动化，从商店的数据处理到家庭的信息管理，微型计算机几乎无所不在。

微型计算机的种类很多，主要分为三类：台式机（Desktop Computer）、笔记本电脑（Laptop）和个人数字助理 PDA。

3. 工作站

工作站是一种介于微型计算机与小型机之间的高档微机系统。自 1980 年美国 Apollo 公司推出世界上第一个工作站 DN-100 以来，工作站迅速发展，成为专长处理某类特殊事务的、独立的计算机类型。

工作站通常配有高分辨率的大屏幕显示器和大容量的内外存储器，具有较强的数据处理能力与高性能的图形功能。

早期的工作站大都采用 Motorola 公司的 680X0 芯片，配置 UNIX 操作系统。现在的工作站多数采用 Pentium 4，配置 Windows 2000/XP 或 Linux 操作系统。与传统的工作站相比，Windows/Pentium 工作站价格便宜。有人将这类工作站称为个人工作站，而传统的、具有高图像性能的工作站称为技术工作站。

4. 服务器

服务器是一种在网络环境中为多个用户提供服务的计算机系统。从硬件上来说，一台普通的微型机也可以充当服务器，关键是要安装网络操作系统、网络协议和各种服务软件。服务器提供的管理和服务涉及文件、数据库、图形、图像以及打印、通信、安全、保密、系统管理、网络管理等。根据提供的服务，服务器可以分为文件服务器、数据库服务器、应用服务器和通信服务器等。

5. 嵌入式计算机

嵌入式计算机是指作为一个信息处理部件嵌入到应用系统之中的计算机。嵌入式计算机与通用型计算机最大的区别是嵌入式计算机运行固化的软件，用户很难或不能改变。嵌入式计算机应用最广泛，数量超过微型计算机。目前广泛用在各种家用电器中，如电冰箱、自动洗衣机、数字电视机、数码照相机等。

1.1.3 21 世纪的计算机

20 世纪中期，人们虽然预见到了工业机器人的大量应用和太空飞行的出现，但却很少有人深刻地预见到计算机技术对人类的巨大潜在影响。计算机技术的发展大大出乎人们的预料，PC 机的诞生和网络的迅速拓展使一批高新技术公司如 Microsoft、Intel 等迅速崛起，美国也借助信息技术的迅速发展而获得了二战后最辉煌的经济繁荣。因此，科学地预测 21 世纪计算机技术的发展趋势将是一件极为重要和有意义的事情。

21 世纪是人类走向信息社会的世纪，是网络时代，是超高速信息公路建设取得实质性进展并进入应用的时代。那么在 21 世纪的今天，计算机技术的发展将会有什么新的变化呢？

1. 芯片技术

自 1971 年微处理器问世后，计算机经历了 4 位机、8 位机和 16 位机时代，20 世纪 90 年代初，出现了 32 位结构的微处理器计算系统，并进入了 64 位计算时代。自从 1991 年 MIPS 公司的 64 位机 R4000 问世之后，已陆续有 DEC 公司的 Alpha 21064、21066、21164 和 21264，HP 公司的 PA8000，IBM、Motorola、Apple 公司的 Power PC 620，SUN 公司的 Ultra-SPARC 以及 Intel 公司的 Merced 等 64 位机出现。

2. 并行处理技术

并行处理是实现高性能、高可用计算机系统的主要途径。并行处理技术包括并行结构、并行算法、并行操作系统、并行语言及其编译系统等。并行处理方式有多处理机体系结构、大规模并行处理系统、工作站群（包括工作站集群系统、网络工作站）等。

3. 网格技术

网格是继传统 Internet、Web 之后的第三次 Internet 浪潮，可以称之为第三代 Internet 应用。传统 Internet 实现了计算机硬件的连通，Web 实现了网页的连通，网格则试图实现 Internet 上所有资源的全面连通。当然也可以构造地区性网络，如中关村科技园区网格、企事业内部网格、局域网网格，甚至家庭网格。网格技术把整个互联网整合成一台巨大的超级计算机，它实现了计算资源、存储资源、信息资源、知识资源、专家资源的全面共享。

网格计算是专用于解决复杂科学计算的新型计算模式，这种计算模式利用 Internet 把分散在不同地理位置的计算机组成一个虚拟的"超级计算机"，其中每台参与计算的计算机就是一个"结点"，而整个计算是由成千上万个"结点"组成的"一张网格"，所以这种计算方式称为网格计算。网格计算组织起来的虚拟的"超级计算机"有两个优势：一个是数据处理能力超强；另一个是能充分利用网上的闲置处理能力。而对终端用户来讲，网格计算好像是一台大型虚拟计算机，这种构想是通过在个人、组织和资源之间实现安全、协调的资源共享来创建虚拟的、动态的组织。网格计算是分布式运算的一种方法，不仅包括位置，还涵盖组织、硬件和软件，以提供无限的能力，它使连接到网格的每个人都可以互相合作和互访信息。

网格是一种新技术，具有两个特征：第一，不同的群体用不同的名词来表示它；第二，网格的精确含义和内容还没有固定，还在不断地变化。即目前对网格还没有精确的定义，美国阿岗（Argonne）国家实验室的资深科学家、美国网格计算项目的领导者 Ian Foster 对网格有如下描述："网格是构筑在互联网上的一组新兴技术，它将高速互联网、高性能计算机、大型数据库、传感器、远程设备等融为一体，为科技人员和普通老百姓提供更多的资源、功能和交互性。互联网主要为人们提供电子邮件、网页浏览等通信功能，而网格功能则更多、更强，它能让人们透明地使用计算、存储等其他资源。"简而言之，网格技术的目标就是人们可以通过互联网共享各种资源，包括计算资源、存储资源、通信资源、软件资源、信息资源、知识资源等，而不必知道资源的出处。网格技术是因处理海量数据的需要而被提出并发展起来的，由于它可以实现全世界所有资源的连通共享，因此被认为是继 WWW 实现了世界各地页面连通之后的第三代网络技术。

网格技术研究的方向之一是信息网格，其目标是研制一体化的智能信息处理平台，消除信息孤岛，使用户能方便地发布、处理和获取信息，在用户之间实现信息互动。信息网格与基于 Web 服务的三层结构模式的主要不同点在于"一体化"，它将世界各地的计算机、数据、信息、软件等组成一个逻辑整体，统一接口，根据权限实现资源的共享与交互，因此网格不仅可以实现信息资源的共享，还可共享软件。对于远端的软件，用户本机不安装就可在网格结构模式下共享它，在此模式下共享相当于在本机安装，这就使得原有的各种单机、C/S 模式、B/S 模式以及三层结构模式的 MIS 软件可以继续使用并能实现共享。

4. 蓝牙技术

无线互联、无线上网技术的日益发展产生了蓝牙（Bluetooth）技术。那么"蓝牙"究竟是一种什么样的技术呢？"蓝牙"取自公元 10 世纪丹麦国王哈拉德二世（Harald）的绰号。蓝牙技术是一种用于替代便携或固定电子设备上使用的电缆或连线的短距离无线连接技术，也就是说在办公室、家庭和旅途中，无需在任何电子设备间布设专用线缆和连接器。通过蓝牙遥控装置可以形成一点到多点的连接，即在该装置周围组成一个"微网"，网内任何蓝牙收发器都可与该装置互通信号，而且这种连接无需复杂的软件支持。蓝牙收发器的有效通信范围为 10m，强的可以达到 100m。正如爱立信蓝牙组负责人所说，设计蓝牙的最初想法是"结束线缆噩梦"。

1998 年 5 月，瑞典爱立信、芬兰诺基亚、日本东芝、美国 IBM 和 Intel 公司 5 家著名厂商，在联合拓展短程无线通信技术标准化活动时提出了蓝牙技术。1999 年下半年，业界巨头

Microsoft、Motorola、3COM、朗讯与蓝牙特别小组共同发起成立了蓝牙技术推广组织，从而在全球范围内掀起了一股蓝牙潮。

所谓蓝牙技术，实际上是一种短距离无线通信技术。利用蓝牙技术能够有效地简化掌上电脑、笔记本电脑和手机等移动通信终端设备之间的通信，也能够成功地简化这些设备与 Internet 的通信，从而使现代通信设备与 Internet 之间的数据传输变得更加迅速、高效，为无线通信拓宽道路。通俗来讲就是蓝牙技术使得现代一些轻易携带的移动通信设备和电脑设备不必借助电缆就能联网，并且能够实现无线上网。其实际应用范围还可以拓展到各种家电产品、消费电子产品和汽车等，组成一个巨大的无线通信网络。

从专业角度看，蓝牙是一种无线接入技术；从技术角度看，蓝牙是一项创新技术。它带来的产业是一个富有生机的产业，因此说蓝牙也是一个产业，它已被业界看成是整个移动通信领域的重要组成部分。蓝牙不仅仅是一个芯片，也是一个网络，在不远的将来由蓝牙构成的无线个人网将无处不在。

5．嵌入技术

嵌入技术是指将操作系统和功能软件集成于计算机硬件系统中的一种技术，也就是系统的应用软件与硬件一体化，即将软件固化集成到硬件系统中，类似于主板上 BIOS 的工作方式。嵌入式系统具有软件代码少、高度自动化和响应速度快等特点，特别适合于要求实时的和多任务的系统。嵌入式计算机系统是指计算机集成到特定的系统中，该计算机作为系统的一部分完成专门的功能，如家用电视、照相机、自动洗衣机等电器中的单片机。严格意义上讲，嵌入式计算机不一定都是单片机，这是一种应用方式上的定义，虽然它可能也涉及一些特定的结构，但它本身并不是结构上的定义。

在嵌入式系统中，主要使用三类处理器：微控制器（Micro Control Unit，MCU）、数字信号处理器（Digital Signal Processing，DSP）、嵌入式微处理器（Micro Processing Unit，MPU）。DSP 在很多场合有取代传统 MCU 的趋势，但目前还不能完全取代。

嵌入式系统的结构比一般的计算机系统灵活多变，既可能只是一片小小的 MCU 完成所有功能，也可能是包括磁盘、显示器、键盘等部件在内的一个完整计算机系统的嵌入式应用。所以说嵌入式的概念是一种应用方式上的定义。

6．中间件技术

中间件（Middleware）是一类基础软件，属于可复用软件范畴。顾名思义，中间件处于操作系统软件与用户应用软件的中间。具体而言，中间件在操作系统、网络和数据库的上层，在应用软件的下层，其作用是为处于上层的应用软件提供运行与开发环境，帮助用户灵活、高效地开发和集成复杂的应用软件。

在众多关于中间件的定义中被普遍接受的是 IDC（Internat Data Center）的表述：中间件是一种独立的系统软件或服务程序，分布式应用软件借助这种软件在不同技术之间共享资源；中间件位于客户机/服务器操作系统之上，管理计算资源和网络通信。

IDC 对中间件的定义表明，中间件是一类软件而非一种软件；中间件不仅要实现互联，还要实现应用之间的互操作；中间件是基于分布式处理的软件，最突出的特点是其网络通信功能。

最早具有中间件技术思想及功能的软件是 IBM 的 CICS（Customer Information Control System），但由于 CICS 不是分布式环境的产物，因此人们一般把 Tuxedo 作为第一个严格意义上的中间件产品。Tuxedo 是 1984 年在当时属于 AT&T 的贝尔实验室开发完成的，但由于当时分布式处理并没有在商业应用上获得像今天一样的成功，Tuxedo 在很长一段时间里只是实验室产品，后来被 Novell 收购，在经过 Novell 并不成功的商业推广之后，在 1995 年被现在的 BEA 公司收购。尽管中间件的概念很早就已经产生，但中间件技术在近些年内才得到广泛运用。BEA 公司于 1995 年成立后收购了 Tuxedo，成为一个真正的中间件厂商。IBM 的中间件 MQSeries 是 20 世纪 90 年代的产品，其他中间件产品也都是最近几年才成熟起来的。国内中间件领域的起步阶段正是中间件的初创时期，东方通科技早在 1992 年就开始进行中间件的研究与开发，并于 1993 年推出第一个产品 TongLINK/Q。可以说，在中间件领域国内的起步时间并不比国外晚很多。

1.2　计算机中数据的表示方法

电子数字计算机是物理设备，在对信息数据进行处理的过程中，输入、传输和存储过程都是利用电子数字设备的电磁物理稳定特性，对信息数据数字化加工才能完成，所以需要规划统一的信息数据表示或编码。

1.2.1　数值信息在计算机中的表示

要使计算机能够运算，必须要对信息数据进行可行的编码表示。运算必然要使用进位记数制。进位记数制在人们日常生活中的使用非常广泛，如算数中的逢 10 进 1、时钟计时中的逢 60 进 1、年历中的逢 12 进 1 等。那么计算机为什么要采用二进制记数制呢？

自然界两个稳定的物理状态比较容易实现，如电压电平的高与低、开关的接通与断开、晶体管的导通和截止等，这类事件只需用 0 和 1 两个状态表示。如果使用十进制数，则需要能保持 10 种稳定状态的电子器件来表示 0～9 数码的 10 个状态，这在技术上几乎是不可能的，而使用二进制数则在技术上很容易实现。

使用只有两个状态的二进制记数制，除了用数字表示信息的传输和处理可靠性高，二进制数的运算法则也比较简单，使运算器的结构、控制简单得多。二进制数的加法、乘法法则分别如下：

加法法则：

0+0=0　　　　　　　0+1=1

1+0=1　　　　　　　1+1=10

乘法法则：

$0 \times 0=0$　　　　　　$0 \times 1=0$

$1 \times 0=0$　　　　　　$1 \times 1=1$

另外二进制数只有 0 和 1 两个数码，可以代表逻辑代数中的"假"和"真"。所以电子数字计算机中都使用二进制数。但人们习惯使用十进制，因此用户通常还是用十进制、八进制或十六进制与计算机打交道，而由计算机自动实现数制之间的转换。

1. 进位记数制

（1）十进制。人们最熟悉的记数制就是十进制，它有以下特点：

● 基本计数符号有 10 个，即 0～9。

● 逢 10 进位，10 是进位基数。

例如，一个十进制数 1458.34，它的实际值与基数的关系表示如下：

$1458.34 = 1 \times 10^3 + 4 \times 10^2 + 5 \times 10^1 + 8 \times 10^0 + 3 \times 10^{-1} + 4 \times 10^{-2}$

所以一个任意的十进制数 D 可表示成

$(D)_{10} = R_{k-1} \times 10^{k-1} + R_{k-2} \times 10^{k-2} + \cdots + R_0 \times 10^0 + R_{-1} \times 10^{-1} + \cdots + R_{-n} \times 10^{-n}$

其中 R_j 为第 j 位的计数符号，10^j 为第 j 位的位权，k 为整数部分位数，n 为小数部分位数。

（2）二进制。二进制是计算机使用的进位记数制。其特点如下：

● 基本计数符号有 2 个，即 0 和 1。

● 逢 2 进位，2 是进位基数。

例如，一个二进制数 1101.01，它的实际值与基数的关系表示如下：

$(1101.01)_2 = 1 \times 2^3 + 1 \times 2^2 + 0 \times 2^1 + 1 \times 2^0 + 0 \times 2^{-1} + 1 \times 2^{-2}$

$= 13.25$

所以一个任意的二进制数 B，可表示成：

$(B)_2 = R_{k-1} \times 2^{k-1} + R_{k-2} \times 2^{k-2} + \cdots + R_0 \times 2^0 + R_{-1} \times 2^{-1} + \cdots + R_{-n} \times 2^{-n}$

其中 R_j 为第 j 位的计数符号，2^j 为第 j 位的位权，k 为整数部分位数，n 为小数部分位数。

但二进制难写难记，书写时人们常常采用八进制或十六进制。

（3）八进制。八进制是为了方便使用而引入的一种进制，它的特点如下：

● 基本计数符号有 8 个，即 0～7。

● 逢 8 进位，8 是进位基数。

例如，一个八进制数 145.25，它的实际值与基数的关系表示如下：

$145.25 = 1 \times 8^2 + 4 \times 8^1 + 5 \times 8^0 + 2 \times 8^0 + 5 \times 8^1$

$= 101.875$

所以一个任意的八进制数 O，可表示成：

$(O)_8 = R_{k-1} \times 8^{k-1} + R_{k-2} \times 8^{k-2} + \cdots + R_0 \times 8^0 + R_{-1} \times 10^{-1} + \cdots + R_{-n} \times 8^{-n}$

其中 R_j 为第 j 位的计数符号，8^j 为第 j 位的位权，k 为整数部分位数，n 为小数部分位数。

（4）十六进制。十六进制的特点如下：

● 基本计数符号有 16 个，即 0～9、A、B、C、D、E、F。其中 A～F 对应十进制的 10～15。

● 逢 16 进位，16 是进位基数。

例如，一个十六进制数 1AF.3B，它的实际值与基数的关系表示如下：

$1AF.3B = 1 \times 16^2 + 10 \times 16^1 + 15 \times 16^0 + 3 \times 16^{-1} + 11 \times 16^{-2}$

$= 431.23046875$

所以一个任意的十六进制数 H，可表示成：

$(H)_{16} = R_{k-1} \times 16^{k-1} + R_{k-2} \times 16^{k-2} + \cdots + R_0 \times 16^0 + R_{-1} \times 16^{-1} + \cdots + R_{-n} \times 16^{-n}$

其中 R_j 为第 j 位的计数符号，16^j 为第 j 位的位权，k 为整数部分位数，n 为小数部分位数。

2. 几种记数数制之间的转换

（1）十进制数转换为二进制数。

1）将十进制整数转换成二进制数只需将十进制整数不断被 2 除，取其余数即可。

例如：求 $(19)_{10}$ 的二进制形式。

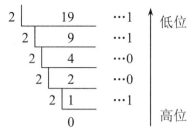

最后一个余数为 a_0，从下往上依次为 a_0、a_1、$\cdots$、a_n。因此，$(19)_{10}=(10011)_2$。

2）将十进制小数转换为二进制数。将十进制小数转换为二进制小数则用乘 2 取整法，并将每次所得的整数从上往下列出即可。

例如：求 0.825 的二进制形式。

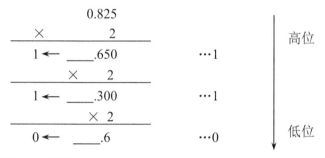

即得 $(0.825)_{10}=(0.110)_2$。

转换时乘 2 并不一定能保证准确转换，只要达到某一精度即可。

（2）二进制数转换为十进制数。

根据前面的公式，任何进制的数都可以展开成为一个多项式，其中每项是各位位权与系数的乘积，这个多项式的结果便是所对应的十进制数。例如：

$(1101.01)_2= 1 \times 2^3 + 1 \times 2^2 + 0 \times 2^1 + 1 \times 2^0 + 0 \times 2^{-1} + 1 \times 2^{-2} = 13.25$

（3）二进制与八进制、十六进制之间的转换。

因为 $2^3=8$，$2^4=16$，所以 3 位二进制数对应 1 位八进制数，4 位二进制数对应 1 位十六进制数。

1）二进制数转换为八进制数，整数部分只需从右向左（从低位到高位）划分，小数部分则从小数点开始从左往右划分，每 3 位计数符号为一组，然后分别将该组二进制化成八进制数即可。如：

将 $(1001110101)_2$ 分组　001　001　110　101

　　　　　　　　　　　　↓　　↓　　↓　　↓

　　　　　　　　　　　　1　　1　　6　　5

即，$(1001110101)_2=(1165)_8$。

将 $(0.110110)_2$ 分组　　0.110　110

　　　　　　　　　　　　　　↓　　↓

　　　　　　　　　　　　　　6　　6

即，$(0.11011)_2=(0.66)_8$。

如果分组后，二进制数整数部分左边最后不足 3 位，则在左边添零；对二进制小数部分，则在最后一组右边添零。

将八进制数转换为二进制数是上述方法的逆过程，即将每一位八进制数分别转换为 3 位二进制数。例如：

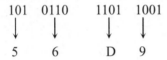

即(4567)₈=(100101110111)₂。

2）二进制数转换为十六进制数，只需将二进制整数从右到左，小数部分从左到右，每 4 位为一组，不足 4 位用 0 补齐，再将每组二进制数换成对应的十六进制数。例如：

```
101   0110   1101  1001
 ↓     ↓      ↓     ↓
 5     6      D     9
```

即，(1010110110111001)₂=(56D9)₁₆。

反过来，将十六进制数转换为二进制数则是上述过程的逆过程。例如：

```
 6     A     0    .  7
 ↓     ↓     ↓       ↓
0110  1010  0000  . 0111
```

即，(6A0.7)₁₆ =(11010100000.0111)₂。

表 1-1 列出了几种进位记数制之间的转换。

表 1-1　几种进制之间的转换对照表

十进制	二进制	八进制	十六进制	十进制	二进制	八进制	十六进制
0	0	0	0	9	1001	11	9
1	1	1	1	10	1010	12	A
2	10	2	2	11	1011	13	B
3	11	3	3	12	1100	14	C
4	100	4	4	13	1101	15	D
5	101	5	5	14	1110	16	E
6	110	6	6	15	1111	17	F
7	111	7	7	16	10000	20	10
8	1000	10	8				

3. 负数在计算机中的表示

在计算机中只能用数字化信息来表示数的正负，人们规定用 0 表示正号，用 1 表示负号。例如，在机器中用 8 位二进制表示一个正数"+90"，其格式为

0 1 0 1 1 0 1 0
↓
符号位（表示正）

而用 8 位二进制表示一个负数"-90"，其格式为

11011001

↓

符号位（表示负）

在计算机内部，数字和符号都用二进制代码表示，两者合在一起构成数的机内表示形式，称为机器数，而它真正表示的数值称为这个机器数的真值，如例中的两个数十进制真值是+90和-90，二进制真值是+1011010 和-1011001。在机器数中，数值和符号全部数字化。但在计算时，若将符号位和数值一起计算将会产生错误的结果。

例如：-3+2 的结果应为-1，但-3 和 2 的机器数的运算结果是-5。

$$\begin{array}{r} 1\,0\,0\,0\,0\,0\,1\,1 \\ +\ \ 0\,0\,0\,0\,0\,0\,1\,0 \\ \hline 1\,0\,0\,0\,0\,1\,0\,1 \end{array}$$

若要考虑符号位的处理，运算将变得复杂。为解决此类问题，在机器数中负数有原码、反码和补码 3 种形式，其中最常用的是后两种。为简单起见，这里只以整数为例。

（1）原码。用最高位表示数值的符号，其后各位表示该数值的绝对值的表示法称为原码表示法，其中符号位为 0 时表示该数值为正，符号位为 1 时表示该数值为负。

例如：二进制数+1000110 的原码表示为 01000110；二进制数-1000110 的原码表示为11000110。

（2）反码。对于正数，反码与原码相同；对于负数，反码保持原码的符号位不变，其他各位取反。

例如：二进制数+1000110 的反码表示为 01000110；二进制数-1000110 的反码表示为10111001。

由于正数的反码表示形式与正数的原码表示形式相同，因此，反码表示实质上是对负数而言的。

【例 1.1】求-114 的反码。

解：-114 的原码为 11110010，符号位的 1 不变，其他位取反，则-114 的反码为 10001101。

由负数反码求真值的方法：反码 → 原码 → 真值。

（3）补码。对于正数，补码与原码相同；对于负数，补码保持原码的符号位不变，其他各位取反，然后在最低位加上 1。

例如：二进制数+1000110 的补码表示为 01000110；二进制数-1000110 的补码表示为10111010。

【例 1.2】求-114 的补码。

解：-114 的反码为 10111010，在反码加 1 得补码 10111011。

计算机中采用补码的最大优点是可以将算术运算的减法转化为加法来实现，即不论加法还是减法，计算机中一律只做加法。

【例 1.3】求 16+4=？

解：16+4 → $[16]_补+[4]_补$=00010000+00000100=00010100 → 真值为 20

【例 1.4】求 32-48=？

解：32-48 → $[32]_补+[-48]_补$=00100000+11010000=11110000（补码）

→ 10010000（原码）→ 真值为-16

由负数的补码求得负数的原码有两种方法：一是将负数的补码除符号位外，其余各位取反再加 1；二是将负数的补码先减 1，除符号外，其余各位再取反。真值只能由原码才能计算出，不能由补码和反码直接按数位计算负数的真值。

由此可见，利用补码可以方便地实现正、负数的加法运算，规则简单，在数的有效存放范围内，符号位如同数值一样参加运算，也允许产生最高位的进位，故应用广泛。

1.2.2　字符数据在计算机中的表示

在计算机中，字符数据占有很大比重。字符数据包括西文字符（字母、数字、各种符号）和汉字字符，它们都是非数值型数据。和数值型数据一样，非数值型数据也需用二进制数进行编码才能存储在计算机中并进行处理。对于西文字符与汉字字符，由于形式的不同，使用的编码方式也不同，下面主要介绍西文字符和汉字字符的编码方法。

1. 西文字符

西文字符采用了美国国家标准协会（American National Standard Institute，ANSI）制定的美国标准信息交换码（American Standard Code for Information Interchange，ASCII）来进行编码，它最初是美国国家标准，供不同计算机在相互通信时用作共同遵守的西文字符编码标准，后被 ISO 及 CCITT 等国际组织采用。

ASCII 编码表具有如下特点：

（1）每个字符的二进制编码为 7 位（$b_6b_5b_4b_3b_2b_1b_0$），故共含 $2^7=128$ 种不同的字符编码。通常一个 ASCII 码占用一个字节（即 8 个 bit），其最高位为 0。例如，"Hello." 的 ASCII 编码如图 1-6 所示。

01001000　01100101　01101100　01101100　01011111　00101110

H　　　　e　　　　l　　　　l　　　　o　　　　.

图 1-6　"Hello." 的 ASCII 编码形式

（2）ASCII 编码表内有 33 种控制码，95 个字符为图形字符。有些特殊的字符编码需要记住，例如：

- a 字符的编码为 110 0001，对应的十进制是 97；故 b 的编码对应的十进制是 98。
- A 字符的编码为 100 0001，对应的十进制是 65；故 B 的编码对应的十进制是 66。
- 0 数字字符的编码为 011 0000，对应的十进制是 48；故 1 的编码对应的十进制是 49。
- SP 空格字符的编码为 010 0000，对应的十进制是 32。

2. 汉字字符

英文为拼音文字，所有的字均由共计 52 个英文大小写字母拼组而成，加上数字及其他标点符号，常用的字符仅 95 种，故 7 位二进制编码已经够用了。而汉字就不同了，汉字是象形文字，每个汉字字符都有自己的形状。所以，每个汉字在计算机中都有一个二进制代码，1 个字节不足以存储 1 个常用汉字的编码，所以在计算机中每个汉字的二进制代码为两个字节，称为机内码。除此之外，为了利用计算机系统中现有的西文键盘输入汉字，还要对每个汉字编一个西文键盘输入码，又称外码。目前在众多的汉字输入码中，被广大用户接受的只有十几种，如五笔字型、标准拼音等。

1.3　计算机的基本工作原理及结构

计算机是一个复杂的系统，详细地分析一台计算机的体系结构和工作原理，将是一件十分困难的事情。若按照层次结构来分析，或许会稍微简单一些。

1.3.1　计算机的基本工作原理

现代计算机的基本工作原理是由美籍匈牙利科学家冯·诺依曼于 1946 年首先提出来的。冯·诺依曼提出"存储程序控制原理"，人们把这个理论称为冯·诺依曼体系结构，主要思想可概括为以下 3 点：

● 采用二进制数的形式表示数据和指令。
● 将指令和数据存放在存储器中。
● 计算机硬件由控制器、运算器、存储器、输入设备和输出设备 5 大部分组成。

冯·诺依曼结构计算机主要包括输入设备、输出设备、控制器、运算器、存储器 5 大部分，它们之间的关系如图 1-7 所示。

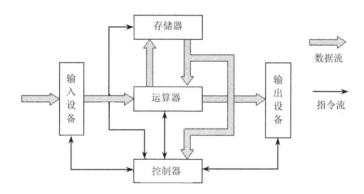

图 1-7　计算机硬件的基本组成

计算机各部件之间的联系是通过两种信息流动来实现的，图 1-7 中的宽指示线代表数据流，窄指示线代表控制流。数据由输入设备输入至运算器，再存于存储器中；在运算处理过程中，数据从存储器读入运算器进行运算，运算的中间结果存入存储器，或由运算器经输出设备输出。指令也以数据形式存于存储器中，运算时指令由存储器送入控制器，由控制器产生控制流控制数据流的流向并控制各部件的工作，对数据流进行加工处理。

1．运算器

运算器的主要功能是算术运算和逻辑运算。运算器由累加器（用符号 A 表示）、通用寄存器（用符号 B 表示）和算术逻辑单元（用符号 ALU 表示）组成，其结构如图 1-8 所示，其核心是算术逻辑单元。

通用寄存器 B 用于暂存参加运算的一个操作数，此操作数来自总线。现代计算机的运算器有多个寄存器，称为通用寄存器组。

累加器 A 是特殊的寄存器，它既能接受来自总线的二进制信息作为参加运算的一个操作数，向算术逻辑单元 ALU 输送，又能存储由 ALU 运算的中间结果和最后结果。算术逻辑单元由加法器及控制门等逻辑电路组成，以完成 A 和 B 中的数据的各种算术与逻辑运算。

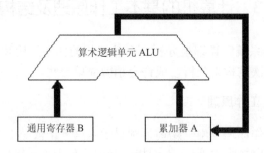

图 1-8   运算器结构示意图

运算器一次能运算用二进制数的位数，称为字长，它是计算机的重要性能指标。常用的计算机字长有 8 位、16 位、32 位及 64 位。寄存器、累加器的长度应与 ALU 的字长相等。

2. 控制器

控制器是全机的指挥中心，它控制各部件动作，使整个机器连续、有条不紊地运行。控制器工作的实质就是解释程序。控制器每次从存储器读取一条指令，经过分析译码，产生一串操作命令，发向各个部件，进行相应的操作。接着从存储器取出下一条指令，再执行这条指令，依此类推。通常把取指令的那一段时间叫作取指周期，而把执行指令的那一段时间叫作执行周期。因此，控制器反复交替地处在取指周期与执行周期之中，直至程序执行完毕。

在早期的计算机术语中，通常把运算器和控制器合在一起称为中央处理器，简称 CPU，而将 CPU 和存储器等设备合在一起则称为主机。

3. 存储器

存储器的主要功能是存放程序和数据。使用时，可以从存储器中取出信息，并且不破坏原有的内容，这种操作称为存储器的读操作；使用时可以把信息写入存储器，并且将原来的内容抹掉，这种操作称为存储器的写操作。

存储器通常分为内存储器和外存储器。

（1）在计算机内部，一切数据都是用二进制数（由 0 和 1 组成）的编码来表示的。下面先介绍几个重要的概念。

- 存储单元：存储器一般被划分成许多单元，即存储单元。用存储单元地址来区分各单元，一个存储单元可存放 8 个二进制的位，即 1 个字节。
- 存储单元地址：每个存储单元都有一个唯一的编号（用二进制表示），称为存储单元地址。单元地址编码号是唯一且固定不变的，而存储在该单元中的内容是可以变的。
- 位（bit）：一个二进制位为 1 bit（比特），简写为 b，它是二进制所能表示的数据的最小单位。
- 字节（Byte）：八个二进制位组成一个字节，简写为 B，它是计算机中的最小存储单元。字节经常使用的单位还有 KB（千字节）、MB（兆字节）和 GB（千兆字节）。
- 各个存储数据单位之间的转换关系如下：

  1B（字节）=8b（位）

  1 KB（千字节）= 1024B=2^{10}B

  1 MB（兆字节）=1024KB=2^{10}KB=2^{20}B

  1 GB（千兆字节）=1024 MB=2^{10}MB=2^{20}KB =2^{30}B

注意：通常，一个 ASCII 码用 1 个字节表示，一个汉字的国标码用 2 个字节表示。

- 存储容量：存储器所能容纳的信息量称为存储容量，其单位是"字节"。
- 访问存储器：向存储单元中存入（写）或从存储单元中取出（读）信息。

（2）内存储器。内存储器简称内存（又称主存），是计算机中信息交流的中心。用户通过输入设备输入的程序和数据最初送入内存，控制器执行的指令和运算器处理的数据取自内存，运算的中间结果和最终结果保存在内存中，输出设备输出的信息来自内存，内存中的信息如要长期保存，应送到外存储器中。总之，内存要与计算机的各个部件打交道，进行数据交换。因此，内存的存取速度直接影响计算机的运算速度。

当今绝大多数计算机的内存是以半导体存储器为主，由于价格和技术方面的原因，内存的存储容量受到限制，而且大部分内存是不能长期保存信息的随机存储器（RAM，断电后信息丢失），所以还需要能长时间保存大量信息的外存储器。

（3）外存储器。外存储器设置在主机外部，简称外存（又称辅存），主要用来长期存放暂时不用的程序和数据。通常外存不和计算机的其他部件直接交换数据，只和内存交换数据，而且不是按单个数据进行存取，而是成批地进行数据交换。常用的外存有磁盘、磁带、光盘等。外存与内存有许多不同之处：一是外存不像内存那样怕停电，如磁盘上的信息可以保持几年，甚至几十年，CD-ROM 上的信息可以保存更长的时间；二是外存的容量不像内存那样受到很多限制，可以比内存大得多，如当今硬盘的容量有 180GB、200GB 等；三是外存速度慢，内存速度快。

4. 输入/输出设备

输入设备是变换输入形式的部件，它将人类通常用的信息形式变换成计算机能接收并识别的信息形式。目前常用的输入设备是键盘、鼠标器、数字扫描仪以及模数转换器等。

输出设备是变换计算机输出信息形式的部件，它将计算机运算结果的二进制信息转换成人类或其他设备能接收和识别的形式，如字符、文字、图形、图像、声音等。常用的输出设备有打印机、绘图仪、显示器等。

计算机的输入/输出设备通常为外围设备，这些外围设备种类繁多速度各异，因而它们不能直接同高速工作的主机相连接，而是通过适配器部件与主机联系。适配器的作用相当于一个转换器，可以保证外围设备按计算机系统所要求的形式发送或接收信息，使主机和外围设备并行协调地工作。

外存储器也是计算机中重要的外围设备，它既可以作为输入设备，也可以作为输出设备。此外，它还有存储信息的功能，常常作为辅助存储器使用。

5. 总线

计算机硬件之间的连接线路分为网状结构与总线结构。绝大多数计算机都采用总线（BUS）结构。系统总线是构成计算机系统的骨架，是多个系统部件之间进行数据传送的公共通路。借助系统总线，计算机在各系统部件之间实现传送地址、数据和控制信息的操作。系统总线从功能上可分为地址总线、数据总线和控制总线。

（1）地址总线。CPU 通过地址总线把地址信息送到其他部件，因而地址总线是单向的。地址总线的位数决定了 CPU 的寻址能力，也决定了微型机的最大内存容量。例如，16 位地址总线的寻址能力是 2^{16}=64KB，而 32 位地址总线的寻址能力是 4GB。

（2）数据总线。数据总线用于传输数据。数据总线的传输方向是双向的，是 CPU 与存储器、CPU 与 I/O 接口之间的双向传输通道。数据总线的位数和微处理器的位数是一致的，是衡量微型计算机运算能力的重要指标。

（3）控制总线。控制总线是由 CPU 对外围芯片和 I/O 接口的控制以及这些接口芯片对 CPU 的应答、请求等信号组成的总线。控制总线是最复杂、最灵活、功能最强的一类总线，其方向也因控制信号不同而有差别。例如，读写信号和中断响应信号由 CPU 传给存储器和 I/O 接口，中断请求和准备就绪信号由其他部件传输给 CPU。

1.3.2　非冯·诺依曼计算机结构

非冯·诺依曼结构是一种由数据而不是由指令来驱动程序执行的体系结构。

具有冯·诺依曼体系结构的计算机，在 CPU 和主存之间只有一条每次只能交换一个字的数据通路，它称为冯·诺依曼瓶颈。不论 CPU 和主存的吞吐率有多高，不论主存容量有多大，只能顺序处理和交换数据。另外，随着软件系统复杂性和开发成本不断提高，软件的可靠性、可维护性和整个系统的性能都会明显下降。大量的系统资源消耗在必不可少的软件开销上，"软件危机"出现了，其问题根源在于冯·诺依曼体系结构的不适应性。随着计算机应用领域的扩大，这种矛盾愈来愈突出，迫使人们不断对这种体系结构进行改进。例如出现了流水处理机、并行处理机、相联处理机、多处理机和分布处理机等。但这些结构的计算机本质上仍是使用存储程序型的顺序操作概念，还没有突破冯·诺依曼体系结构的两个最主要特征：一是计算机内部的信息流动是由指令驱动的，而指令执行的顺序由指令计数器决定；二是计算机的应用主要是面向数值计算和数据处理。为了使计算机具有更强的计算能力，让计算机能模拟人类在自然语言理解、图像与声音的识别和处理、学习和探索、思维和推理等方面的功能以及具有良好的环境自适应能力，出现了对非冯·诺依曼体系结构的研究。

非冯·诺依曼体系结构的计算机主要有数据流计算机、归约计算机、基于面向对象程序设计语言的计算机、面向智能信息处理的智能计算机等。

（1）数据流计算机。数据流计算机彻底改变了冯·诺依曼体系结构的指令流驱动的机制，而采用了数据流驱动的机制。

（2）归约计算机。归约计算机也是基于数据流的计算机模型，但执行的操作序列取决于对数据的需求，即由需求驱动。

（3）基于面向对象程序设计语言的计算机。这种计算机体系结构具有高效能、面向对象的动态存储管理、存储保护、快速匹配及检索对象的机制，同时还提供实现对象之间高效通信的机制。面向对象程序设计语言具备固有的并行性，因此，基于面向对象程序设计语言的计算机还应当是一个多处理机系统，以便让多个对象组成的模块分别在各自分配到的处理机上执行，提高计算机并行处理的能力。

（4）智能计算机。从功能上看，它的体系结构具备以下特点：①具有高效的推理机制和极强的符号处理能力；②能有效地支持非确定性计算，同时也能有效地支持确定性计算；③具有高度并行处理、多重处理或分布处理能力；④具有能适应不同应用特点和需求的动态可变的开放式的拓扑结构；⑤有大容量存储器，数据不是线性存储，而是分布存储，存储访问具有不可预测性；⑥具有知识库管理功能；⑦有良好的人机界面，具有自然语言、声音、文字、图像等智能接口功能；⑧具有支持智能程序设计语言功能。

非冯·诺依曼体系结构计算机的主要优点：①支持高度的并行操作；②与超大规模集成电路技术相适应；③有利于提高软件生产能力。

1.4　微型计算机硬件系统的组成

计算机是一种不需要人工直接干预就能够对各种信息进行高速处理和存储的电子设备。一个完整的计算机系统包括硬件系统和软件系统两大部分，如图 1-9 所示。

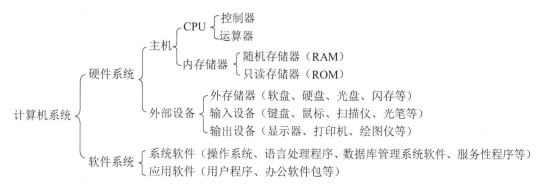

图 1-9　计算机系统的组成

计算机硬件系统是指构成计算机的所有实体部件的集合，通常这些部件由电子器件、机械装置等物理部件组成。硬件通常是指一切看得见、摸得到的设备实体，是计算机进行工作的物质基础，是计算机软件运行的场所。

计算机软件系统是指在硬件设备上运行的各种程序以及有关文档。程序是用户用于指挥计算机执行各种功能以便完成指定任务的指令系统的集合，文档是为了便于阅读、修改、交流程序而作出的说明。

通常人们把不装备任何软件的计算机称为硬件计算机或裸机。裸机由于不装备任何软件，所以只能运行机器语言程序，它的功能显然不会得到发挥。普通用户面对的一般不是裸机，而是在裸机之上配置若干软件之后所构成的计算机系统。正是由于有了丰富多彩的软件，计算机才能完成各种不同的任务。在计算机技术的发展过程中，软件随硬件技术的发展而发展，反过来，软件的不断发展与完善又促进了硬件的发展，二者缺一不可。微型计算机硬件系统包括主板、CPU、内存、外存、外围设备等。在这些硬件设备中，CPU 系统是最重要的，它决定了一台计算机的基本规格与配置。

1.4.1　主板

主板（Motherboards），又称系统板或母板，如图 1-10 所示。主板是由印刷电路板、控制芯片、CPU 插座、键盘插座、CMOS 只读存储器、Cache（高速缓冲存储器）、各种扩展插槽、各种连接插座、各种开关及跳线组成的。计算机中的各种设备都必须与主板相互合作，才能发挥完整的功能，因此可以说主板是计算机的协调中心。在主板上可以看到密密麻麻的印刷线路，这些线路就是计算机内部的数据传输信道，此外，在主板上还有各式各样的插槽用来连接其他设备。简而言之，主板是计算机中枢与外界沟通的桥梁。不同档次的 CPU 需用不同档次的主板，主板的质量直接影响 PC 机的性能和价格，主板和主存储器一般都装在一个机箱里，称为主机。

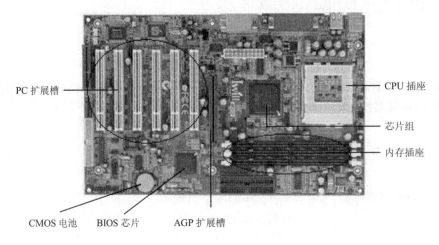

PC 扩展槽

CPU 插座

芯片组

内存插座

CMOS 电池　BIOS 芯片　AGP 扩展槽

图 1-10　主板

1.4.2　CPU

中央处理器（Central Processing Unit，CPU）如图 1-11 所示，它是计算机的核心部件，决定计算机的性能和档次。计算机进行的全部活动都受 CPU 的控制，CPU 主要的功能是按照指令的要求控制数据的加工处理并使计算机各部件自动协调地工作。计算机工作时，CPU 控制将数据由输入设备传送到存储器存储，再将要参与运算的数据从存储器中取出送往 CPU 处理，最后将计算机处理的信息由输出设备输出。

（a）AMD 公司的 CPU　　　　　　　　　　（b）Intel 公司的 CPU

图 1-11　CPU

自从 1971 年美国 Intel 公司研制出第一块微处理器芯片（即中央处理器）Intel 4004 以来，其发展速度十分迅速。用微处理器装配的计算机称为微型计算机，简称微机。微处理器的发展代表了微机的发展，其发展大致经历了五代。

第一代：4 位或准 8 位微处理器（1971－1973 年），CPU 的代表是 Intel 4004、Intel 8008。

第二代：8 位微处理器（1974－1977 年），CPU 的代表是 Intel 8080、M6800、Z80。

第三代：16 位微处理器（1978－1980 年），CPU 的代表是 Intel 8086、Intel 80286。

第四代：32 位微处理器（1981－1992 年），CPU 的代表是 Intel 80386、Intel 80486。

第五代：64 位微处理器（1993 至今），CPU 的代表是 Pentium 系列、PowerPc、Alpha。

芯片位数越多，其处理能力就越强。

微型计算机使用的第一块 CPU 是由美国 Intel 公司制造的，目前 Intel 公司仍然是世界上最大的 CPU 生产商，由于它的产品不断地更新，推动了微型计算机的不断发展。世界上生产 CPU 的厂家还有 AMD、Motorola 和 IBM 等。

1.4.3　内存

微型机的程序和数据都是以二进制代码的形式存放在存储器中的，在执行程序和使用数据时必须先将它们放在主存储器的 RAM 芯片中。RAM 也就是大家熟知的内存条，如图 1-12 所示。微型计算机使用的内存条的主要类型有 SDRAM、RDRAM、DDR 三种。

图 1-12　内存条

1.4.4　硬盘

硬盘如图 1-13 所示。硬盘的盘体由多个盘片组成，盘片是将磁粉附着在铝合金（或玻璃材质）圆盘片的表面上构成的。这些盘片重叠在一起放在一个密封的盒中，它们在主轴电机的带动下以很高的速度旋转。硬盘的每个存储面划分若干磁道，每个磁道划分若干个扇区。硬盘往往有多张盘片，也有多个磁头，每个存储面的同一道形成一个圆柱面。计算硬盘的存储容量的公式为

存储容量=磁头数×柱面数×扇区数×每个扇区的字节数

图 1-13　硬盘

1.4.5　光盘

光存储器常称为光盘，如图 1-14 所示，它利用光学方式读写数据。在光盘表面镀有光学介质，使用激光烧蚀介质表面为微小的凹凸模式，用以表示存储二进制数据。

这里主要介绍两种光驱类型。

（1）CD-ROM 光盘。CD-ROM 是只读光盘，它在厂家生产时写入程序或数据，用户使用时只能读取已有信息，不能修改和写入新信息。

（2）DVD 光盘。DVD 光盘的盘片尺寸与 CD 光盘相同，但是 DVD 的存储容量更大，读取速度更快。

图 1-14　光驱

光盘具有存储容量大（一张普通 CD-ROM 盘片容量达 650MB，一张 DVD-ROM 盘片容量可达 10GB 以上）、读取速度快（单倍速的光盘读取速率为 150KB/s）、可靠性高、价格低、携带方便等特点。

1.4.6　U 盘存储器

U 盘是一种可以直接插在通用串行总线 USB 端口上进行读写的新一代外存储器，它的容量不是很大，但是其拥有体积小、保存信息可靠、易携带等优点，这些优点使其得到广泛应用。U 盘如图 1-15 所示。

图 1-15　U 盘

1.4.7　外围设备

外围设备包括键盘、鼠标、扫描仪、显示器、打印机、音箱等。其中，键盘、鼠标和扫描仪是输入设备，显示器、打印机、音箱是输出设备。

下面介绍几种常见的外围设备。

1. 键盘（Keyboard）

键盘是计算机不可缺少的输入设备，通过键盘连线插入主板上的键盘接口与主机连接的。用户通过键盘向计算机输入各种命令和数据，它在人和计算机之间起着桥梁和纽带的作用。

键盘的种类很多，按工作原理可分为两类：机械式键盘和电子式键盘。按键位的多少又可分为 83 键、101 键、104/105 键以及适用于 ATX 电源的 107/108 键键盘。由于 Windows 的广泛应用，104 键键盘已经被广泛使用，而 107/108 键键盘则在较新型的高档微机上使用。图 1-16 所示为 104 键键盘。

图 1-16　104 键键盘

（1）键盘的分区配置。标准键盘一般分为 4 个操作区，分别是主键盘区、功能键区、编辑键盘区和小键盘区。

- 主键盘区（又称打字键区）：主要包括字母键、数字键和符号键，是键盘的主要使用区。
- 功能键区：包括 12 个功能键 F1～F12，其功能随使用软件的不同而发生变化。
- 编辑键区：在主键盘区右方，有三列，共有 10 个键。
- 小键盘区（又称数字键区）：在键盘右下部，包括数字键和编辑键。该区的键具有数字键和光标键的双重功能。当按下 NumLock 键时，其上部相应的指示灯会亮，此时小键盘处于数字输入状态；再次按下 NumLock 键时，其上部相应的指示灯熄灭，此时小键盘上的键就会起到光标控制/编辑键的作用。

（2）常用键位的功能。

- Tab 键：又称制表定位键，每按一次，光标向右移动 8 个字符位置。
- Caps Lock 键：又称大写字母锁定键。按下这个键可以使 Caps Lock 指示灯亮起，此时输入的英文字母都处于大写状态；再按一下该键，Caps Lock 指示灯熄灭，此时输入的英文字母都处于小写状态。
- Backspace 键：又称退格键，每按一次该键，删除光标左边的一个字符或文字。
- Enter 键：又称回车键。通常在输入一个命令后，按下该键表示输入完毕，开始执行命令；在字处理软件中，按下该键表示一行或一段的结束。
- Shift 键：又称换档键。按住这个键可以输入与当前大小写状态相反的英文字母以及上位字符。
- Ctrl 键和 Alt 键：又称控制键，在不同的软件中起不同的作用，一般都与其他键组合使用。
- Space 键：又称空格键，每按一次该键，在当前的位置上输入一个空格。
- Print Screen（PrtSc 键）键：又称屏幕打印键。按下该键，可将当前屏幕上的内容复制到剪贴板；若按下快捷键 Alt+Print Screen，可将当前活动窗口的内容复制到剪贴板。
- Pause Break 键：又称暂停键。按下该键，暂停计算机工作的执行；再按一次，恢复执行。
- Insert 键（Ins 键）：又称插入键。按下该键，输入功能处于插入状态，可以在两个文字或字符中间插入其他内容；再按一次，输入功能处于改写状态，此时输入字符或文字，会将其后的内容覆盖。
- Delete 键（Del 键）：又称删除键。按下该键，删除当前光标右边的文字。
- Page Up（PaUp 键）键和 PageDown（PaDn 键）键：又称翻页键。按下该键，可以显示上一屏或下一屏的内容。
- Home 键和 End 键：按下该键，可将光标移到行头或行尾。

2. 鼠标（Mouse）

鼠标（图 1-17），用来控制屏幕光标移动和选定对象。鼠标的种类很多，根据其工作原理可分为机械式鼠标、光学式鼠标和光学机械式鼠标；根据按钮数目可分为双键鼠标、三键鼠标和多键鼠标；根据与主机接口的连接方式可分为串口鼠标、PS/2接口鼠标、USB 接口鼠标；另一方面，鼠标又可分为有线鼠标和无线鼠标两大类。

图 1-17　鼠标

3. 显示器

常见的输出设备有显示器、打印机、绘图仪、声音输出设备、投影仪等。

显示器是人机交互的重要工具，是最基本的输出工具之一，如图 1-18 所示。用户通过显示器能及时了解计算机工作的状态，看到信息处理的过程和结果，及时纠正错误，从而使计算机能够正常工作。微型计算机的显示系统由显示器（Monitor）和显示适配器（Adapter，简称显卡或显示卡）构成。

图 1-18　显示器

（1）显示器。显示器也称为监视器，显示器的种类很多，根据工作原理可分为阴极射线显示器（CRT）、液晶显示器（LCD）、发光二极管显示器（LED）、等离子体显示器（PDP）、电致发光显示器（EL）、真空荧光显示器（VFD）；根据显示的内容可以分为字符显示器、图形显示器和图像显示器；根据显示的颜色又可以分为单色显示器和彩色显示器。台式计算机过去多使用以阴极射线管（CRT）为核心的显示器，目前逐步采用液晶（LCD）显示器；笔记本电脑主要采用液晶（LCD）显示器。

显示器的主要技术指标有屏幕尺寸、像素点距、显示分辨率、灰度、颜色深度及刷新频率。

像素：显示器屏幕通常被分为若干个小点，通过它们的点阵来构成图像，这些小点即称为像素。

点距：指屏幕上相邻两个像素之间的距离，点距越小，图像越清晰。常见的点距有 0.18、0.21、0.25、0.28 等。

分辨率：指屏幕上能显示像素的数目。例如，若显示器的分辨率是 640×350，则共有 640×350=224 000 个像素。分辨率越高，图像越清晰。显示器的分辨率受点距和屏幕尺寸的限制，也和显示卡有关。显示器的分辨率分为高、中、低三种规格，其大致范围是，低分辨率：300×200 左右；中分辨率：600×350 左右；高分辨率：640×380、1024×768、1280×1024 等。

灰度：在黑白显示器中显示为像素点的亮暗差别，在彩色显示器中表现为颜色的不同，灰度级越多，图像层次越清楚逼真。灰度取决于每个像素对应的刷新存储单元的位数和显示器本身的性能。

颜色深度：指计算机屏幕可以显示多少颜色，基于每个像素的位数，颜色深度随着像素位数的增加呈指数级增加，使人们能够更精确地看到彩色和详细的图像。

刷新频率：指图像在屏幕上更新的速度，即屏幕上的图像每秒钟出现的次数，刷新频率越高，屏幕上图像闪烁感就越小，稳定性也就越高。

（2）显示适配器。显示适配器又称显卡，如图 1-19 所示。它是显示器与计算机主机之间连接的接口设备，一般被插在主板的扩展槽内，通过总线与 CPU 相连，显示器通过信号线与显示卡相连。不同类型的显示器需要配置不同的显卡，常用的显卡有彩色图形适配器 CGA、增强图形适配器 EGA、视频图形数组 VGA 和 SVGA 等，它们都支持彩色字符和图形显示，而且功能越来越强，分辨率越来越高，颜色也越来越丰富。

图 1-19　显示适配器（显卡）

注意: 开、关机的顺序是开机时先打开显示器等外部设备,再打开主机电源;关机时先关闭主机电源,再关闭外部设备。

4．打印机(Printer)

打印机利用色带、墨水或炭粉,将计算机中的数据直接在打印纸上输出,方便人们的阅读。打印机的种类和型号很多,按印字方式可分为击打式和非击打式两大类,击打式打印机的打印分辨率低、速度慢,其代表是针式打印机;非击打式打印机的打印分辨率高、速度快,其代表是喷墨打印机和激光打印机,如图 1-20 所示。

图 1-20　打印机

针式打印机,又称点阵打印机,它利用机械钢针击打色带和纸进而打印出字符和图形。针式打印机价格便宜、能连续打印,但噪声大、字迹质量不高、打印针头易损坏、打印速度慢。针式打印机按钢针数量分为 9 针、16 针和 24 针,一般说来,打印针越多,打印的质量越高。

喷墨打印机是利用墨水通过精细的喷头喷到纸面上而产生字符和图像。它的特点是体积小、重量轻、噪声小、打印质量高,但对打印纸要求高、墨水的消耗量大,适于办公室、家庭使用。其性能与价格均介于点阵打印机和激光打印机之间。

激光打印机是激光扫描技术与电子照相技术相结合的产物,由激光扫描系统、电子照相系统和控制系统三大部分组成。激光扫描系统利用激光束的扫描形成静电潜像,电子照相系统将静电潜像转变成可见图像输出。其特点是速度快、精度高、噪声低;但价格高、对打印纸的要求高。

1.4.8　总线和接口

(1)总线接口:主板上的扩展槽,目前常见的扩展槽有工业标准结构总线(Industry Standard Architecture,ISA 总线)扩展槽、外围设备互联总线标准(Peripheral Component Interconnect,PCI 总线)扩展槽、图形加速接口 AGP 总线扩展槽。它们用来连接显卡、声卡、网卡等。

(2)串行口:COM1、COM2,按位进行信息传输,常用来连接鼠标、调制解调器等。

(3)并行口:LPT1、LPT2,按字节进行信息传输,常用来连接打印机。

(4)USB(Universal Serial Bus)总线接口。通用串行总线,可以使所有的低速设备都连接到统一的 USB 接口上,对于有 USB 1.0 和 USB 2.0 两种标准,后者的传输速度是前者的 40

倍左右。USB 接口支持功能传递，用户只需要准备一个 USB 接口就可以将外设相互连接成串，而其通信功能不会受到丝毫影响。其次，USB 接口本身就可以提供电力来源，因此外设可以没有外接电源线。此外，该接口支持即插即用功能，支持热插拔，用户可以完全摆脱添加或去除外设时总要重新开机的麻烦。

1.4.9　计算机的主要技术指标

计算机的主要技术指标有性能、功能、可靠性、兼容性等，技术指标的优劣由硬件和软件两方面因素决定。

1. 性能指标

计算机的性能主要是指计算机的速度与容量。计算机运行速度越快，在单位时间内处理的数据就越多，计算机的性能也就越好。存储器容量也是衡量计算机性能的一个重要指标。大容量存储器一方面是由于海量数据的需要，另一方面是为了保证计算机的处理速度，需要对数据进行预取存，这都加大了对存储容量的要求。计算机的性能往往可以通过专用的基准测试软件进行测试。例如，在使用计算机播放 DVD 影片这项功能时，其画面效果如何就是由性能决定的，为了得到好的画面质量，就必须使用高频率的 CPU 和大内存容量，因为 DVD 影片数据量巨大，低速系统将导致严重的马赛克效果。计算机主要有以下性能指标：

（1）CPU 字长。CPU 字长是指 CPU 能够同时处理二进制数据的位数，直接关系到计算机的运算速度、精度和性能。CPU 字长有 8 位、16 位、32 位、64 位之分，当前主流产品为 64 位。

（2）时钟频率。时钟频率是指在单位时间内发出的脉冲数，通常以兆赫兹（MHz）为单位。计算机中的时钟频率主要有 CPU 时钟频率和总线时钟频率，如 Pentium4@3.4GHz 的 CPU 的主频为 3.4GHz。主频越高，计算机的运算速度越快。

（3）内存容量。计算机中内存容量越大，运行速度也越快。一些操作系统和大型应用软件常对内存容量有要求，如 Windows 98 最低内存配置为 32MB，建议内存配置为 84MB；Windows 2003 最低内存配置为 256MB，建议内存配置为 1GB。

（4）外部设备配置。计算机外部设备的性能对系统也有直接影响，如硬盘的配置、硬盘接口的类型与容量、显示器的分辨率、打印机的型号与速度等。

2. 功能指标

计算机的功能指它提供服务的类型。随着计算机的发展，3D 图形功能、多媒体功能、网络功能、无线通信功能等都已经在计算机中实现，语音识别、笔操作等功能也在不断探索解决之中，计算机的功能越来越多。计算机硬件提供了实现这些功能的基本硬件环境，而功能的多少、实现的方法主要由软件决定。例如，网卡提供了信号传输的硬件基础，而浏览网页、收发邮件、下载文件等功能则由软件实现。

3. 可靠性指标

可靠性指计算机在规定工作环境下和在恶劣工作环境下稳定运行的能力。例如，计算机经常性死机或重新启动，就说明计算机可靠性不高。可靠性是一个很难测试的指标，往往只能通过产品的工艺质量、产品的材料质量、厂商的市场信誉来衡量。例如，不同厂商的主板由于采用同一芯片组，它们的性能相差不大，但是，由于采用不同的工艺流程、不同的电子元件材料，不同的质量管理方法，它们产品的可靠性可能有很大差异。

4. 兼容性指标

"兼容"这个词在计算机行业中可以说是流行语了，但是要真正对"兼容"下一个准确定义却并非易事。计算机兼容性主要可分为硬件兼容性和软件兼容性，硬件兼容性是指不同硬件在同一操作系统下运行性能的好坏。例如 A 声卡在 Windows XP 中工作正常，B 声卡在 Windows XP 下可能不发声，因此说 B 声卡的兼容性不好。软件兼容性指软件运行在某一个操作系统下时，可以正常运行而不发生错误。例如，某一 DOS 软件可以运行在 Windows 98 下时，说明 Windows 98 与该 DOS 软件兼容。因此可大致认为，两个不同厂商的产品，符合某一技术规范的特定要求，如果能够在同一环境下应用，通常说它们是兼容的。硬件产品的兼容性不好，一般可以通过驱动程序或补丁程序来改进；软件产品不兼容，一般通过软件修正包或产品升级来改进。

1.5　计算机软件系统

如果计算机只有硬件，它只是个"裸机"，任何工作都不能完成。怎样才能使计算机高速自动地完成各种运算呢？这就需要前文提到的计算程序。因为计算程序是无形的东西，所以称为软件或软设备。利用电子计算机进行计算、控制或做其他工作时，需要有各种用途的程序。所谓软件是指为运行、维护、管理和应用计算机所编制的所有程序及文档的总和。计算机软件一般分为系统软件和应用软件两大类。

1.5.1　系统软件

系统软件用于实现计算机系统的管理、调度、监视和服务等功能，其目的是方便用户，提高计算机的使用效率，扩充系统的功能。系统软件包括以下四类：

（1）操作系统。操作系统是管理计算机资源（如处理器、内存、外部设备和各种编译、应用程序）和自动调度用户的作业程序，使多个用户能有效地共用一套计算机系统的软件。操作系统的出现，使计算机的使用效率成倍提高。概括起来，操作系统具有三大功能：管理计算机硬、软件资源，使之被有效应用；组织协调计算机的运行，以增强系统的处理能力；提供人机接口，为用户提供方便。根据不同使用环境的要求，操作系统目前大致分为批处理操作系统、分时操作系统、网络操作系统、实时操作系统等。

- 批处理操作系统：所有待处理的作业按批连续进入系统，程序一旦进入计算机，用户就不能再接触它，除非运行完毕。这有利于提高效率，但不便于程序的调度和人机对话。目前大部分计算中心都是采用这种系统。
- 分时操作系统：允许系统同时为许多用户服务，一般采用时间片轮转的方式向用户轮流分配机时，而对用户来说则感觉不到有其他用户同时在使用一台计算机。
- 实时操作系统：实时操作系统中用户分优先级别，对不同级别的用户有不同的响应方式。实时操作系统响应时间快、性能好，常用于计算机控制过程中。
- 网络操作系统：计算机网络将分布在不同地理位置的计算机连接起来，网络操作系统用于对多台计算机及其设备之间的通信进行有效的监护管理。因此，网络操作系统除具有一般操作系统的功能外，还有专门用于网络的网络管理模块。

常用的操作系统有 DOS、Windows 98/2000/XP、OS/2、Linux、UNIX 等，网络操作系统

有 NetWare、Windows NT、Windows 2000 Server、Linux、UNIX 等。

（2）数据库管理系统。数据库是实现有组织地、动态地存储大量相关数据，方便多用户访问的计算机软、硬件资源组成的系统。数据库和数据管理软件一起组成了数据库管理系统。目前有 3 种类型的数据库管理系统，分别为层次数据库、网状数据库和关系数据库，其中关系数据库使用最为方便，故得到了广泛的应用。

（3）语言处理程序。常用的语言处理程序有汇编程序、编译程序和解释程序等。

在早期的计算机中，人们是直接用机器语言（即机器指令代码）来编写程序的，这种用机器语言书写的程序，计算机完全可以"识别"并能直接执行，所以又叫作目标程序。机器语言是由二进制代码组成的，难懂难记，并且它依赖于计算机的硬件结构，不同类型的计算机其机器语言不同，这些情况大大限制了计算机的使用。

为了编写程序方便和提高机器的使用效率，人们用一些约定的文字、符号和数字按规定的格式来表示各种不同的指令，然后再用这些特殊符号表示的指令来编写程序。这就是所谓的汇编语言。对人来讲，符号语言简单直观、便于记忆，比二进制数表示的机器语言方便了许多。但计算机不认识这些文字、数字、符号，为此人们创造了汇编程序，它是一种将符号语言表示的程序（称为汇编源程序）翻译成用机器语言表示的目标程序的软件。用算法语言编写的程序称为源程序。但是，这种源程序同汇编源程序一样，是不能由机器直接识别和执行的，也必须翻译为机器语言。这个翻译过程通常采用编译执行和解释执行两种方法。在编译执行方法中，编译程序可把源程序翻译成目标程序，然后机器执行目标程序，得出计算结果。目标程序一般不能独立运行，还需要一种叫作运行系统的辅助程序来帮助运行，通常把编译程序和运行系统合称为编译系统。在解释执行方法中，解释程序可逐条解释并立即执行源程序的语句，它不是将源程序的全部指令一起翻译，编出目的程序后再执行，而是直接逐一解释语句并得出计算结果。

（4）服务性程序。服务性程序提供各种运行所需的服务，是一种辅助计算机工作的程序。例如，用于程序的装入、连接、编辑及调试用的装入程序、连接程序、编辑程序及调试程序；又如诊断故障程序、纠错程序、监督程序等。此外，还有二—十进制转换程序等为系统提供更多实用功能的服务性程序。

1.5.2　应用软件

应用软件是用户利用计算机来解决某些问题所编制的程序，如工程设计程序、数据处理程序、自动控制程序、企业管理程序、情报检索程序、科学计算程序等。随着计算机的广泛应用，这类程序的种类越来越多。常用的应用软件有下列几种：

（1）字处理软件。字处理软件的主要功能是对各类文档进行编辑、排版、存储、传送、打印等。字处理软件被称为电子秘书，能方便地处理文件、通知、信函、表格等，在办公室自动化方面起到了很重要的作用。

（2）表处理软件。表处理软件能对文字和数据的表格进行编辑、计算、存储、打印等，并具有数据分析、统计、制图等功能。

（3）计算机辅助设计软件。计算机辅助设计软件有很多，包括常用的 CAD（计算机辅助设计软件）、CAT（计算机辅助测试）、CAM（计算机辅助制造）等。这些软件可以让计算机进行各种各样精确的制图、计算等操作。

习题

单项选择题

1. 第三代计算机采用（　　）的电子逻辑元件。
   A．晶体管　　　　　　　　　　B．真空管
   C．集成电路　　　　　　　　　D．超大规模集成电路

2. 世界上第一台电子计算机是在（　　）年诞生的。
   A．1927　　　　B．1946　　　　C．1936　　　　D．1952

3. （　　）不属于逻辑运算。
   A．非运算　　　B．与运算　　　C．除法运算　　　D．或运算

4. 世界上第一台电子计算机的电子逻辑元件是（　　）。
   A．继电器　　　B．晶体管　　　C．电子管　　　D．集成电路

5. -52 在计算机中的补码表示为（　　）。
   A．11000011　　　B．01011011　　　C．11001100　　　D．10110101

6. 按使用器件划分计算机发展史，当前使用的微型计算机，是（　　）计算机。
   A．集成电路　　　B．晶体管　　　C．电子管　　　D．超大规模集成电路

7. 下列各叙述中，正确的是（　　）。
   A．正数二进制原码和补码相同
   B．所有的十进制小数都能准确地转换为有限的二进制小数
   C．汉字的计算机机内码就是国际码
   D．存储器具有记忆能力，其中的信息任何时候都不会丢失

8. 在 ASCII 码字符中，（　　）的字符无法显示或打印出来。
   A．字符$、%、#　　　　　　　B．运算符号+、-、√
   C．空格　　　　　　　　　　D．控制符号（ASCII 码编号在 0～31 之间）

9. 能直接让计算机识别的语言是（　　）。
   A．C 语言　　　B．Basic 语言　　　C．汇编语言　　　D．机器语言

10. （　　）不是计算机高级语言。
    A．BASIC 语言　　　　　　　B．FORTRAN 语言
    C．C 语言　　　　　　　　　D．机器语言

11. 十六进制数 5C 对应的十进制数为（　　）。
    A．92　　　　B．93　　　　C．75　　　　D．90

12. 原码 01010111 的反码是（　　）。
    A．00000001　　　　　　　　B．10000001
    C．10000000　　　　　　　　D．01010111

13. 通常计算机系统是指（　　）。
    A．硬件和软件　　　　　　　B．系统软件和应用软件
    C．硬件系统和软件系统　　　D．软件系统

14. 原码 11010110 的反码是（　　）。

    A. 10101000　　　B. 10101001　　　C. 10000000　　　D. 00000010

15. CAI 是（　　）的英文缩写。

    A. 计算机辅助教学　　　　　　　B. 计算机辅助设计

    C. 计算机辅助制造　　　　　　　D. 计算机辅助管理

16. （　　）不是高级语言的特征。

    A. 源程序占用内存少　　　　　　B. 通用性好

    C. 独立于微机　　　　　　　　　D. 易读、易懂

17. 将十进制数 178 转换为八进制数是（　　）。

    A. 259　　　　　　B. 268　　　　　　C. 269　　　　　　D. 262

18. 微机系统中存取容量最大的部件是（　　）。

    A. 硬盘　　　　　B. 主存储器　　　C. 高速缓存　　　D. 软盘

19. 二进制的十进制编码是（　　）码。

    A. BCD　　　　　B. ASCII　　　　C. 机内　　　　　D. 二进制

20. 微型计算机中的 80586 指的是（　　）。

    A. 存储容量　　　B. 运算速度　　　C. 显示器型号　　D. CPU 的类型

21. ASCII 码是一种字符编码，常用（　　）位码。

    A. 7　　　　　　　B. 16　　　　　　C. 10　　　　　　D. 32

22. 十六进制数 365 对应的八进制数为（　　）。

    A. 3022　　　　　B. 1702　　　　　C. 1545　　　　　D. 3072

23. 一个字节由 8 位二进制数组成，其最大容纳的十进制整数为（　　）。

    A. 255　　　　　　B. 233　　　　　C. 245　　　　　　D. 47

24. 二进制数真值+1110111 的补码是（　　）。

    A. 11000111　　　B. 01110111　　　C. 11010111　　　D. 00101010

25. 二进制数真值-1010111 的补码是（　　）。

    A. 00101001　　　B. 11000010　　　C. 11100101　　　D. 10101001

26. 在微机中 VGA 的含义是（　　）。

    A. 微型机型号　　B. 键盘型号　　　C. 显示标准　　　D. 显示器型号

27. 对于 R 进制数，每一位上的数字可以有（　　）种。

    A. R　　　　　　　B. R-1　　　　　C. R/2　　　　　　D. R+1

28. 字符的 ASCII 编码在机器中的表示方法，准确地描述应是使用（　　）。

    A. 8 位二进制代码，最右 1 位为 1　B. 8 位二进制代码，最左 1 位为 0

    C. 8 位二进制代码，最右 1 位为 0　D. 8 位二进制代码，最左 1 位为 1

29. （　　）不是微机显示系统使用的显示标准。

    A. API　　　　　　B. CGA　　　　　C. EGA　　　　　D. VGA

30. （　　）不属于微机总线。

    A. 地址总线　　　B. 通信总线　　　C. 数据总线　　　D. 控制总线

31. 计算机硬件系统主要由（　　）、存储器、输入设备和输出设备等部件构成。

    A. 硬盘　　　　　B. 软盘　　　　　C. 键盘　　　　　D. CPU

32. 二进制数 10101100 转换为八进制数是（ ）。
    A. 254　　　　　B. 167　　　　　C. 167　　　　　D. 264

33. CPU 的中文含义是（ ）。
    A. 主机　　　　　　　　　　　　B. 中央处理单元
    C. 运算器　　　　　　　　　　　D. 控制器

34. 中央处理器（简称 CPU）不包含（ ）部分。
    A. 控制单元　　　　　　　　　　B. 寄存器
    C. 运算逻辑单元　　　　　　　　D. 输出单元

35. （ ）是内存储器中的一部分，CPU 对它们只能读取不能存储内容。
    A. RAM　　　　B. 随机存储器　　C. ROM　　　　　D. 键盘

36. 计算机的指令主要存放在（ ）中。
    A. CPU　　　　　B. 寄存器　　　　C. 存储器　　　　D. 键盘

37. 电子计算机的算术/逻辑单元、控制单元合称为（ ）。
    A. CPU　　　　　B. 外设　　　　　C. 主机　　　　　D. 辅助存储器

38. 将二进制数 1101101.0100111 转换成八进制数是（ ）。
    A. 151.234　　　B. 155.234　　　C. 152.234　　　D. 151.237

39. 将十六进制数 1AD.2D 转换成二进制数是（ ）。
    A. 111010101　　B. 10101010　　C. 110101101　　D. 00101101

40. 二进制数 1101+1101 等于（ ）。
    A. 100101　　　　B. 11010　　　　C. 101000　　　　D. 10011

41. 微型计算机的字长取决于（ ）。
    A. 地址总线　　　B. 控制总线　　　C. 通信总线　　　D. 数据总线

42. （ ）不属于微机 CPU。
    A. 累加器　　　　B. 运算器　　　　C. 控制器　　　　D. 内存

43. 运算器的主要功能是进行（ ）运算。
    A. 逻辑　　　　　B. 算术与逻辑　　C. 算术　　　　　D. 数值

44. 在微机系统中，对输入输出设备进行管理的基本程序是放在（ ）中。
    A. RAM　　　　　B. ROM　　　　　C. 硬盘　　　　　D. 寄存器

45. 计算机向使用者传递计算处理结果的设备称为（ ）。
    A. 输入设备　　　B. 输出设备　　　C. 存储器　　　　D. 微处理器

46. 打印机的联机键主要用来控制打印机与主机间的（ ）。
    A. 走行　　　　　B. 走页　　　　　C. 联机　　　　　D. 检测

47. 窄行打印机（针式）一般指打印出（ ）列纸的打印机。
    A. 80　　　　　　B. 132　　　　　C. 255　　　　　D. 256

48. （ ）是大写字母锁定键，主要用于连续输入若干个大写字母。
    A. Tab　　　　　B. Ctrl　　　　　C. Alt　　　　　D. Caps Lock

49. 将二进制数 0.0100111 转换成八进制小数是（ ）。
    A. 0.235　　　　　　　　　　　　B. 0.234
    C. 0.37　　　　　　　　　　　　 D. 0.236

50. （　　）设备分别属于输入设备、输出设备和存储设备。

　　A．CRT、CPU、ROM　　　　　　B．磁盘、鼠标、键盘

　　C．鼠标器、绘图仪、光盘　　　　D．磁带、打印机、激光打印机

51. 在以下所列设备中，属于计算机输入设备的是（　　）。

　　A．键盘　　　　　B．打印机　　　C．显示器　　　　　D．绘图仪

52. 按（　　）键之后，可删除光标位置前的一个字符。

　　A．Insert　　　　B．Del　　　　C．Backspace　　　D．Delete

53. 键盘上的（　　）键只单击本身就起作用。

　　A．Alt　　　　　B．Ctrl　　　　C．Shift　　　　　D．Enter

54. 十六进制数 2B9 可表示成（　　）。

　　2B9O　　　　　B．2B9E　　　　C．2B9F　　　　D．2B9H

55. 每分钟打印出页数，简称为（　　）。

　　A．DPI　　　　　B．PPM　　　　C．MIPS　　　　D．RET

56. 600DPI 是（　　）。

　　A．每分钟打印页数　　　　　　B．每英寸上的点数

　　C．每分钟行数　　　　　　　　D．每分钟传输速度

57. 下列显示方式中，（　　）分辨率最高。

　　A．CGA　　　　　B．EGA　　　　C．VGA　　　　D．MDA

58. 在表示存储器的容量时，MB 的准确含义是（　　）。

　　A．1 米　　　　　B．1024KB　　　C．1024 字节　　　D．1024

59. 从软盘上把数据传送到计算机，称为（　　）。

　　A．打印　　　　　B．读盘　　　　C．写盘　　　　D．输出

60. 十六进制数 1021 转换成十进制数是（　　）。

　　A．4096　　　　　B．1024　　　　C．4129　　　　D．8192

61. （　　）是不合法的十六进制数。

　　A．H1023　　　　B．10111　　　　C．A120　　　　D．777

62. 可从（　　）中随意读出或写入数据。

　　A．PROM　　　　B．ROM　　　　C．RAM　　　　D．EPROM

63. 内存中每个基本单位都被赋予唯一的序号，称为（　　）。

　　A．地址　　　　　B．字节　　　　C．编号　　　　D．容量

64. 当表示存储器的容量时，1KB 的准确含义是（　　）字节。

　　A．1000M　　　　B．1024M　　　C．1000　　　　D．1024

65. 高速缓存的英文为（　　）。

　　A．Cache　　　　B．VRAM　　　C．ROM　　　　D．RAM

66. 计算机存储器容量的基本单位是（　　）。

　　A．字节　　　　　B．整数　　　　C．数字　　　　D．符号

67. 输入输出装置和外接的辅助存储器称为（　　）。

　　A．CPU　　　　　　　　　　　B．存储器

　　C．操作系统　　　　　　　　　D．外围设备

68. 十进制数 234 对应的八进制数是（　　）。
    A. 270　　　　　　B. 462　　　　　　C. 352　　　　　　D. 264
69. 十进制数 127 对应的八进制数是（　　）。
    A. 117　　　　　　B. 771　　　　　　C. 87　　　　　　D. 177
70. 将十六进制数 163.5B 转换成二进制数是（　　）。
    A. 1101010101.1111001　　　　　　B. 110101010.11001011
    C. 1110101011.1101011　　　　　　D. 101100011.01011011
71. 将十进制数 42 转换成二进制数是（　　）。
    A. 101010　　　　B. 100111　　　　C. 111001　　　　D. 110001
72. 将二进制数 11010.1001 转换成十进制数是（　　）。
    A. 25.5625　　　B. 26.5625　　　C. 25.6　　　　　D. 26.6
73. 将二进制数 101101010.111101 转换成十六进制数是（　　）
    A. 16A.F4　　　　B. 16D.F4　　　　C. 16E.F2　　　　D. 16B.F2
74. 在计算机领域中，不常用到的数制是（　　）
    A. 二进制数　　　B. 四进制数　　　C. 八进制数　　　　D. 十六进制数
75. 信息高速公路传送的是（　　）。
    A. 二进制数据　　B. 系统软件　　　C. 应用软件　　　　D. 多媒体信息
76. 计算机发展的方向是巨型化、微型化、网络化、智能化，其中"巨型化"是指（　　）。
    A. 体积大
    B. 重量大
    C. 功能更强、运算速度更快、存储容量更大
    D. 外部设备更多
77. UNIX 是（　　）。
    A. 单用户任务操作系统　　　　　　B. 单用户多任务操作系统
    C. 多用户单任务操作系统　　　　　　D. 多用户多任务操作系统
78. 在计算机界，MIS 是指（　　）。
    A. 材料交换系统　　　　　　　　　　B. 数学教学系统
    C. 多指令系统　　　　　　　　　　　D. 管理信息系统
79. 所谓"裸机"是指（　　）。
    A. 单片机　　　　　　　　　　　　　B. 单板机
    C. 不装备任何软件的计算机　　　　　D. 只装备操作系统的计算机
80. MIPS 衡量的计算机性能指标是（　　）。
    A. 处理能力　　　　　　　　　　　　B. 运算速度
    C. 存储容量　　　　　　　　　　　　D. 可靠性
81. 世界上第一台电子数字计算机取名为（　　）。
    A. UNIVAC　　　B. EDSAC　　　C. ENIAC　　　　D. EDVAC
82. 从第一台计算机诞生到现在的几十年中，按计算机采用的电子器件来划分，计算机的发展经历了（　　）个阶段。
    A. 4　　　　　　　B. 6　　　　　　　C. 7　　　　　　D. 3

83. 计算机的不同发展阶段通常是用计算机所采用的（   ）来划分的。
    A．内存容量　　　B．电子器件　　　C．程序设计语言　　　D．操作系统

84. 现代计算机之所以能自动地连续进行数据处理，主要是因为（   ）。
    A．采用了开关电路　　　　　　　B．采用了半导体器件
    C．具有存储程序的功能　　　　　D．采用了二进制

85. 个人计算机简称 PC 机，这种计算机属于（   ）。
    A．微型计算机　　B．小型计算机　　C．超级计算机　　　D．巨型计算机

86. 一个完整的计算机系统通常应包括（   ）。
    A．系统软件和应用软件　　　　　B．计算机及其外部设备
    C．硬件系统和软件系统　　　　　D．系统硬件和系统软件

87. 从第一代计算机到第四代计算机的体系结构都是相同的，都是由运算器、控制器、存储器以及输入输出设备组成的。这种体系结构称为（   ）。
    A．艾伦·图灵　　　　　　　　　B．罗伯特·诺依斯
    C．比尔·盖茨　　　　　　　　　D．冯·诺依曼

88. 一个计算机系统的硬件一般是由（   ）几部分构成的。
    A．CPU、键盘、鼠标和显示器
    B．运算器、控制器、存储器、输入设备和输出设备
    C．主机、显示器、打印机和电源
    D．主机、显示器和键盘

89. CPU 是计算机硬件系统的核心，它是由（   ）组成的。
    A．运算器和存储器　　　　　　　B．控制器和存储器
    C．运算器和控制器　　　　　　　D．加法器和乘法器

90. CPU 中运算器的主要功能是（   ）。
    A．负责读取并分析指令　　　　　B．算术运算和逻辑运算
    C．指挥计算机的运行　　　　　　D．控制计算机的运行

91. 计算机的存储系统通常包括（   ）。
    A．内存储器和外存储器　　　　　B．软盘和硬盘
    C．ROM 和 RAM　　　　　　　　D．内存和硬盘

92. 计算机的内存储器简称内存，它是由（   ）构成的。
    A．随机存储器和软盘　　　　　　B．随机存储器和只读存储器
    C．只读存储器和控制器　　　　　D．软盘和硬盘

93. 计算机的内存容量通常是指（   ）。
    A．RAM 的容量　　　　　　　　B．RAM 与 ROM 的容量总合
    C．软盘与硬盘的容量总合　　　　D．RAM、ROM、软盘和硬盘的容量总和

94. 在下列存储器中，存取速度最快的是（   ）。
    A．软盘　　　　B．光盘　　　　C．硬盘　　　　D．内存

95. 计算机的软件系统一般分为（   ）两大部分。
    A．系统软件和应用软件　　　　　B．操作系统和计算机语言
    C．程序和数据　　　　　　　　　D．DOS 和 Windows

96. 下列叙述中，正确的说法是（   ）。

    A. 编译程序、解释程序和汇编程序不是系统软件

    B. 故障诊断程序、排错程序、人事管理系统属于应用软件

    C. 操作系统、财务管理程序、系统服务程序都不是应用软件

    D. 操作系统和各种程序设计语言的处理程序都是系统软件

97. 操作系统的作用是（   ）。

    A. 将源程序编译成目标程序

    B. 负责诊断机器的故障

    C. 控制和管理计算机系统的各种硬件和软件资源的使用

    D. 负责外设与主机之间的信息交换

98. 在计算机内部，计算机能够直接执行的程序语言是（   ）。

    A. 汇编语言　　　　　　　　　　B. C++语言

    C. 机器语言　　　　　　　　　　D. 高级语言

99. 用汇编语言编写的程序需经过（   ）翻译成机器语言后，才能在计算机中执行。

    A. 编译程序　　　　　　　　　　B. 解释程序

    C. 操作系统　　　　　　　　　　D. 汇编程序

100. 通常我们所说的 32 位机，指的是这种计算机的 CPU（   ）。

    A. 由 32 个运算器组成　　　　　B. 能够同时处理 32 位二进制数据

    C. 包含 32 个寄存器　　　　　　D. 一共有 32 个运算器和控制器

101. 下列叙述中，正确的说法是（   ）。

    A. 键盘、鼠标、光笔、数字化仪和扫描仪都是输入设备

    B. 打印机、显示器、数字化仪都是输入设备

    C. 显示器、扫描仪、打印机都不是输入设备

    D. 键盘、鼠标和绘图仪都不是输出设备

102. 8 倍速 CD-ROM 驱动器的数据传输速率为（   ）。

    A. 300KB/s　　　B. 600KB/s　　　C. 900KB/s　　　D. 1.2MB/s

103. 如果将 3.5 英寸软盘上的写保护口（一个方形孔）敞开，该软盘处于（   ）状态。

    A. 读保护　　　　　　　　　　　B. 写保护

    C. 读写保护　　　　　　　　　　D. 盘片不能转动

104. 根据打印机的原理及印字技术，打印机可分为（   ）两类。

    A. 击打式打印机和非击打式打印机

    B. 针式打印机和喷墨打印机

    C. 静电打印机和喷墨打印机

    D. 电阵式打印机和行式打印机

105. 指令的解释是电子计算机的（   ）部分来执行。

    A. 控制　　　　B. 存储　　　　　C. 输入输出　　　　D. 算术和逻辑

106. 一张软磁盘的存储容量为 360KB，如果是用来存储汉字所写的文件，大约可以存汉字的数量为（   ）。

    A. 360K　　　　B. 180K　　　　C. 720K　　　　D. 90K

107. 计算机中传送信息的基本单位是（   ）。

    A. 字   B. 字节   C. 位   D. 字块

108. 下列 4 个不同进制的数中，其值最大的是（   ）。

    A. $(11011001)_2$ B. $(75)_{10}$ C. $(37)_8$ D. $(A7)_{16}$

109. 下列一组数中，最小的数是（   ）。

    A. $(2B)_{16}$ B. $(44)_{10}$ C. $(52)_8$ D. $(101001)_2$

110. 在微型计算机中，应用最普遍的字符编码是（   ）。

    A. BCD 码   B. 补码   C. ASCII 码   D. 汉字编码

111. 在存储一个汉字内码的两个字节中，每个字节的最高位分别是（   ）。

    A. 0 和 1   B. 1 和 1   C. 0 和 0   D. 1 和 0

112. 下列叙述中，正确的是（   ）。

    A. 汉字的计算机内码就是国标码

    B. 存储器具有记忆能力，其中的信息任何时候都不能丢失

    C. 所有十进制小数都能准确地转换为有限位二进制小数

    D. 正数二进制原码的补码是原码本身

第 2 章　Windows 10 操作系统

学习目标

- 了解：Windows 10 操作系统。
- 理解：Window 10 系统的作用及操作方法。
- 应用：Window 10 的资源管理、Window 10 系统的基本操作。

2.1　Windows 操作系统概述

操作系统（Operating System，OS）为用户提供工作的界面，为应用软件提供运行的平台。有了操作系统的支持，整个计算机系统才能正常运行。

2.1.1　什么是操作系统

操作系统是计算机系统中重要的系统软件，用于控制和管理计算机的软硬件资源，合理组织计算机的工作流程，从而方便用户对计算机的操作。

在计算机系统的层次结构中，操作系统介于硬件和用户之间，是整个计算机系统的控制管理中心。

操作系统直接运行于硬件之上，对硬件资源直接控制和管理，将裸机改造成一台功能强、服务质量好、安全可靠的虚拟机；操作系统还负责控制和管理计算机的软件资源，保障各种软件在操作系统的支持下正常运行；操作系统是人与计算机之间的桥梁，为用户提供清晰、简洁、友好、易用的工作界面，用户通过操作系统提供的命令和交互功能实现对计算机的操作。

2.1.2　了解 Windows 操作系统

1985 年 11 月 Microsoft 公司发布了窗口式多任务操作系统——Windows，这标志着计算机开始进入了所谓的图形化用户界面时代。在这种界面中，每一种软件都用一个图标表示，用户只需把鼠标指针移动到某个图标上，双击即可启动该软件并打开相应的窗口。这种界面方式为操作系统的多任务处理提供了可视化模式，给用户带来了很大的方便，令计算机的使用提高到一个崭新的阶段。

Windows 的发展经历了多种版本，如 Windows 95、Windows 98、Windows NT、Windows 2000、Windows XP、Windows 7、Windows 8、Windows 8.1、Windows 10 等。Windows 10 是一个不同于以往的操作系统，它不是一个渐进式的改变，而是效率更高、集成了以前多种操作系统优势，在台式电脑、笔记本电脑、平板电脑、智能手机等都可以应用的操作系统。

2.1.3 Windows 10 的启动和关闭

启动和关闭计算机是最基本的操作之一，虽说简单，但如果操作不当，可能会造成硬盘数据丢失，甚至硬盘损坏的后果。

1. Windows 启动原理

在接通计算机电源时，固化在主板上的启动程序先对机器进行自检，然后调用硬盘主引导扇区中的引导程序把存储于硬盘的 Windows 操作系统程序载入内存，并开始运行，从此计算机与 Windows 操作系统程序产生关联，Windows 开始控制和管理计算机资源。当出现 Windows 提供的工作界面——Windows 桌面时，表示启动完毕。

2. Windows 10 的启动

安装好 Windows 10 的计算机操作系统后，只需打开电源开关，计算机即自动启动并出现 Windows 10 登录界面，如图 2-1 所示。输入登录密码并按回车键登录，出现如图 2-2 所示的桌面，完成启动 Windows 10。

图 2-1　Windows 10 登录界面

3. 重新启动 Windows 10

重新启动 Windows 10 就是将正在运行的 Windows 10 系统重新启动一次，这样有助于将一些运行时产生的错误恢复到正确状态并提高运行效率。有时候对系统进行更改设置后也会要求重新启动计算机。

重新启动 Windows 简称"重启"，可以通过两种方法来实现。一是从系统菜单中选择"重启"命令，即单击桌面左下角的"开始"菜单图标 ⊞，打开"开始"菜单，再单击"电源"选项⏻，弹出如图 2-3 所示的子菜单，选择"重启"命令；二是按下计算机主机上的重启按钮。

图 2-2　Windows 10 系统桌面

从系统中重启时，重启之前系统会将当前运行的程序关闭，并将一些重要的数据进行保存。而使用机箱上的重启按钮重启则立即重启，这有可能会导致正在运行的程序损坏和一些数据丢失。机箱重启按钮设置的目的是有时候从系统中无法完成重启或系统已经"死机"，这时就可以使用机箱按钮进行重启了。

4. 睡眠模式

在睡眠模式中，系统会将内存中的数据全部存储到硬盘上的休眠文件中，然后关闭除了内存外的所有设备的供电，只保持对内存的供电。当恢复使用计算机时，如果在睡眠过程中供电没有发生过异常，就可以直接从内存中恢复数据，计算机很快进入到工作状态。如果在睡眠过程中发生供电异常，内存中的数据将丢失，恢复使用计算机时需要从硬盘上恢复数据，速度较慢。

图 2-3　"电源"菜单列表

开启睡眠模式需选择如图 2-3 所示菜单中的"睡眠"命令，计算机就会在自动保存完内存数据后进入睡眠状态。当用户按一下主机上的电源按钮，或者晃动鼠标或者按键盘上的任意键时，都可以将计算机从睡眠状态中唤醒，使其进入工作状态。

5. 注销计算机

Windows 10 是多用户操作系统，当出现程序执行混乱等小故障时，可以注销当前用户重新登录，也可以在登录界面以其他用户身份登录计算机。

注销计算机的正确操作方法是单击桌面左下角的"开始"菜单图标，打开"开始"菜单，再单击"账户"菜单图标，在其子菜单中选择"注销"命令，如图 2-4 所示。Windows 10 会关闭当前用户界面的所有程序，并出现登录界面让用户重新登录。如果计算机中存在多个用户，还可以在用户图标下拉列表框中选择相应的用户进行登录。

图 2-4　"账户"菜单列表

6. 锁定计算机

当用户临时离开计算机时，可以将计算机锁定，再次使用计算机时必须输入密码，达到保护用户信息的目的。

锁定计算机的操作方法是选择图 2-4 所示菜单中的"锁定"命令。锁定后的屏幕界面如图 2-5 所示，屏幕的右下角会出现"解锁"图标。当单击解锁图标时，会出现用户登录界面，必须输入正确的密码才能正常操作计算机。

图 2-5　锁定后屏幕界面

7. 关闭 Windows 10

关闭 Windows 10 的正确操作方法是选择图 2-3 所示菜单中的"关机"命令，这时系统会自动将当前运行的程序关闭，并将一些重要的数据保存，之后关闭计算机。

当系统无法完成关机或系统已经死机，这时可按住机箱上的电源按钮 5 秒实现关机。这种方法有时会导致正在运行的程序损坏和一些数据丢失，所以尽量不要采用这种关机方法。

2.2　Windows 10 的基本操作

计算机已经成为人们工作、生活不可或缺的工具。作为信息社会的一员，有必要了解和掌握计算机的相关知识和基本操作，进而熟练地操作计算机。

2.2.1　鼠标的操作

对于 Windows 系统来说，鼠标和键盘都是重要的输入设备，是人机对话必不可少的工具，熟练操作鼠标和键盘非常重要，可以大大提高计算机的使用效率。这里我们讲述鼠标的有关操作。

1. 鼠标的基本操作

Windows 中的大部分操作都可以用鼠标来完成，鼠标的基本操作方法及功能见表 2-1。

表 2-1　鼠标的基本操作方法及功能

名称	操作方法	功能
指向	移动鼠标指针到所要操作的对象上	找到操作目标，为后续的操作做好准备
单击	轻击鼠标左键并快速松开	选择一个对象或执行一条命令
双击	在鼠标左键上快速连续地单击两下	打开一个文件夹、文件或程序
右击	轻击鼠标右键并快速松开	弹出快捷菜单
拖动	指针指向操作对象，按住鼠标左键移动至目标位置后释放	选择、移动、复制对象或者拖动滚动条

2. 鼠标指针形状及含义。

认识鼠标指针的各种形状和含义可及时对系统的当前工作状况作出判断。鼠标指针的基本形状是一个小箭头 ⍰，但是并非固定不变，在不同的位置和状态下，鼠标指针的形状和含义可能会不同，具体见表 2-2。

表 2-2　鼠标指针形状及含义

鼠标形状	含义
⍰	正常选择状态，是鼠标指针的基本形状，表示准备接受用户的命令
↕ ↔ ⤡ ⤢	调整状态，出现在窗口或对象的周边，此时拖动鼠标可以改变窗口或对象的大小
✥	移动状态，在移动窗口或对象时出现，此时拖动鼠标可以移动窗口或对象的位置
I	文本选择状态，此时单击鼠标，可以定位文本的输入位置
⭶	链接选择状态，此时鼠标指针指向的位置是一个超链接，单击鼠标可以打开相关的超链接
⍰°	后台运行状态，表示系统正在执行某操作，要求用户等待
⊘	系统忙状态，系统正在处理较大的任务，处于忙碌状态，此时不能执行其他操作
⊘	不可用状态，表示当前鼠标所在的按钮或某些功能不能使用
⍰?	帮助选择状态，在按下联机帮助键或帮助菜单时出现的光标
+	精确选择状态，在某些应用程序中系统准备绘制一个新的对象时出现的光标
✎	手写状态，此处可以手写输入

3. 设置鼠标属性

设置鼠标的属性，包括设置鼠标的按键方式、鼠标指针方案和鼠标移动方式。

（1）设置鼠标按键。对于习惯用左手使用鼠标的用户，需要将鼠标左键和右键的功能互换，设置的方法如下：

1）在桌面空白处右击，在弹出的快捷菜单中选择"个性化"命令，打开"个性化"设置窗口，如图 2-6 所示。

图 2-6　"个性化"设置窗口

2）在"个性化"设置窗口中选择"主题"选项，在右侧的主窗格中选择"鼠标光标"选项，打开"鼠标属性"对话框，如图 2-7 所示。

图 2-7　"鼠标属性"对话框

3）在"鼠标属性"对话框中选择"鼠标键"选项卡，勾选"切换主要和次要的按钮"复选框。此时，鼠标左键和右键的功能已经互换。若要取消选中"切换主要和次要的按钮"复选框，需单击鼠标右键实现，然后再单击"确定"按钮。

（2）设置鼠标指针方案。设置鼠标指针方案可以改变 Windows 10 默认的鼠标指针过于单调，或者指针显示不明显的情况。在"鼠标属性"对话框中选择"指针"选项卡，单击"方案"下拉菜单，选择新的鼠标指针方案，如图 2-8 所示。也可以在"自定义"列表框中选择每个功能的指针样式，然后单击"确定"按钮。

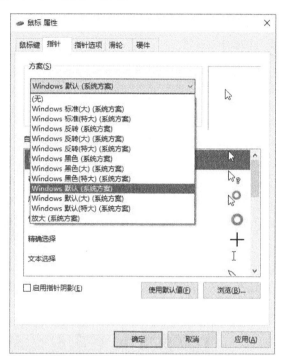

图 2-8 设置鼠标指针方案

4. Windows 10 常用快捷键

在 Windows 10 环境下，有时可以利用键盘代替鼠标快速地完成程序的启动、窗口的切换等操作，也称为快捷键操作。Windows 10 下常用的快捷键见表 2-3。快捷键多为几个键组合使用，其使用方法是先按住前面的一个键或两个键，再按下后面的键，然后一同全部松开。

表 2-3 Windows 10 常用快捷键

快捷键	功能
Ctrl+Shift+Esc	快速启动"任务管理器"
Esc	取消当前任务
Alt+F4	关闭当前窗口
Alt+Tab	切换窗口
Win+空格	各种输入法之间循环切换

续表

快捷键	功能
Alt+Shift	中英文输入法之间切换
Ctrl+.	中文输入法状态下中文/西文标点符号切换
Print Screen	捕获整个屏幕的图像，并复制到剪贴板中
Alt+Print Screen	捕获活动窗口或对话框图像到剪贴板
Ctrl+C	复制选中项目到剪贴板
Ctrl+X	剪切选中项目到剪贴板
Ctrl+V	粘贴剪贴板中的项目

2.2.2 桌面的组成及操作

"桌面"是 Windows 10 完成启动后呈现在用户面前的整个计算机屏幕界面，它是用户和计算机进行交流的窗口，如图 2-2 所示。在图 2-2 中可以清楚地看到，"桌面"分为上下两部分。上部分是一幅风景画及其上面的图标，下部分是一条黑色的窄框。在使用计算机的过程中，"桌面"通常指的是上部分。

上部分的风景画在计算机术语中叫作"桌面背景"，它可以是一幅画、一张照片，甚至可以是一个纯色的背景；上面的图标叫作"桌面图标"，通过"桌面图标"可以打开相应的应用程序或功能窗口。

黑色的窄框在计算机术语中叫作"任务栏"，它隐藏着丰富的信息和功能，计算机大部分工作都可以从这里开始。"任务栏"的各部分构成如图 2-9 所示，下面对其展开简单介绍。

图 2-9 任务栏

①开始："开始"菜单是单击任务栏最左边第一个图标按钮所弹出的菜单，其中包含计算机程序、设置、应用、功能按钮等选项，几乎包含使用本台计算机的所有功能。

②搜索栏：可以直接从计算机或互联网中搜索用户需要的信息。

③任务视图：是 Windows 10 的特有功能，用户可以在不同视图中开展不同的工作，完全不会彼此影响。

④快速启动区：用户将常用的应用程序或位置窗口固定在任务栏的快速启动区中，启动时只需单击对应的图标即可。

⑤程序按钮区：显示正在运行的程序的按钮。每打开一个程序或文件夹窗口，代表它的按钮就会出现在该区域，关闭窗口后，该按钮随即消失。

⑥通知区：显示计算机的一些信息，其中固定显示"输入法""音量控制""日期和时间""通知"等。

1. "开始"菜单

"开始"菜单是 Windows 10 操作系统中的重要元素，几乎所有的操作都可以通过"开始"

菜单实现。按下键盘上的 Windows 徽标键⊞，或单击 Windows 10 桌面左下角的"开始"按钮⊞，即可打开如图 2-10 所示的"开始"菜单。下面对图 2-10 中标注的"开始"菜单中的各组成部分进行一一介绍。

图 2-10　Windows 10"开始"菜单

①开始菜单区：这里有设置、电源开关和所有应用等重要的控制选项。

②开始屏幕区：这里是"开始"屏幕，有各种应用的磁贴，方便用户查看和打开应用程序。

③所有应用按钮：单击该选项可以在显示或隐藏系统中安装的所有应用列表间切换。图 2-10 所示菜单是处于显示状态。在该界面中，可以看到所有应用按照数字、英文字母、拼音的顺序排列，上面显示程序列表，下面显示文件夹列表。单击列表中某文件夹图标，可以展开或收起此文件夹下的程序列表。如果计算机中安装的应用过多，在开始菜单中寻找需要应用的程序会比较麻烦。这时用户可以单击列表中的任意一个字母，列表会改变为首字母的索引列表，如图 2-11 所示。此时只需要单击需要应用的首字母，即可找到该应用的位置。例如查找应用程序 Word，在图 2-11 所示的索引表中，单击英文字母 W，开始菜单将定位列出该计算机中安装的以字母 W 开始的所有程序，单击其中的 Word 即可，如图 2-12 所示。

④用户账户：显示当前用户账户。单击该选项，还可以注销和设置账户，如图 2-4 所示。

⑤设置：单击该选项可以打开计算机的"设置"窗口，如图 2-13 所示。

图 2-11   索引列表   图 2-12   查找应用程序 Word

　　"设置"功能是控制计算机的工具，无论是开关还是显示方式，都易于操作，适合触屏设备。Windows 10 还有另外一个控制计算机的工具——"控制面板"，其功能更加全面和细致，更适合在计算机中操作，控制面板的使用将在本章第 2.4.1 节详细介绍。

图 2-13   "设置"窗口

⑥电源：该选项是计算机的电源开关，如图 2-3 所示，可以实现重启或关闭计算机等操作。具体操作方法已在本书 2.1.3 节进行了详细介绍。

⑦磁贴：可以动态显示应用的部分内容，比如日历、资讯等，如果关闭了磁贴的动态效果，可以把它当作应用的图标。

Windows 10 的"开始"菜单可以通过将鼠标指针在菜单边缘拖动的方式来改变大小。加宽的"开始"菜单可以显示更多的磁贴，使操作更方便，如图 2-14 所示。

图 2-14　加宽的"开始"菜单

从图 2-14 可以看到，磁贴有三个部分，每个部分（磁贴组）有一个名称。若要更改名称，需单击该名称，打开名称文本框完成名称修改，如图 2-15 所示。

图 2-15　更改磁贴组名称

　　若需要在打开"开始"菜单屏幕时不再显示某应用磁贴，只需在"开始"菜单中右击该磁贴，在弹出的快捷菜单中单击"从'开始'屏幕取消固定"即可，如图 2-16 所示。

图 2-16　磁贴快捷菜单

　　在磁贴快捷菜单中，通过"调整大小"菜单提供的"小""中""宽""大"选项可以改变磁贴在"开始"菜单屏幕中显示的模式。通过"更多"菜单提供的"关闭动态磁贴"命令，可以关闭该磁贴的动态显示，选择"固定到任务栏"命令可使该磁贴显示在任务栏快速启动区，如图 2-17 所示。

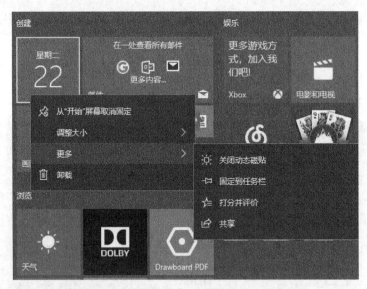

图 2-17　磁贴快捷菜单的"更多"菜单

　　实现向"开始"菜单屏幕中添加磁贴功能只需在"所有应用"中找到需要添加的应用，右击，在弹出的快捷菜单中选择"固定到'开始'屏幕"即可，如图 2-18 所示。

　　2. 搜索栏

　　搜索栏是任务栏中的一个文本输入框，可在其中输入待搜索的关键字，如图 2-9 所示。在 Windows 10 中，它不仅可以搜索 Windows 系统中的文件，还可以直接搜索 Web 上的信息。

图 2-18　添加应用到"开始"菜单屏幕

单击搜索栏，不需要输入任何文字就可以打开搜索主页，如图 2-19 所示。

图 2-19　搜索主页

图 2-20　搜索举例

① 主页：单击 Cortana 搜索栏将显示 Cortana 窗口主体⑤和⑥。Cortana（中文名：微软"小娜"）是微软在人工智能领域的尝试，它能够通过学习了解用户的喜好和习惯，帮助用户进行日程安排，还能回答用户一些简单的问题，⑦是 Cortana 的默认标记。窗口⑤可用来显示

用户关注的相关信息。"搜索"栏⑥提供 3 个按钮，分别是"应用""文档""网页"，用来选择搜索对象的类别，缩小搜索范围。文本框⑧用来输入需要查找的文件名称、网页，在输入过程中将显示搜索结果列表，随着输入内容的增多，系统自动对列表进行筛选，直至筛选出最后结果。例如，在网上查找"傅雷家书"一书，单击任务栏上的"搜索栏"，在文本框⑧中输入文本"傅雷家书"，按回车键即可，如图 2-20 所示。

② 笔记本：可以在其中设置"日历和提醒""天气"等用户关注的内容。例如，在"笔记本"中设置开会提醒后，到了提醒时间系统会在任务栏的通知区显示提示信息，如图 2-21 所示。

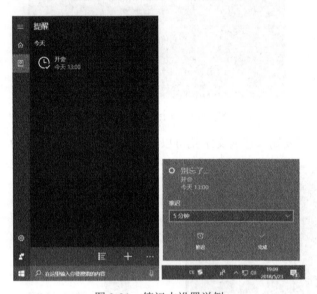

图 2-21　笔记本设置举例

③ 设置：在这里可以进行 Cortana 搜索栏的相关设置，如图 2-22 所示。

图 2-22　Cortana 搜索栏的设置

④ 反馈：发送消息给微软，可以提出建议及反馈喜欢或不喜欢哪方面的设置等信息，如图 2-23 所示。

搜索框还能以按钮的形式显示在任务栏，或者在任务栏隐藏。设置的方法：在任务栏空白处单击鼠标右键，在弹出的快捷菜单中选择 Cortana 命令，弹出二级菜单，列出显示搜索框的 3 种模式，如图 2-24 所示。其中，"显示搜索框"命令将显示如图 2-9 所示的一个大的搜索框，"隐藏"命令将在任务栏中完全不显示搜索框，"显示 Cortana 图标"命令将用图标●代替搜索框显示在任务栏。

图 2-23　提供反馈

图 2-24　任务栏快捷菜单

3. 任务视图

"任务视图"按钮□□是多任务和多桌面的入口。

多任务是 Windows 10 的一个新功能，将最多 4 个开启的任务窗口排列在桌面上，使用户可以同时关注多个任务窗口。Windows 10 官方称多桌面为"虚拟桌面"，可以将不同的任务分别安排在不同的桌面上，利用快捷键可以轻松地在桌面间进行切换。

（1）多任务视窗贴靠。在 Windows 10 桌面上分布 7 个任务视窗贴靠点，如图 2-25 所示。将任务视窗贴靠到不同的贴靠点时，视窗占用的屏幕空间会有不同的变化。下面以打开 4 个任务窗口为例。

① 左侧贴靠点：拖动一个窗口到左侧贴靠点，该窗口将在屏幕左半区固定，同时其他任务窗口被排挤到右侧，如图 2-26 所示。

② 右侧贴靠点：拖动一个窗口到右侧贴靠点，如图 2-27 所示。

③ 左上贴靠点：拖动一个窗口到左上贴靠点，如图 2-28 所示。

④ 左下贴靠点：拖动一个窗口到左下贴靠点，如图 2-29 所示。

⑤ 右上贴靠点：拖动一个窗口到右上贴靠点，如图 2-30 所示。

⑥ 右下贴靠点：拖动一个窗口到右下贴靠点，如图 2-31 所示。

　　⑦ 上贴靠点：拖动一个窗口到上贴靠点，该窗口自动最大化；拖离贴靠点后，窗口自动恢复原来大小。

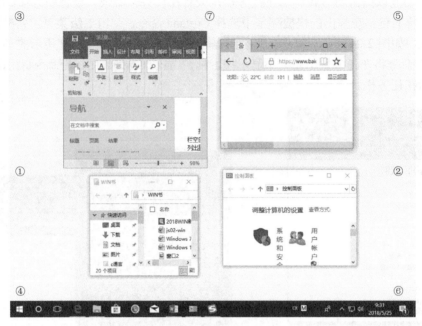

图 2-25　桌面上的贴靠点

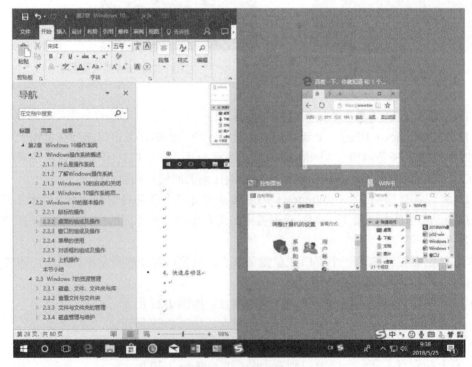

图 2-26　左侧贴靠

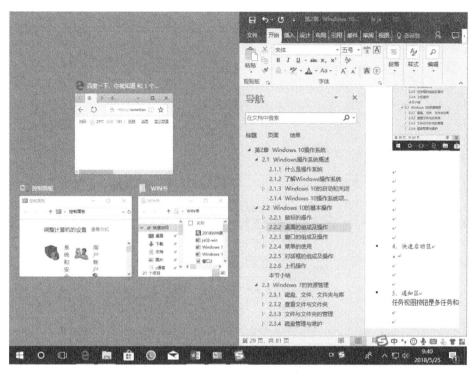

图 2-27　右侧贴靠

图 2-28　左上贴靠

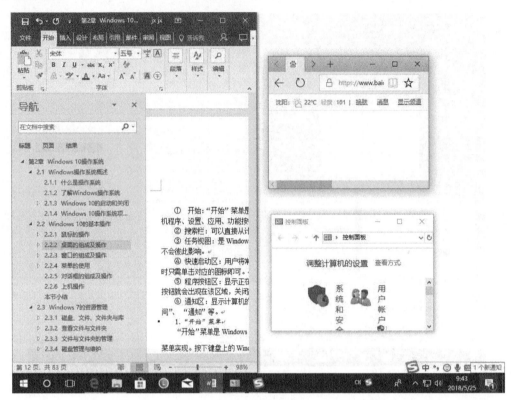

图 2-29　左下贴靠

图 2-30　右上贴靠

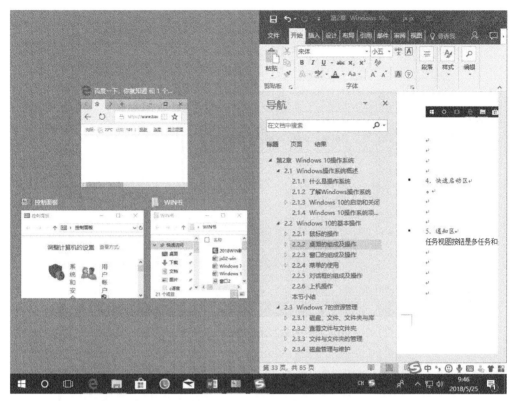

图 2-31　右下贴靠

（2）多任务切换。在 Windows 10 中，Alt+Tab 快捷键的窗口切换方式与低版本略有不同，其不是直接切换到下一个任务，而是列出了当前所有打开窗口的预览缩略图，重复按下 Tab 键，逐一浏览各个窗口，直至找到需要的窗口，释放 Alt 键显示所选的窗口，如图 2-32 所示。

图 2-32　切换任务视图

（3）虚拟桌面。Windows 10 允许建立多个虚拟桌面，将任务窗口分散在不同桌面进行操作。

1）创建一个虚拟桌面。单击任务栏中"任务视图"按钮，打开新建桌面界面，如图 2-33 所示。

2）单击屏幕通知区上方的"新建桌面"按钮，添加一个"桌面 2"，如图 2-34 所示。将光标移动到两个桌面图标上，可以分别查看该桌面上打开的任务窗口。

3）新建桌面以后，若需要将原来桌面上的任务窗口移动到新建桌面上，只要在查看时右击任务窗口，在弹出的快捷菜单中选择"移至"→"桌面 2"命令即可，如图 2-35 所示。

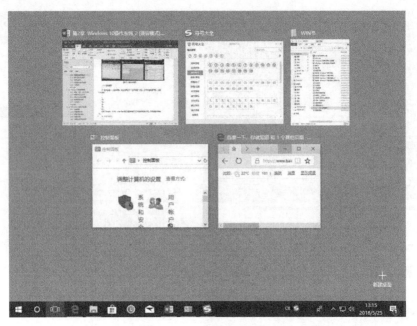

图 2-33　新建桌面界面

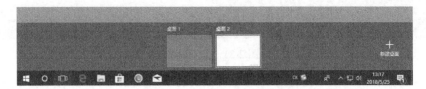

图 2-34　新建"桌面 2"

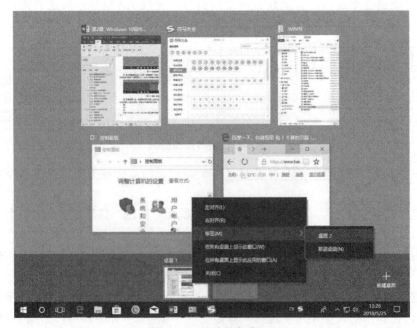

图 2-35　移动任务窗口

Windows 10 同时建立多个虚拟桌面，将任务窗口分散在不同桌面后，可以通过 "Ctrl+▦+→" 或 "Ctrl +▦+ ←" 快捷键在不同桌面间进行切换。

4. 快速启动区

快速启动区中的快速启动按钮是启动应用程序最方便的方式，启动时只需单击按钮即可，如，单击图标🐧即可启动 QQ 应用程序；而启动桌面图标需要双击图标。

在默认情况下快速启动区中的快速启动按钮，只有"浏览器""文件资源管理器""应用商店"3 个。若要将其他应用图标放在这里，只需右击应用图标，在弹出的快捷菜单中选择"固定到任务栏"命令即可，如图 2-36 所示。

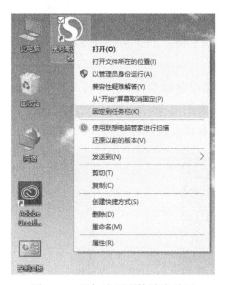

图 2-36　添加应用到快速启动区

虽然快速启动按钮使用方便，但任务栏空间有限，无法容纳太多的应用。如果需要将某些应用从快速启动区移除，只需在任务栏中右击该应用按钮，从弹出的快捷菜单中选择"从任务栏取消固定此程序"命令即可，如图 2-37 所示。

图 2-37　将应用从快速启动区删除

5. 程序按钮区

程序按钮区显示正在运行的程序的按钮。每打开一个程序或文件夹窗口，代表它的按钮就会出现在该区域，关闭窗口后，该按钮随即消失。

Windows 10 任务栏中的程序按钮默认为"合并"状态，即来自同一程序的多个窗口汇聚到任务栏的同一程序按钮里。当鼠标指针指向程序按钮时，其上方即会显示该程序所打开的多个窗口的预览缩略图，如图 2-38 所示。当鼠标移动到某一预览窗口上方时，该窗口呈现还原显示预览状态，单击某个预览缩略图，该窗口即还原显示，成为活动窗口，如此可实现窗口间的切换。

图 2-38　程序按钮的预览缩略图示例

6. 通知区

（1）单击通知区内的"系统时钟"，可以显示"系统日期和时间"面板，该面板可显示当前日期和时间等详细信息，如图 2-39 所示。通过面板上的"添加事件"按钮➕可以对指定日期添加提醒事件，如在 6 月 6 日设置提醒是否开会，如图 2-40 所示。

图 2-39　"系统日期和时间"面板　　　　图 2-40　在"系统日期和时间"面板设置提醒事件

（2）单击通知区内的"扬声器"图标🔊，弹出扬声器音量调节面板，如图 2-41 所示，拖动滑块可以调节扬声器的音量；单击"静音"按钮🔊，静音后的"静音"按钮变为🔇。

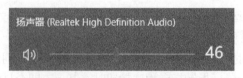

图 2-41　扬声器音量调节面板

（3）单击通知区内的"自定义通知区按钮"🔼，弹出如图 2-42 所示的通知区面板，可以在此查看当前正在后台运行的程序图标。

（4）"语言栏"是输入文字的工具栏，一般出现在桌面上或最小化到任务栏的通知区，单击"语言栏"上的输入法图标，弹出输入法列表，如图 2-43 所示。用户根据个人习惯，可以选择其中的一种输入法进行文字输入。

图 2-42　通知区面板　　　　　　　图 2-43　输入法列表

7. 桌面图标

"桌面图标"指在桌面上排列的小图像，包含图形、说明文字两部分，如图 2-2 所示。小图形是标识符，文字用来说明图标的名称或功能，双击图标即打开相应的窗口。如果把鼠标指针放在图标上停留片刻，会出现对该图标内容的说明，或者是文件存放路径。Windows 10 的桌面图标有系统提供的，也有用户添加的。

（1）桌面图标的分类。桌面图标通常分为系统图标、快捷方式图标、文件夹图标和文件图标。

1）系统图标。在初始状态下，Windows 10 桌面上只有"回收站"一个系统图标，可以通过以下操作步骤显示其他系统图标。

- 在 Windows 10 桌面的空白处右击，在弹出的快捷菜单中选择"个性化"命令，打开"个性化"设置窗口，如图 2-6 所示。
- 在"个性化"设置窗口中，单击"主题"选项，在右侧的主窗格中向下滚动鼠标滑轮，选择"桌面图标设置"选项，打开"桌面图标设置"对话框，勾选需要在桌面上显示的系统图标的复选框。完成后单击"应用"或"确定"按钮，完成设置，如图 2-44 所示。

图 2-44　"桌面图标设置"对话框

　　如果对系统默认的图标外观不满意，可以单击"更改图标"按钮进行更改。单击"还原默认值"按钮，可以将图标还原为系统的默认值。常用的系统图标如图 2-45 所示。

（a）"此电脑"图标　　（b）"回收站"图标　　（c）"网络"图标　　（d）"控制面板"图标

图 2-45　Windows 10 系统图标

- "此电脑"图标代表正在使用的计算机，是浏览和使用计算机资源的快捷途径。双击该图标即可打开"此电脑"窗口，如图 2-46 所示，在该窗口中可以查看计算机系统中的磁盘分区、移动存储设备、文件夹和文件等信息。

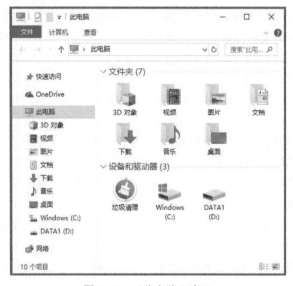

图 2-46　"此电脑"窗口

- "回收站"图标是系统在硬盘中开辟的一个区域，用于暂时存放用户从硬盘上删除的文件或文件夹等内容。
- "网络"图标主要用来查看网络中的其他计算机、访问网络中的共享资源、进行网络设置等。
- "控制面板"图标为用户提供了查看和调整系统设置的环境，通过"控制面板"，用户可以更改桌面外观、控制用户账户、添加或删除软硬件等。

　　2）快捷方式图标。桌面上左下角带有箭头标志的图标称为快捷方式图标，又称快捷方式，如图 2-47 所示。快捷方式其实是一个链接指针，可以链接到某个程序、文件或文件夹。当用户双击快捷方式图标时，Windows 就根据快捷方式里记录的信息找到相关的对象并打开它。

图 2-47　快捷方式图标示例

用户可以根据需要随时创建或删除快捷方式，删除快捷方式后，原来所链接的对象并不受影响。针对某一对象，在桌面上创建快捷方式有以下几种方法：

● 右击图标后弹出快捷菜单，选择"发送到"→"桌面快捷方式"命令，如图 2-48 所示。

图 2-48　创建图标的快捷方式

● 右击图标，在弹出的快捷菜单中选择"创建快捷方式"命令，如图 2-48 所示，然后将新创建的快捷方式图标移动至桌面。

● 在对象所在的窗口中选定图标后单击功能区中的"主页"功能区选项卡，在弹出的功能选项中选择"新建"子功能区中"新建项目"命令，在其下级菜单中选择"快捷方式"命令，如图 2-49 所示。

图 2-49　在对象所在窗口创建快捷方式

● 右击桌面空白处，弹出桌面快捷菜单，如图 2-50 所示，选择"新建"→"快捷方式"命令，在弹出的"创建快捷方式"对话框中进行设置。

图 2-50　桌面快捷菜单及"新建"菜单列表

3）文件夹图标。Windows 10 系统把所有文件夹统一用 ▮ 图标表示，用于组织和管理文件。双击文件夹图标即可打开文件夹窗口，可见其中的文件列表和子文件夹。

4）文件图标。文件图标是由系统中相应的应用程序关联建立的，表示该应用程序所支持的文件。双击文件图标即可打开相应的应用程序及此文件，删除文件图标也就删除了该文件。不同的应用程序支持不同类型的文件，其图标也有所不同，图 2-51 所示为几种常见的文件图标。

文本文件　　　　Word 文件　　　　Excel 文件　　　　压缩文件

图 2-51　常见文件图标示例

（2）桌面图标的操作。对 Windows 10 桌面图标的基本操作有图标的显示或隐藏、图标的显示方式、图标的移动和排列、图标的创建和删除等。

1）图标的显示和隐藏。右击桌面空白处，弹出桌面快捷菜单，如图 2-52 所示，选择其中的"查看"命令，其下级菜单列表中的"显示桌面图标"项前若有"√"标记，表明该功能已选中，当前桌面上所有的图标正常显示，否则桌面图标被隐藏。对"显示桌面图标"项单击即可打上或去掉"√"标记。

2）图标的显示方式。用户可以设置桌面图标的显示大小，右击桌面空白处，弹出桌面快捷菜单，选择"查看"命令，选择其下级菜单列表中的"大图标""中等图标"和"小图标"中的某一项即可（参见图 2-52）。

3）图标的排列方式。右击桌面空白处，弹出桌面快捷菜单，选择"排序方式"命令，其下级菜单列表中分别有按"名称""大小""项目类型""修改日期" 4 种排列图标的方式供选择，如图 2-53 所示。

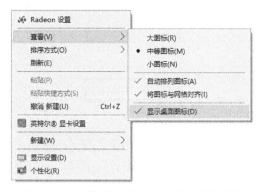 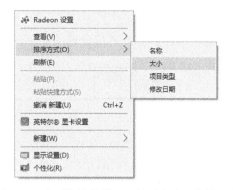

图 2-52　桌面快捷菜单及"查看"菜单列表　　图 2-53　桌面快捷菜单及"排列方式"菜单列表

4）图标的删除。选定待删除的图标，按 Delete 键即可删除；或者右击待删除的图标，在弹出的快捷菜单中选择"删除"命令（参见图 2-48）；也可以直接拖动待删除的图标至桌面上的"回收站"图标中，删除后的图标被放到回收站中。

2.2.3　窗口的组成及操作

当打开一个文件夹、文件或运行一个程序时，系统就会创建并显示一个称为"窗口"的人机交互界面。在窗口中，用户可以对文件、文件夹或程序进行操作。Windows 10 可同时打开多个任务窗口，但在所有打开的窗口中只有一个是当前正在操作的窗口，称为活动窗口。活动窗口的标题栏呈深色，非活动窗口的标题栏呈浅色。

1. 窗口的组成

图 2-54 为典型的 Windows 10 窗口，主要由标题栏、动态功能区、地址栏、导航窗格、文件列表栏、预览窗格、搜索框、状态栏等组成。

图 2-54　Windows 10 窗口示例

（1）标题栏：标题栏位于窗口的最上方，通过标题栏可以对窗口进行移动、关闭、改变大小等操作。

标题栏（图 2-55）各部分说明如下：

图 2-55　标题栏示例

①窗口控制菜单图标：如图 2-56 所示，包括还原（将窗口从最大化状态变回原来的大小）、移动（单击该选项，鼠标指针变成➕时，可以用键盘上的上、下、左、右方向键移动窗口位置）、大小（单击该选项，可以用键盘上的上、下、左、右方向键来改变窗口大小）、最小化（将窗口隐藏到任务栏）、最大化（窗口充满整个屏幕）、关闭窗口。

②快速访问工具栏：可以通过这里的选项直接启动窗口内的功能，默认包含"属性"和"新建文件夹"两个选项。快速访问工具栏旁边向下的小箭头是"自定义快速访问工具栏"菜单按钮，可以将一些常用的功能添加到快速访问工具栏内，如图 2-57 所示。

图 2-56　控制图标下拉菜单

图 2-57　自定义快速访问工具栏

③名称：每一个窗口都有一个名称，以区别于其他窗口。

④标准按钮："最小化"按钮 、"最大化"按钮 、"还原"按钮 、"关闭"按钮 是所有窗口都有的标准配置。

（2）动态功能区：功能区采用 Office 2010 的 Ribbon 风格，其中集合了针对窗口及窗口中各对象的操作命令，并以多个功能选项卡的方式分类显示，如"文件""主页""查看""共享"等。单击某个功能选项卡，即打开对应的功能选项，选择其中的某个命令项，即执行相应命令。在文件列表栏或导航窗格中选择不同的文件或文件夹时，功能区的功能选项卡将出现动态的改变。

（3）地址栏：这里显示当前窗口的位置，其右侧的小箭头有与"最近浏览位置"按钮相同的功能。在地址栏中每一级文件夹的后面都有一个小箭头，单击此箭头可以打开该级文件夹下的所有文件夹和文件列表，实现快速定位，而无需关闭当前窗口。也可以单击地址栏左侧的按钮（图 2-58），实现快速切换定位。

①"前进/返回"按钮。在操作过程中，若需要返回前一个操作窗口，需单击"返回"按钮；若再到下一个操作窗口，需单击"前进"按钮。

②"最近浏览位置"按钮。单击此按钮，可以打开最近浏览的位置列表，如图 2-59 所示。

③"上移"按钮。单击此按钮可以返回当前位置的上一层文件夹。

图 2-58　地址栏按钮　　　　　　　图 2-59　最近浏览的位置列表

（4）搜索框：在搜索框中输入字词或字词的一部分，即在当前文件夹或库及其子文件夹中筛选，并将匹配的结果以文件列表的形式显示在文件列表栏。

（5）快速访问区：用户可以将一些自己常用位置的链接固定在快速访问区，方便以后访问。快速访问区不仅可以添加本地驱动器和文件夹，还可以添加网络上的共享资源，对于频繁访问某个文件夹或网络上共享资源的用户来说，可以节省操作时间。

● 添加到快速访问区。右击需要添加的文件夹，在弹出的快捷菜单中选择"固定到'快速访问'"命令，如图 2-60 所示，就能将文件夹添加到快速访问区。

● 从快速访问区中删除项目。若需从快速访问区中删除项目，只需在该项目上右击，在弹出的快捷菜单中选择"从'快速访问'取消固定"命令即可，如图 2-61 所示。

图 2-60　将项目添加到快速访问区　　　　图 2-61　从快速访问区删除项目

（6）导航窗格：主要用于定位文件位置。在该区列出了当前计算机中的所有资源，由"此电脑""库""网络"等树形目录结构组成。使用"库"可以分类访问计算机中的文件；展开"此电脑"可以浏览硬盘、光盘、U 盘上的文件夹和子文件夹。

右击导航窗格空白处，弹出快捷菜单，如图 2-62 所示，如果选择"显示所有文件夹"命令，在导航窗格将出现"控制面板"和"回收站"项目。

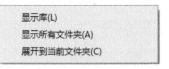

"OneDrive"是微软提供的云存储服务，它的前身叫 SkyDrive，与"百度云"等其他云存储服务相同。用户可以通过网络将文件存储在微软云服务器中，然后使用不同的终端访

图 2-62　导航窗格快捷菜单

问云服务器获得文件。使用 Microsoft 账户登录 OneDrive，用户可以获得 7GB 大小的免费空间。如果需要更大的空间，可以另行购买。登录 OneDrive 方法如下：

1）单击导航窗格的"OneDrive"选项，弹出"设置 OneDrive"窗口，在文本框中输入微软账户预留邮箱，单击"登录"按钮，在弹出的界面中输入密码，再单击"登录"按钮，如图 2-63 所示。

图 2-63　登录 OneDrive

2）如图 2-64 所示，设置需要同步的文件夹。完成 OneDrive 登录的界面如图 2-65 所示。

图 2-64　设置 OneDrive 同步文件夹

3）登录以后，用户可以在"此电脑"窗口中打开 OneDrive 文件夹，如图 2-66 所示。在

此文件夹中的文件将会同步存储在微软云服务器中。

图 2-65　OneDrive 登录完成

图 2-66　"此电脑"中的 OneDrive 文件夹

4）若不需要同步 OneDrive 文件，可以右击任务栏上通知区内的 OneDrive 图标打开其快捷菜单，设置或退出 OneDrive，如图 2-67 所示。

图 2-67　OneDrive 快捷菜单

（7）状态栏：是对窗口中选定项目的简单说明，比如"10 个项目"等。

（8）快速设置显示"详细信息"：此选项可以将文件列表栏内的项目显示方式快速设置为显示每一项的"详细信息"。

（9）快速设置显示"大图标"：此选项可以将文件列表栏内的项目显示方式快速设置为"大图标"。

（10）滚动条：滚动条分为垂直滚动条和水平滚动条两种，当窗口中的内容没有显示完全时，滚动条就会出现，拖动滚动条可以查看超出窗口高度和宽度范围的其他内容。

（11）文件列表栏：文件列表栏是窗口的重要显示区，用于显示当前文件夹或库的内容。当向搜索框输入文字准备查找时，此区域显示匹配的搜索结果。

（12）列标题：当文件列表以"详细信息"方式显示时，窗口中将会出现"列标题"，使用列标题可以更改文件列表中文件的整理方式。

（13）预览窗格：使用预览窗格可以查看选定文件的内容。如果窗口中未见预览窗格，可以单击"查看"功能选项卡，选择"窗格"选项组中"预览窗格"命令即可。

2. 窗口的基本操作

熟练地对窗口进行操作，有助于提高用户操作计算机的工作效率。

（1）窗口的打开。打开窗口有多种方法，常用的有以下几种：

- 双击要打开的程序、文件或文件夹图标。
- 选定图标后按下 Enter 键。
- 右击图标，在弹出的快捷菜单中选择"打开"命令。

（2）窗口的最大化、最小化和还原。每个窗口都可以有 3 种显示方式，即缩小到任务栏的最小化、铺满整个屏幕的最大化、允许窗口移动并可以改变其大小的还原状态。实现这些状态之间的切换有以下几种常用方法：

- 利用标题栏右侧的 ⬜、⬜ 和 ⬜ 按钮。
- 按 Alt+空格快捷键或右击标题栏，或单击窗口控制菜单图标，打开窗口控制菜单，如图 2-56 所示，单击选择相应操作。
- 双击标题栏可以实现窗口的最大化与还原状态之间的切换。
- 拖动标题栏到屏幕顶部可最大化窗口，将标题栏从屏幕顶部拖开则还原窗口。

注意：窗口的最小化并没有关闭窗口，仅是把窗口缩小到最小程度，以程序按钮的形式保留到任务栏。

（3）窗口的缩放。仅当窗口为还原状态时，方可调整窗口的尺寸。当鼠标指针指向窗口的任意一个边角或边框时，鼠标指针变为↖、↗或↕、↔形状，此时按住鼠标左键拖动，可调整窗口的尺寸。

（4）窗口的移动。仅当窗口为还原状态时，方可移动窗口的位置。移动窗口只需拖动窗口的标题栏，到目标位置后释放即可。

（5）窗口的切换。Windows 是多任务操作系统，可以同时打开多个应用程序，显示多个窗口。若想使某个窗口成为活动窗口，则要进行窗口之间的切换操作，以下是几种切换方法：

- 鼠标指针指向任务栏中的某个程序按钮时，其上方显示多个预览缩略图（参见图 2-38），单击其中某个预览缩略图即可切换至相应的窗口。
- 按住 Alt 键，再按下 Tab 键，在屏幕中间显示切换面板，如图 2-32 所示，重复按下 Tab 键，直至找到需要的窗口，释放 Alt 键则显示所选的窗口。

（6）窗口的关闭。关闭窗口的方法很多，下列任意一种方法皆可关闭窗口。

- 单击标题栏右侧的"关闭"按钮 ❌。
- 选择功能区的"文件"→"关闭"命令。
- 按快捷键 Alt + F4。
- 按快捷键 Alt+空格，或右击标题栏，或单击窗口控制菜单图标，从弹出的窗口控制菜单中选择"关闭"命令。

- 鼠标指针指向任务栏上的程序按钮，其上方显示多窗口预览缩略图，鼠标指针指向其中的一个缩略图选择"关闭"命令。
- 鼠标指针指向任务栏上的某个程序按钮选择"关闭窗口"命令。

（7）多窗口的排列。在打开多个窗口之后，为了便于操作和管理，可以将这些窗口进行不同样式的排列。其方法是右击任务栏的空白区，弹出如图 2-68 所示的任务栏快捷菜单，选择其中的"层叠窗口""堆叠显示窗口"或"并排显示窗口"命令即可将窗口排列成所需的样式。

3. 窗口功能区的基本操作

单击图 2-54 中的功能选项卡，按 F10 键或 Alt 键可以激活功能选项卡。

（1）展开、收起和帮助。在功能区的右上角有 ⌃ 和 ⓘ 两个按钮。其中的小箭头是展开和收起功能区的按钮，箭头向上表示可以收起功能区，箭头向下表示可以展开功能区。蓝色的问号用于打开 Windows 帮助和关于 Windows 的说明。

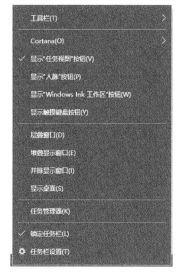

图 2-68　任务栏快捷菜单

（2）文件。"文件"功能选项卡中的功能都是针对此窗口进行操作的，如图 2-69 所示。

图 2-69　"文件"选项卡

- 打开新窗口：如果需要保留当前窗口，并在相同位置上再打开一个窗口，可以选择这个选项。
- 打开 Windows PowerShell：PowerShell 是微软公司开发的一款利用脚本语言进行编程并提供丰富的自动化管理能力的管理工具。
- 更改文件夹和搜索选项：可以对文件夹和搜索进行进一步的设置，如图 2-70 所示。
- 帮助：该选项和功能区右上角的蓝色问号一样，能够打开 Windows 帮助和关于 Windows 的说明。
- 关闭：用于关闭当前窗口。

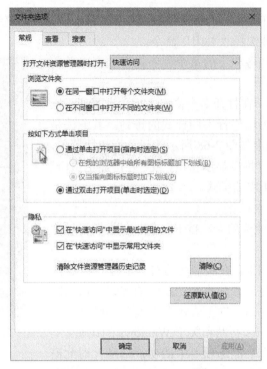

图 2-70   "文件夹选项"对话框

- 常用位置：这里可以设置需要经常打开文件的位置，位置选项后面的标志 ✦ 表示固定选项，➞ 表示该选项是历史记录。单击标志可以使其在固定选项和历史记录间转换。历史记录可以通过如图 2-70 所示的"清除"按钮来清除。

（3）计算机。"计算机"功能选项卡中的功能都是针对计算机和设备驱动器，如图 2-71 所示。

图 2-71   "计算机"选项卡

- 位置："属性"选项用来查看计算机的基本信息；使用"打开"和"重命名"选项都必须选中某个项目，比如选中图 2-54 中"Windows (C:)"后，可以用"打开"和"重命名"选项来操作。
- 网络：设置访问网络资源的工具选项。"访问媒体"选项用于访问本地局域网中的媒体资源；"映射网络驱动器"选项将经常访问的服务器映射为驱动器，可以使访问更加方便快捷；"添加一个网络位置"选项为某个网站或 FTP 站点添加快捷方式，使得再次访问相同网络位置就像打开文件夹一样简单。
- 系统："打开设置"选项可以更改系统设置并对计算机的功能进行自定义；"卸载或更改程序"选项可以将指定的程序从计算机中删除，也可以对某些已安装的程序进行修复或更改;"系统属性"选项可以查看系统基本信息;"管理"选项可以监控系统状况,查看系统日志,管理存储、事件、任务计划和服务等。

（4）查看。"查看"功能选项卡的选项多是对窗口主体中的文件和文件夹进行排列、组合而特殊设置的,如图 2-72 所示。

图 2-72　"查看"选项卡

- 窗格:"导航窗格"选项控制导航窗格项目的展开与收起。选择"预览窗格/详细信息窗格"选项会在窗口主体的右侧留出一块信息区,用来显示文件预览信息或详细信息,但这两种模式只能选其一,如图 2-73 所示。
- 布局/当前视图:用来选择窗口主体中项目的显示和排列方式,主要用于当文件较多时,改变文件的显示、排列、分组的方式,或是直接在窗口主体上显示文件的详细信息。
- 显示/隐藏:设置文件和文件夹是否隐藏,及文件扩展名是否隐藏。
- 选项:将打开如图 2-70 所示的"文件夹选项"对话框,用于对文件和文件夹进行进一步的设置。

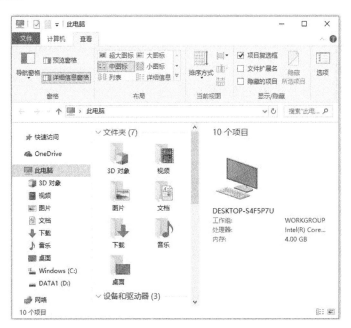

图 2-73　窗口主体上的详细信息窗格

（5）主页。"主页"功能选项卡中的功能主要针对的对象是文件和文件夹,如图 2-74 所示。

"主页"功能选项卡中的选项对操作文件和文件夹有很大的作用,而文件和文件夹是 Windows 系统的主体。

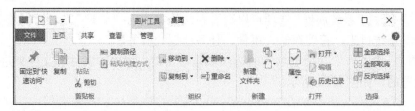

图 2-74 "主页"功能区

（6）共享。"共享"功能选项卡中的选项主要针对文件夹，将文件夹共享到局域网或 Internet 上，如图 2-75 所示。

- 发送："共享"选项将选中的文件发送到共享应用程序上。"发送电子邮件"选项通过电子邮件发送所选项目，如果发送的是文件，将以附件形式发送；如果发送的是文件夹，则以链接的形式发送。"压缩"选项将选中的项目压缩成压缩包。"刻录到光盘/打印/传真"选项将选中的项目发送到刻录光盘、打印机、或者传真机，这些选项必须配合相关的设备使用。

图 2-75 "共享"功能区

- 共享："当前登录账户/特定用户"选项可以查看和编辑家庭组，并为特定用户设置权限。"删除访问"选项可以关闭文件夹共享的功能。
- 高级安全：这是共享文件的高级设置，如图 2-76 所示。

图 2-76 共享文件的高级设置

（7）搜索。"搜索"功能选项卡中有针对搜索的更多高级功能。单击 "搜索"文本框，在功能区中将显示"搜索"功能选项卡，如图 2-77 所示。

图 2-77　"搜索"功能区

- 位置："此电脑"选项表示搜索范围为全部硬盘。"当前文件夹"选项表示搜索范围为当前文件夹。"所有子文件夹"选项表示搜索范围为当前文件夹和文件夹中的所有子文件夹。"在以下位置再次搜索"选项表示在指定位置搜索。
- 优化：通过本选项组的选项为搜索添加附加条件，可以设置修改时间、文件类型、文件大小和其他属性，图 2-78 所示为"其他属性"中的选项。
- 选项："最近的搜索内容"选项用来查看最近搜索过的内容。"高级选项"用来进一步设置搜索的选项，如图 2-79 所示。"保存搜索"选项将搜索条件保存为一个"已保存的搜索"选项，添加到"优化"选项组的"类型"中。"打开文件位置"选项用于在搜索结束后打开某个搜索结果。

图 2-78　"优化"中的"其他属性"　　　　图 2-79　"搜索"中的"高级选项"

- 关闭搜索：用于关闭搜索结果窗口和"搜索"功能选项卡。

（8）管理。"管理"功能选项卡针对不同的对象有不同的选项。图 2-80 所示是针对设备驱动器的"管理"功能选项卡。

- 管理："优化"选项用于优化磁盘，进而提高运行效率。"清理"选项用于清理选中磁盘中的一些无用文件，以释放存储空间。"格式化"选项用于格式化选中的磁盘，格式化后该磁盘内的信息将全部丢失。

图 2-80   "管理"功能区

- 介质：通过该功能区的选项实现对光盘驱动器的自动播放和弹出等功能。

2.2.4   菜单的使用

Windows 10 菜单系统以列表的形式给出所有的命令项，用户通过鼠标或键盘选中某个命令项就可以执行对应的命令。

1. 菜单类型

Windows 10 操作系统提供四种菜单类型："开始"菜单、下拉式菜单、弹出式快捷菜单、窗口控制菜单。每个菜单中包括多个菜单命令。

（1）"开始"菜单。单击"开始"按钮⊞即可打开"开始"菜单，关于"开始"菜单的组成及功能详见 2.2.2 节，这里不再赘述。

（2）下拉式菜单。在 Windows 10 窗口中，某些选项带有黑三角标志▾，单击此标志将打开下拉式菜单。菜单中包含若干条菜单命令，并且这些菜单命令按功能分组，组与组之间用一条浅色横线分隔。图 2-81 所示为"排序方式"选项的下拉菜单。

图 2-81   "排序方式"的下拉菜单

（3）弹出式快捷菜单。将鼠标指针指向桌面、窗口的任意位置或某个对象，右击后即可弹出一个快捷菜单。快捷菜单中列出了与当前操作对象密切相关的命令，操作对象不同，快捷菜单的内容也会不同。

（4）窗口控制菜单。窗口控制菜单位于标题栏的最左侧，不同窗口的控制菜单完全相同，通过双击控制菜单来关闭应用程序窗口。

2. 菜单命令的选择

打开"开始"菜单的方法是单击"开始"按钮⊞或按下键盘上的 Windows 徽标键⊞；激活下拉菜单的方法是单击带有黑三角标志▾的选项；右击操作对象即可弹出快捷菜单。

菜单被激活后，移动鼠标指针至某一菜单命令，单击即可执行此命令。也可以利用键盘上的方向键←、→、↑、↓和 Enter 键选择执行。

3. 菜单中的约定

在各种菜单列表中，有的菜单命令呈黑色，表示是正常可用的命令；有的呈浅色，表示当前不可用。菜单中还常出现一些特殊的符号，其具体的功能约定见表 2-4。

表 2-4　菜单中常见的符号约定

符号	说明
浅色的命令	不可选用，当前命令项的使用条件不具备
命令后有…	弹出对话框，需要用户设置或输入某些信息
命令前有√	命令有效，若再次选择该命令，则√标记消失，命令无效
命令前有●	被选中的命令
命令后有❯	鼠标指标指向该命令时会弹出下一级子菜单
热键	按下 Alt 键，当前窗口的每个功能区选项卡旁都会显示一个字母热键，按下某字母键即打开对应的功能选项卡；或者直接按 Alt+热键也可打开该功能选项卡
快捷键	该选项提示信息中的组合键，无需通过菜单，直接按下快捷键即可执行相应命令

2.2.5　对话框的组成及操作

对话框是 Windows 为用户提供信息或要求用户提供信息而出现的一种交互界面。用户可在对话框中对一些选项进行选择，或对某些参数进行调整。

对话框的组成与窗口相似，但比窗口更简洁、直观，不同的对话框的组成不同，下面以"打印"对话框为例予以说明，各部分标注如图 2-82 所示。

① 标题栏：每个对话框都有标题栏，位于对话框的最上方，左侧标明对话框的名称，右侧有关闭按钮 ✕。

② 选项按钮：一种后面附有文字说明的小圆圈，当被单击选中后，在小圆圈内出现蓝色圆点；通常多个选项按钮构成一个选项组，当选中其中一项后，其他选项自动失效；选项按钮又称单选按钮。

③ 文本框：一种用于输入文本信息的矩形区域。

④ 复选框：一种后面附有文字说明的小方框，当被单击选中后，在小方框内出现复选标记√。

⑤ 微调按钮：单击微调按钮 ⬍ 的向上或向下箭头可以改变文本框内的数值，也可在文本框中直接输入数值。

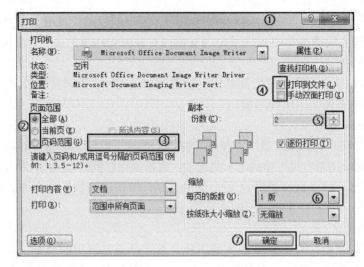

图 2-82　"打印"对话框

⑥ 下拉列表框：单击下拉列表框中的下拉按钮而弹出的一种列出多个选项的小窗口，用户可以从中选择一项。

⑦ 命令按钮：带有文字的矩形按钮，直接单击可快速执行相应的命令，常见的有"确定"和"取消"按钮。

一些对话框内选项较多，这时会以多个选项卡来分类显示，每个选项卡内包含一组选项。

2.3　Windows 10 的资源管理

计算机系统的各种软件资源，如文字、图片、音乐、视频及各种程序，都以文件的形式存储在磁盘中，为了更好地管理和使用软件资源，需要掌握文件及文件夹的基本操作。

2.3.1　磁盘、文件、文件夹

1. 文件

文件是一组相关数据的集合，通常由用户赋予一定的名称并存储在外存储器上。它可以是一个应用程序，也可以是用户创建的文本文档、图片、声音、视频等。通常把文件按用途、使用方法等划分成不同的类型，并用不同的图标或文件扩展名表示不同类型的文件。只要根据文件图标或扩展名，便可以知道文件的类型和打开方式。

对文件的操作是通过文件名来实现的，文件名通常由主文件名和扩展名两部分组成，中间用"."分隔开。一般情况下，主文件名用来标识文件，扩展名用来表示文件的类型，扩展名可以选择显示或不显示。一些常见的文件类型见表 2-5 所示。

表 2-5　文件类型对照表

类型	含义
docx	Word 文档
xlsx	Excel 文档

续表

类型	含义
pptx	PowerPoint 文档
bmp、jpg、jpeg	图像文件
mp3、wav	声音文件
wmv、avi	媒体文件、多媒体应用程序
exe	可执行文件或应用程序
rar、zip	压缩文件
txt	文本文件

保存在磁盘中的文件不仅有文件名、扩展名，还有文件图标及描述信息，如图 2-83 所示。

图 2-83　文件信息

2. 磁盘、文件夹与路径

（1）磁盘。磁盘通常指计算机硬盘上划分的分区，用盘符来表示，如 "C："简称为 C 盘。盘符通常由磁盘图标、磁盘名称和磁盘使用信息组成。双击桌面上的 "此电脑"图标，打开 "此电脑"窗口，在文件列表栏中可见各个磁盘的使用信息，如图 2-84 所示。

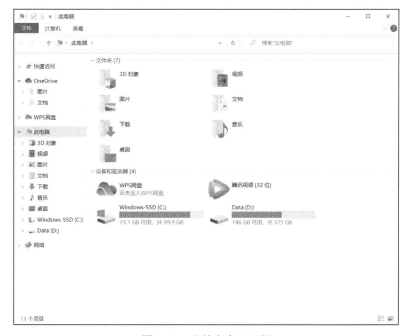

图 2-84　文件夹窗口示例

（2）文件夹。当磁盘上的文件较多时，通常用文件夹对这些文件进行管理，把文件按用途或类型分别放到不同的文件夹中，以便将来使用。文件夹可以根据需要在磁盘或文件夹中任意创建，数量不限。文件夹中可以包含下一级文件夹，通常称为子文件夹。文件夹的命名规则与文件的命名规则相同，但文件夹通常不带扩展名。在同一文件夹下不能有同名的子文件夹和文件。Windows 10 中常见的文件夹图标如图 2-84 所示。

（3）路径。文件总是存放在某个磁盘的某个文件夹之中，通常用文件路径来表示文件的存储位置。文件路径的表示形式有两种，传统的表现形式是使用反斜杠来分隔路径中的磁盘或文件夹，例如 "C:\Users\Public\Documents\教案.docx" 表示文件 "教案.docx" 保存在 C 盘的 Users 文件夹下的子文件夹 Public 下的 Documents 文件夹中。在 Windows 10 中有时还使用下面的形式表示文件的路径：此电脑>本地磁盘（C：）>用户>公用，反斜杠 "\"或级联符号 ">" 称为分隔符。反斜杠主要用于路径的输入，而级联符号 ">" 主要用于路径的显示。

3. 库

Windows 的 "库" 其实是一个特殊的文件夹，不过系统并不是将所有的的文件保存到 "库" 这个文件夹中，而是将分布在硬盘上不同位置的同类型文件进行索引，将文件信息保存到 "库" 中，简单地说，库里面保存的只是一些文件夹或文件的快捷方式，这并没有改变文件的原始路径，这样可以在不改动文件存放位置的情况下集中管理，提高工作的效率。

Windows 的 "库" 通常包括音乐、视频、图片、文档等。

2.3.2 查看文件与文件夹

文件与文件夹的管理是计算机资源管理的重要组成部分，每一个文件和文件夹在计算机中都有存储位置，Windows 10 为用户提供了文件管理的窗口——Windows 资源管理器。

1. 文件与文件夹的查看

在 Windows 10 中，Windows 资源管理器以 "此电脑" 窗口、或普通文件夹窗口的形式呈现，通过窗口中的导航窗格、地址栏、文件列表栏可以查看指定位置的文件和文件夹信息。

"Windows 资源管理器" 按钮■常常出现在任务栏的程序按钮区，通过此按钮可快速打开文件夹窗口。

（1）在文件列表栏中查看。在资源管理器窗口的文件列表栏中，可以查看当前计算机的磁盘信息，显示当前文件夹下的文件和子文件夹信息，如图 2-85 所示。

双击文件列表栏中某个文件夹图标，可打开此文件夹，文件夹内容在文件列表栏中出现。

（2）在导航窗格中查看。在每个 Windows 窗口中，导航窗格都提供了 "快速访问""此电脑""库""网络" 的树形目录结构，分层次地显示计算机内所有的磁盘和文件夹。

在导航窗格的树形目录结构中，双击某个文件夹图标，可以将该文件夹展开/折叠，使其下一级子文件夹在导航窗格中出现/隐藏，同时此文件夹图标左侧的按钮变为 ">" 或 "～"；单击 ">" 或 "～" 按钮，也可以展开/折叠文件夹。

（3）通过地址栏查看。Windows 10 窗口的地址栏以一系列 ">" 符号分隔文本的形式，随时表示出当前窗口的层次位置。图 2-85 所示的地址栏表明当前窗口为 "此电脑" 中的 D 盘。

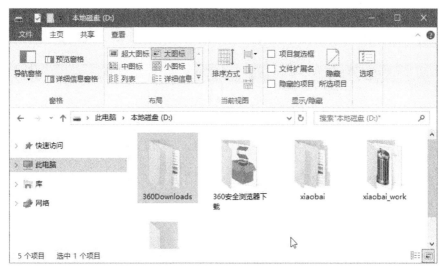

图 2-85　资源管理器窗口

地址栏中的 ">" 或 "⌄" 和文本都以链接按钮的形式呈现，单击某个链接就可以轻松地跳转、快速地切换位置；也可以单击地址栏左侧的 ← 或 → 按钮切换位置。

2. 文件与文件夹的显示方式

为了便于操作，可以改变窗口中文件列表栏的显示方式（也称视图）。Windows 10 资源管理器窗口中的文件列表有 "超大图标" "大图标" "中等图标" "小图标" "列表" "详细信息" "平铺" "内容" 8 种显示方式。单击 "查看" 选项卡中的 "中图标" 选项，则所有文件和文件夹均以中图标显示，如图 2-86 所示。除此之外，也可以利用快捷菜单改变显示方式。

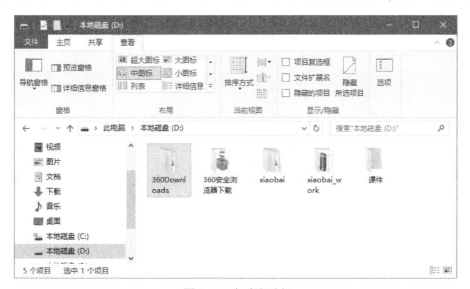

图 2-86　查看选项卡

3. 文件与文件夹的排序方式

为了便于浏览，可以按名称、修改日期、类型或大小方式来调整文件列表的排列顺序，还可以选择递增、递减或更多的方式进行排序。选择文件列表的排序方式可以通过单击 "查看"

选项卡的"排序方式"选项选择按照名称递增排序，如图 2-87 所示。除此之外，也可以通过快捷菜单选择排序方式。

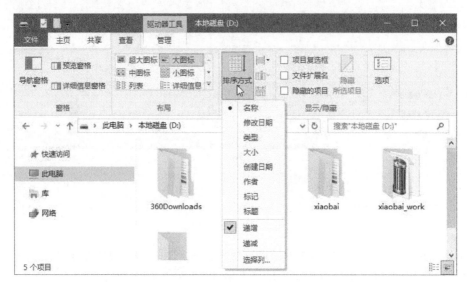

图 2-87　文件夹排序

2.3.3　文件与文件夹的管理

根据用户的需求，Windows 可以对系统中的文件和文件夹进行移动、复制、创建、删除、更名、更改属性等操作。

1. 文件与文件夹的选定

在 Windows 中，一般先选定要操作的对象，然后对其进行操作。被选定的文件及文件夹，其图标名称呈反向显示状态，选定操作可以在导航窗格或文件列表栏中进行。

（1）在导航窗格中只能选定单个文件夹，通过单击待选定的文件夹图标即可完成，同时在文件列表栏中显示该文件夹下的文件及子文件夹。

（2）在文件列表栏中选定文件或文件夹的几种常用方法如下：

1）单个文件或文件夹的选定：单击文件或文件夹。

2）多个相邻文件或文件夹的选定：

● 按下 Shift 键并保持，再单击首尾两个文件或文件夹。

● 单击要选定的第一个对象旁边的空白处，按住左键不放，拖曳指针至最后一个对象。

3）多个不相邻文件或文件夹的选定：

● 按下 Ctrl 键并保持，再用鼠标逐个单击待选定的文件或文件夹。

● 选择"查看"选项卡，如图 2-88 所示，选中"项目复选框"复选框，将鼠标指针移动到需要选择的文件，单击文件左上角的复选框就可选中。

4）反向选定：若不想选择少数文件或文件夹，可以先选定这几个文件或文件夹，然后选择"主页"选项卡中的 "反向选择"命令，如图 2-89 所示，这样可以反转当前选择。

5）全部选定：单击图 2-89 的"主页"选项卡中的"全部选择"命令或按 Ctrl+A 快捷键。

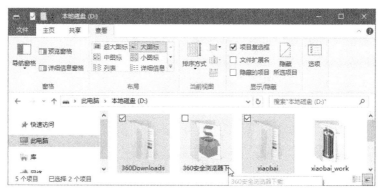

图 2-88　勾选"项目复选框"复选框

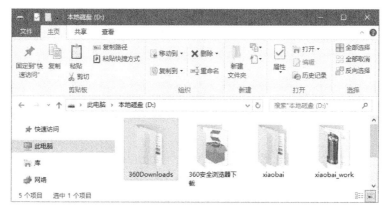

图 2-89　"主页"选项卡

2. 文件、文件夹、库的创建

（1）创建新的文件、文件夹、库。在 Windows 10 资源管理器中，打开要创建文件或文件夹的位置，然后采用如下方法即可新建一个新的文件或文件夹；在"库"窗口下可以创建新库。

1）创建文件。

● 选择"主页"选项卡，单击"新建项目"，在弹出的下拉列表中选择所需的文件类型，如图 2-90 所示。

图 2-90　创建文件、文件夹

- 右击文件列表栏的空白处，在弹出的快捷菜单中选择"新建"命令，在弹出的菜单中选择所需的文件类型，如图 2-91 所示。

2）创建文件夹。

- 选择"主页"选项卡，单击"新建文件夹"。
- 右击文件列表栏的空白处，在弹出的快捷菜单中选择"新建"→"文件夹"命令，如图 2-91 所示。

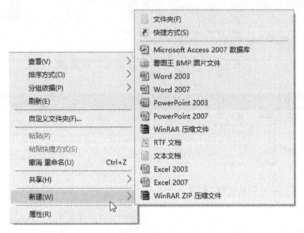

图 2-91 快捷菜单创建文件、文件夹

3）创建库。

- 在导航窗格单击"库"，选择"主页"选项卡，选择"新建项目"→"库"命令，如图 2-92 所示。
- 在导航窗格单击"库"，右击文件列表栏的空白处，在弹出快捷菜单中选择"新建"→"库"命令，如图 2-93 所示。

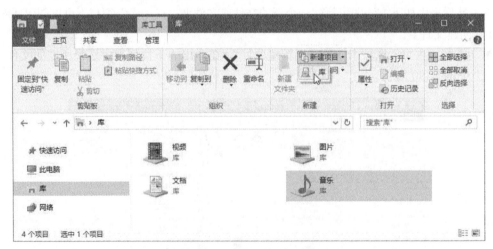

图 2-92 使用选项卡创建库

（2）库内文件夹位置的添加、删除。库可以收集不同位置的文件并将其显示为一个集合，而无需从其存储位置移动这些文件。

图 2-93　通过快捷菜单创建库

新创建的库是空库,在使用库管理文件夹之前,需要将文件夹的位置添加到相应库中。添加的方法有多种,可以从文件夹所在的窗口向库中添加,也可以从库窗口中添加。

本文以从文件夹所在窗口向库中添加其位置的方法为例进行说明。右击文件夹,在弹出的快捷菜单中选择"包含到库中"命令,如图 2-94 所示,在其下一级菜单中选择"视频""图片""文档"或"音乐"等类,即可将该文件夹位置添加到相应类的库中。

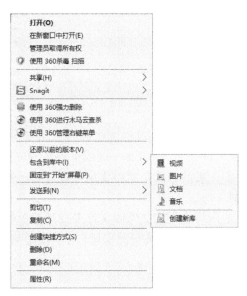

图 2-94　将文件夹添加到库中

从库内将已添加的文件夹位置移除,可用以下方法:

● 在图 2-95 所示的库属性对话框中选中"库位置"列表中要移除的文件夹,单击"删除"按钮。

● 在"库"窗口的导航窗格中右击要移除的文件夹,在弹出的快捷菜单中选择"删除"命令。

3. 文件与文件夹的重命名

在 Windows 10 中，更改文件、文件夹的名称是很方便的，其操作步骤如下：

（1）选定要重命名的文件或文件夹。

（2）执行"重命名"操作，具体有以下几种方法：

● 　右击重命名文件，在弹出的快捷菜单中选择"重命名"命令，如图 2-96 所示。

● 　在图 2-89 中选择"主页"选项卡，选择"重命名"命令。

执行"重命名"命令之后，选定的对象名称变为编辑状态。

图 2-95　库属性　　　　　　　　　　　　图 2-96　文件夹快捷菜单

（3）输入新的文件名或文件夹名，按 Enter 键或单击其他位置，完成重命名。

注意：文件的扩展名具有一定的意义，所以重命名文件时一定要谨慎！

4. 文件与文件夹的复制

文件或文件夹的复制，是指将选定的文件或文件夹及其包含的文件和子文件夹生成副本，放到新的位置上，原来位置的文件或文件夹仍然保留。可以使用菜单或鼠标进行文件和文件夹的复制，操作方法如下：

（1）使用快捷菜单。

1）选定要复制的文件或文件夹。

2）右击选定的文件或文件夹，在弹出的快捷菜单中选择"复制"命令。

3）选择目标文件夹，在文件列表区空白处右击，在弹出的快捷菜单中选择"粘贴"命令，完成复制操作。

（2）使用"主页"选项卡。

1）选定要复制的文件或文件夹。

2）选择"主页"选项卡"复制到"命令，如图 2-97 所示。

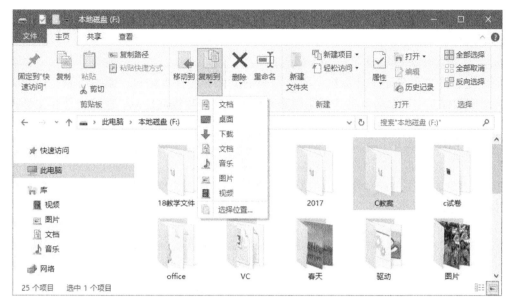

图 2-97　"主页"选项卡

3）选择目标文件夹，选择"主页"选项卡中的"粘贴"命令，完成复制操作。

使用图 2-97 中的"复制到"命令也可以实现复制。

（3）使用鼠标拖动。

1）选定文件和文件夹，按下 Ctrl 键并保持，再用鼠标拖动到目标文件夹，完成文件和文件夹的复制。

2）选定文件和文件夹，在不同磁盘之间用鼠标拖动该对象到目标文件夹，同样可实现文件和文件夹的复制。

5. 文件和文件夹的移动

移动文件或文件夹是将当前位置的文件或文件夹移到其他位置，移动后原来位置的文件或文件夹自动删除。可以使用菜单命令或鼠标移动文件和文件夹。

（1）使用快捷菜单。

1）选定要移动的文件或文件夹。

2）右击选定的文件或文件夹，在弹出的快捷菜单中选择"剪切"命令，参见图 2-96。

3）选择目标文件夹，在文件列表区中空白处右击，在弹出的快捷菜单中选择"粘贴"命令，完成移动操作。

（2）使用"主页"选项卡。

1）选定要移动的文件或文件夹。

2）选择"主页"选项卡中的"剪切"命令，参见图 2-97。

3）选择目标文件夹，选择"主页"选项卡中的"粘贴"命令，完成移动操作。

使用图 2-97 中的"移动到"命令也可以实现移动。

（3）使用鼠标拖动。

1）选定文件和文件夹，按下 Shift 键并保持，再用鼠标拖动该对象到目标文件夹，实现移动操作。

2）选定文件和文件夹，在同一磁盘的不同文件夹之间用鼠标拖动该对象到目标文件夹，完成移动操作。

6. 文件和文件夹的删除

删除文件或文件夹是将计算机中不再需要的文件和文件夹删除。删除后的文件和文件夹被放入"回收站"中，以后可将其还原到原来位置，也可以彻底删除。删除文件和文件夹的具体操作如下：

（1）使用快捷菜单。

1）在"资源管理器"中选定要删除的文件或文件夹。

2）右击选定的文件或文件夹，在弹出的快捷菜单中选择"删除"命令，弹出"删除文件"对话框，如图 2-98 所示。

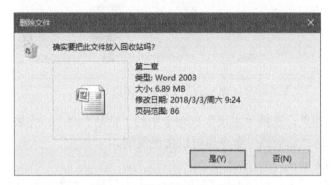

图 2-98　"删除文件"对话框

3）单击"是"按钮，将被删除文件或文件夹放入"回收站"中；单击"否"按钮，取消删除操作。

（2）使用"主页"选项卡中的"删除"命令，参见图 2-97。

（3）使用鼠标将要删除的文件或文件夹拖动到"回收站"中。

删除文件或文件夹时有一些例外情况导致文件或文件夹直接删除，操作时需要特别注意：

● 从网络位置、可移动媒体（U 盘、可移动硬盘等）删除文件和文件夹，或者被删除文件和文件夹的大小超过"回收站"空间的大小时，被删除对象将不被放入"回收站"中，而是直接被永久删除，不能还原。

● 如果在删除文件和文件夹的同时按下 Shift 键，系统将弹出永久删除对话框，如单击"是"按钮，将永久删除该文件和文件夹。

● 单击图 2-97 中"删除"下拉三角，在弹出的菜单中选择"永久删除"命令，将永久删除该文件和文件夹，如图 2-99 所示。

7. 文件和文件夹的属性设置

要设置文件或文件夹的属性，需右击该文件或文件夹，在弹出的快捷菜单中选择"属性"命令，打开文件或文件夹属性对话框。图 2-100 所示是文件属性对话框，在这里可以看到文件的名称、存储位置、大小及创建时间等一些基本信息。另外还可以设置只读和隐藏两种属性。

图 2-99　"永久删除"命令

图 2-100　文件属性对话框示例

（1）设置文件或文件夹的属性。

只读：文件或文件夹设置只读属性后，只允许查看文件内容，不允许对文件进行修改。

隐藏：文件或文件夹设置隐藏属性后，通常状态下在"资源管理器"窗口中不显示该文件或文件夹，只有在勾选了"查看"选项卡下的"隐藏的项目"复选框后，隐藏文件才显示出来。

设置属性时只需勾选相应属性前的复选框，再单击"确定"按钮即可。如果需要设置压缩、加密等其他属性，可单击"高级"按钮进行进一步操作。

（2）取消文件或文件夹的属性。要取消文件或文件夹的只读属性，只需取消勾选文件或文件夹属性对话框中"只读"属性前面的复选框☑，然后单击"确定"按钮即可。

（3）设置文件夹的共享属性。文件夹设置共享后，其中所有文件和文件夹均可以共享。共享的文件夹可以使用 Windows 10 提供的"网络"进行访问。设置方法如下：

1）右击文件夹，在弹出快捷菜单中选择"共享"命令；或者选择"属性"命令，在属性对话框中选择"共享"选项卡，均可以打开图 2-101 所示的对话框，在此进行属性设置。

2）选中文件夹，选择"主页"选项卡中的"属性"命令，也可以进行属性设置。

图 2-101　文件夹属性对话框示例

2.3.4　回收站操作

1. 回收站的设置

回收站是 Windows 系统用来存储已删除文件的场所。用户可以根据需要设置回收站所占用磁盘空间的大小和属性。

在桌面上右击回收站图标，在弹出的快捷菜单中选择"属性"命令，打开"回收站属性"对话框，如图 2-102 所示。

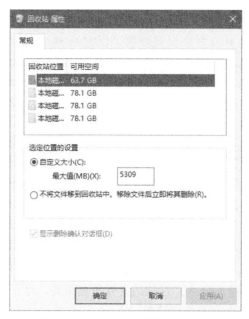

图 2-102　"回收站属性"对话框

在"回收站属性"对话框中可以设置回收站空间的大小；也可以设置"不将文件移到回收站中。移除文件后立即将其删除"，这样可以将文件直接删除；另外，可以设置删除文件过程中是否显示删除确认对话框。

2. 还原被删除的文件和文件夹

文件或文件夹进行删除操作后，其并没有被真正删除，只是被转移到回收站中，用户可以根据需要在回收站中进行相应操作来还原被删除的文件和或文件夹，回收站窗口如图 2-103 所示。

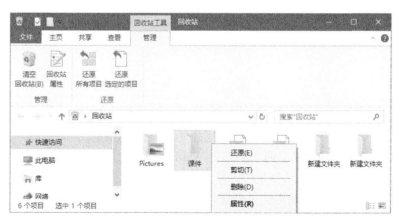

图 2-103　回收站窗口

若要还原所有的文件和文件夹，需在"回收站"窗口中单击工具栏上的"还原所有项目"按钮。若要还原某一文件或文件夹，先单击选定该文件或文件夹，然后单击"还原选定的项目"按钮，选定的文件或文件夹将被还原到计算机中的原始位置。也可以使用快捷菜单中的"还原"命令将文件还原。

3. 文件和文件夹的彻底删除

执行删除操作后，文件和文件夹只是被移到回收站中，并没有真正从硬盘中删除。要彻底删除文件和文件夹，还需要在回收站中进一步执行删除操作。

若要删除回收站中的所有文件，则需在图 2-103 中单击"清空回收站"按钮；若要删除某个文件或文件夹，需右击欲删除的文件或文件夹，在弹出的快捷菜单中选择"删除"命令，文件即被删除。回收站中的内容一旦被删除将不能再恢复。

2.3.5 文件和文件夹的搜索

计算机中文件种类繁多，数量巨大，如果用户不知道文件或文件夹保存的位置，可以使用 Windows 的搜索功能查找文件或文件夹。Windows 在"开始"菜单和"此电脑"窗口中都提供了搜索功能。

（1）即时搜索。Windows 10 提供了即时搜索功能，一旦输入内容立即开始搜索。例如在搜索框中输入"教学"，系统将立即开始搜索名称中含有"教学"的文件及文件夹，如图 2-104所示。这种搜索方法简单，但前提是必须知道文件所在位置，此方法只在当前磁盘及文件夹中搜索。图 2-104 是在本地 F 盘中的搜索结果。

图 2-104   文件搜索

搜索时如果不知道准确文件名，可以使用通配符来代替。通配符包括星号"*"和问号"?"两种。问号"?"代替一个字符，星号"*"代替任意个字符，例如，"*.docx"表示所有 Word文档，"??.docx"表示文件名只有两个字符的 Word 文档。

（2）更改搜索位置。在默认情况下，搜索位置是当前文件夹及子文件夹。如果需要修改，可以在图 2-104 的"搜索"选项卡的"位置"区域中进行更改。

（3）设置搜索类型。如果想要加快搜索速度，可以在图 2-104 的"搜索"选项卡的"优化"区域中设置更具体的搜索信息，如修改时间、类型、大小、其他属性等。

（4）设置索引选项。在 Windows 10 中使用"索引"可以快速找到特定的文件及文件夹。默认情况下，大多数常见文件类型都会被索引，索引位置包括库中的所有文件夹、电子邮件、脱机文件，程序文件和系统文件则默认不索引。

单击图 2-105 中的"高级选项"按钮，在弹出的菜单中选择"更改索引位置"命令，对索引位置进行添加修改。添加索引位置完成后，计算机会自动为新添加的索引位置编制索引。这样以后搜索相关文件或文件夹时会连同新添加位置一起搜索，增加搜索操作的便捷性。

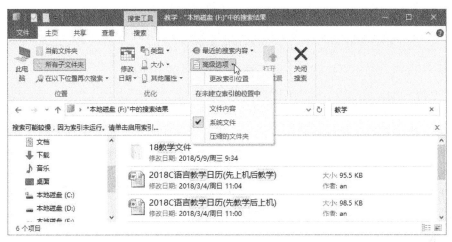

图 2-105　索引选项设置

（5）保存搜索结果。可以将搜索结果保存，方便日后快速查找。单击图 2-104 中的"保存搜索"按钮，选择保存位置，输入保存的文件名，即可对搜索结果进行保存。日后使用时不需要重复搜索过程，只需要打开已保存的搜索结果即可。

2.3.6　磁盘管理与维护

Windows 10 具有强大的磁盘管理功能，包括磁盘的格式化、磁盘的清理、磁盘碎片整理等，如图 2-106 所示。

图 2-106　磁盘工具

1. 格式化磁盘

对磁盘进行格式化操作时，系统会删除磁盘上的所有数据，并检查磁盘上是否有损坏的扇区，然后将损坏扇区标出，以便于以后存储数据时绕过这些损坏扇区。

在日常工作中，为了删除 U 盘或移动硬盘上的所有文件夹及文件，或者彻底清除其感染的病毒，可以对其进行格式化操作，操作步骤如下：

（1）把要格式化的 U 盘或移动硬盘插入计算机的 USB 接口。

（2）打开"此电脑"窗口，选定待格式化的磁盘驱动器图标。

（3）右击磁盘驱动器图标，在弹出快捷菜单中选择"格式化"命令或者单击图 2-106 中的"格式化"按钮，弹出"格式化"对话框，如图 2-107 所示。

（4）在弹出的"格式化"对话框中设置相关选项后，单击"开始"按钮，开始进行格式化。

"快速格式化"方式是在磁盘上创建新的文件分配表，但不完全覆盖或擦除磁盘数据，"快速格式化"的速度比普通格式化快得多，普通格式化要完全擦除磁盘上现存的所有数据，故速度会慢一些。如果磁盘中可能含有病毒，切记请勿使用"快速格式化"。

2. 磁盘清理

在使用 Windows 10 的过程中，如果使用时间过长就会产生大量的垃圾文件，如已下载的程序文件、Internet 临时文件、回收站里的文件及其他临时文件等，这些垃圾文件不仅占用磁盘空间，还影响系统的运行速度。

用户可以通过系统提供的"磁盘清理"功能删除它们。单击图 2-106 中的"清理"按钮进行磁盘清理，如图 2-108 所示。

图 2-107　"格式化"对话框

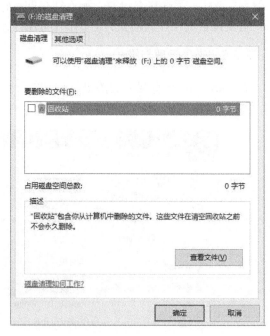

图 2-108　磁盘清理

3. 磁盘碎片整理

计算机系统在长时间使用后，由于反复删除、安装一些应用程序和文件，在磁盘中就会产生许多不连续的"碎片"，使启动或打开文件变得越来越慢。这时可以利用系统提供的"磁盘碎片整理"功能改善系统的性能。可单击图 2-106 中的"优化"按钮进行磁盘碎片整理，如图 2-109 所示。

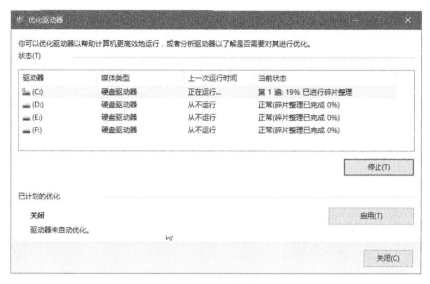

图 2-109　优化磁盘

习题

一、单项选择题

1. 计算机操作系统属于（　　）。
   A．应用软件　　　B．系统软件　　　C．工具软件　　　D．文字处理软件
2. 操作系统负责管理计算机的（　　）。
   A．程序　　　　　B．作业　　　　　C．资源　　　　　D．进程
3. 在计算机系统中配置操作系统的主要目的是（　　）。
   A．增强计算机系统的功能
   B．提高系统资源的利用率
   C．提高系统的运行速度
   D．合理组织系统的工作流程，以提高系统的吞吐量
4. 操作系统对处理机的管理实际上是对（　　）。
   A．存储器管理　　　　　　　　　B．虚拟存储器管理
   C．运算器管理　　　　　　　　　D．进程管理
5. 文件系统采用多级目录结构可以（　　）。
   A．节省存储空间　　　　　　　　B．解决命名冲突
   C．减小系统开销　　　　　　　　D．缩短文件传送时间
6. 对鼠标的操作中，用于选择一个对象或执行一条命令的操作称为（　　）。
   A．单击　　　　　B．双击　　　　　C．右击　　　　　D．拖动
7. 关闭当前窗口的快捷键为（　　）。
   A．Ctrl+Shift+Esc　B．Esc　　　　　C．Alt+F4　　　　D．Alt+Tab

8．切换窗口的快捷键为（   ）。

    A．Ctrl+Shift+Esc B．Esc   C．Alt+F4   D．Alt+Tab

9．将选中项目复制到剪贴板的快捷键为（   ）。

    A．Alt+Print Screen B．Ctrl+C   C．Ctrl+X   D．Ctrl+V

10．搜索栏是（   ）中的一个文本输入框。

    A．菜单栏   B．状态栏   C．回收站   D．任务栏

二、简答题

1．请简述什么是操作系统。

2．请简述鼠标的基本操作方法和功能。

3．请说出至少4个快捷键的名称及功能。

4．请简述如何建立虚拟桌面。

第 3 章　Word 2016 文字处理

Word 2016 是一种常用的文本处理工具，其工作界面友好，文字处理能力强，提供文档格式设置工具，能够进行图文混排处理，利用它可以更轻松、高效地组织和编写文档，处理各种办公文件、商业资料及信函。相比于 Word 2010，Word 2016 当中最显著的变化就是使用了新主题，"深色"和"深灰色"主题提供更加舒适的对比度，"彩色"主题提供在各设备间保持一致的现代外观。同时，Word 2016 中还增加了 Word docs，能够帮助实现更多效果。

通过本章的学习，学生应能独立完成文档的创建和编辑，熟练掌握文本格式化操作，熟练掌握表格的创建方法、表格的编辑格式化和简单的数据计算，通过学习 Word 2016 的页面设置和页面排版的基本操作，掌握多种插入图片的方法、图片的编辑修改方式及文档的查阅与审查方法来快速了解与掌握 Word 2016 的基础知识与基本操作。本章共有 7 节：前 3 节为基础部分，介绍 Word 2016 的基本功能，包括如何建立一个文本文档并能对其完成基本的编辑、排版、保存和打印工作；如果你对 Word 2016 的基本操作很熟悉，可以直接进入后面 4 节对于高级应用功能的学习。

学习目标

- 了解：Word 2016 的基础功能以及较以前版本新增改进的功能。
- 理解：Word 文档的文字格式化、段落格式化、图表格式化。
- 应用：Word 2016 文档管理和文本编辑方法、图形和图片的处理方法、页面排版和页面设置方法、长文档的处理方法等。

3.1　Word 2016 概述

Word 2016 是 Microsoft 公司开发的 Office 2016 办公组件之一，主要用于文字处理工作。Word 的最初版本是由 Richard Brodie 为了运行装有 MS-DOS 操作系统的 IBM 计算机而在 1983 年编写的，随后的版本可运行于 Apple Macintosh（1984 年）、SCO UNIX 和 Microsoft Windows（1989 年），并成为了 Microsoft Office 的一部分。Word 主要版本有 1989 年推出的 Word 1.0 版、1992 年推出的 Word 2.0 版、1994 年推出的 Word 6.0 版、1995 年推出的 Word 95 版（又称作 Word 7.0，因为其包含于 Microsoft Office 95 中，所以习惯称作 Word 95）、1997 年推出的 Word 97 版、2000 年推出的 Word 2000 版、2002 年推出的 Word XP 版、2003 年推出的 Word 2003 版、2007 年推出的 Word 2007 版、2010 年推出的 Word 2010 版、2015 年推出的 Word 2016 版（于 2015 年 9 月 22 日上市），目前较新的版本为 Word 2020 版。

在日常办公和生活中，我们离不开文字和图表的处理工作。例如：写电子邮件、整理办公资料、编辑报表或编辑论文和书籍等。以前是用笔来完成这些工作，随着计算机在人们日常生活中的日益普及，现在可以利用计算机高效地完成这些工作。使用计算机进行文字处理，几乎是所有使用计算机的人都要掌握的基本操作。

Word 2016 是专门为处理文字而设计的"字处理程序",尤其适合于创建和编辑信件、报告、邮件列表、表格或其他文字信息。在 Word 中创建和保存的文件被称为"文档"。Word 处理文档之所以如此优越,是因为它的编辑功能与各种视图紧密结合,利用这一特点我们可以非常方便地编辑处理文字、图形和数据等各种文档对象,制作出各种内容丰富、版式精美的文档。

3.1.1 新增改进

Word 2016 在以往版本的基础上提供了一系列新增和改进的工具,如取消了传统的菜单操作方式,用各种功能区取而代之,将屏幕截图插入到文档,增强了导航面板特性,同时可在输入框中进行及时搜索,包含关键词的章节标题会高亮显示等。下面将针对 Word 2016 的主要新增功能进行介绍。

1. 第三方应用支持

通过全新的 Office Graph 社交功能,开发者可将自己的应用直接与 Office 数据建立连接,如此一来,Office 套件将可通过插件接入第三方数据。举个例子,用户今后可以通过 Outlook 日历使用 Uber 叫车,或是在 PowerPoint 当中导入和购买来自 PicHit 的照片。

2. 多彩新主题

Office 2016 的主题也得到了更新,其中加入了更多色彩丰富的主题供用户选择。这种新的界面设计名为 Colorful,风格与 Modern 应用类似,而之前的默认主题名为 White。用户可在"文件"→"账户"→"Office 主题"当中选择自己偏好的主题风格。对于喜欢个性化设计的用户来说,这项改进成为他们青睐 Word 的重要因素。

3. 跨平台的通用应用

在新版 Outlook、Word、Excel、PowerPoint 和 OneNote 发布之后,用户在不同平台和设备之间都能获得非常相似的体验,无论他们使用的是 Android 手机/平板、iPad、iPhone、Windows 笔记本/台式机。这种跨平台的设计能够让用户随时随地感受到使用 Word 的便利之处。

4. Clippy 助手回归

以前的 Clippy 助手虽然很萌,但有的时候还是会引起用户反感。而在 Office 2016 当中,微软带来了 Clippy 的升级版——Tell Me。Tell Me 是全新的 Office 助手,可在用户使用 Office 的过程当中提供帮助,比如将图片添加至文档,或是解决其他故障问题等。与以往的 Clippy 助手不同的是,这一功能并没有虚拟形象,会如传统搜索栏一样置于文档表面。

5. Insights 引擎

新的 Insights 引擎可借助必应的能力为 Office 带来在线资源,让用户可直接在 Word 文档中使用在线图片或文字定义。当选定某个字词时,侧边栏将会出现更多的相关信息。由此,用户在使用 Word 文档时能够快速找到下一步可能需要的功能选项。

6. PDF 套件

在日常的工作当中,PDF 文档的使用率越来越高,但想要在 PDF 文档中截取部分文本比较麻烦。在新版 Office 套件下,PDF 可以轻松转变成 Word 文档,用户可以随意编辑,不再受限。同时,编辑好的 Word 文档也可以使用 PDF 格式导出,实现了两种文件格式的随意切换。

3.1.2　窗口的组成

Word 2016 的窗口主要由标题栏、后台视图、功能区、状态栏及文档编辑区等部分组成，如图 3-1 所示。

图 3-1　Word 2016 窗口

1.　标题栏

标题栏位于整个 Word 窗口的最上方，用以显示当前正在运行的程序名及文件名等信息。标题栏最右侧的 3 个按钮分别用来控制窗口的最大化、最小化和关闭程序。当窗口不是最大化时，用鼠标拖动标题栏可以改变窗口在屏幕上的位置。双击标题栏可以使窗口在最大化与非最大化之间切换。

2.　后台视图

Word 2016 的后台视图可通过位于界面左上角的"文件"选项卡打开。它类似 Windows 系统的"开始"菜单，如图 3-2 所示。后台视图的导航栏中包含了一些常见的命令，例如"新建""打开""保存"，也包含快速打开"最近使用的文档"和"选项"等选项，使操作更加简便。

3.　浮动工具栏

浮动工具栏是 Word 2016 中一项极具人性化的功能，当 Word 2016 文档中的文字处于选中状态时，如果用户将鼠标指针移到被选中文字的右侧位置，将会出现一个半透明状态的浮动工具栏。该工具栏中包含了常用的设置文字格式的命令，如设置字体、字号、颜色、居中对齐等命令。将鼠标指针移动到浮动工具栏上将使这些命令被完全显示，进而可以方便地设置文字格式。如果想隐藏"浮动工具栏"，可通过后台视图导航中的"选项"命令，在打开的"Word 选项"对话框中选择"常规"选项卡，勾选"选择时显示浮动工具栏"复选框即可。

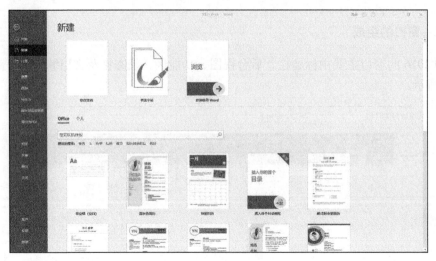

图 3-2　后台视图

4．快速访问工具栏

快速访问工具栏指在 Word 窗口左上方的一行命令按钮，常用的快速访问工具栏命令有"保存""撤消""恢复""快速打印"等，如图 3-3 所示。

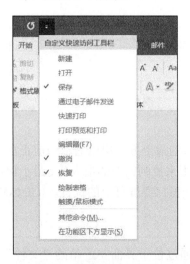

图 3-3　快速访问工具栏

快速访问工具栏是 Word 使用者个性化的惯用命令集合，可以简单地被重新布置。单击快速访问工具栏右侧的向下箭头，可以弹出"自定义快速访问工具栏"菜单。在菜单上勾选或者取消"新建""打开""保存""通过电子邮件发送""快速打印""打印预览和打印""编辑器""撤消""恢复""绘制表格"，能够使这些命令在快速访问工具栏上出现或者隐去。

5．文档编辑区

文档编辑区用于编辑文档内容，鼠标指针在该区域呈 I 形状，在编辑处有闪烁的"|"标记，称为插入点，表示当前输入文字的位置。

6．状态栏

状态栏显示页码、插入点在坐标中的变化和活动窗口的屏幕状态。单击状态栏的页码和字数可激活"查找和替换"对话框、"字数统计"对话框。

3.1.3　功能区

Word 2016 的功能区是菜单和工具栏的主要代替控件，有选项卡、组、命令 3 个基本组件。默认状态下，功能区包括"文件""开始""插入""设计""布局""引用""邮件""审阅""视图""帮助""PDF 工具集"选项卡。当用于不需要查找选项卡时，可以双击选项卡，临时隐藏功能区。反之，即可重新显示。

除默认的选项卡外，Word 2016 的功能区还包括其他选项卡，但只有在操作需要时才会出现。例如，在当前文档中插入一张图片时，就会出现"图片工具"选项卡；需要绘制图形时，会出现"绘图工具"选项卡等，省略了繁复的打开工具操作。

在 Word 2016 窗口上方看起来像菜单的名称其实是功能区的名称，当单击这些名称时并不会打开菜单，而是切换到与之相对应的功能区面板。每个功能区根据功能的不同又分为若干个组，接下来对各功能区进行介绍。

1."开始"功能区

"开始"功能区中包括"剪贴板""字体""段落""样式""编辑""保存" 6 个组，对应Word 2003 的"编辑"和"段落"菜单部分命令。该功能区主要用于帮助用户对 Word 2016 文档进行文字编辑和格式设置，是用户最常用的功能区，如图 3-4 所示。

图 3-4　"开始"功能区

2."插入"功能区

"插入"功能区包括"页面""表格""插图""加载项""媒体""链接""批注""页眉和页脚""文本""符号" 10 个组，对应 Word 2003 中"插入"菜单的部分命令，主要用于在 Word 2016 文档中插入各种元素。该功能区能够向当前输入点插入表格、插图、链接、文本、符号，或者向当前文档插入新页或者页眉/页脚，如图 3-5 所示。

图 3-5　"插入"功能区

3."设计"功能区

"设计"功能区包括"主题""文档格式""颜色""字体""页面背景" 5 个组，用于实现在 Word 2016 文档中使用不同的文档样式，自定义文档风格等高级功能，如图 3-6 所示。

图 3-6　"设计"功能区

4. "布局"功能区

"布局"功能区包括页面"设置""稿纸""段落""排列"4 个组，对应 Word 2003 的"页面设置"菜单命令和"段落"菜单中的部分命令，用于帮助用户设置 Word 2016 文档页面样式，如图 3-7 所示。

图 3-7   "布局"功能区

5. "引用"功能区

"引用"功能区包括"目录""脚注""信息检索""引文与书目""题注""索引""引文目录" 7 个组，用于实现在 Word 2016 文档中插入目录等比较高级的功能，如图 3-8 所示。

图 3-8   "引用"功能区

6. "邮件"功能区

"邮件"功能区包括"创建""开始邮件合并""编写和插入域""预览结果""完成" 6 个组，该功能区的作用比较专一，专门用于在 Word 2016 文档中进行邮件合并方面的操作，如图 3-9 所示。

图 3-9   "邮件"功能区

7. "审阅"功能区

"审阅"功能区包括"校对""辅助功能区""语言""中文简繁转换""批注""修订""更改""比较""保护""墨迹" 10 个组，主要用于对 Word 2016 文档进行校对和修订等操作，适用于多人协作处理 Word 2016 长文档，如图 3-10 所示。

图 3-10   "审阅"功能区

8. "视图"功能区

"视图"功能区包括"视图""页面移动""显示""缩放""窗口""宏"等几个组，主要用于帮助用户设置 Word 2016 操作窗口的视图类型，以方便操作，如图 3-11 所示。

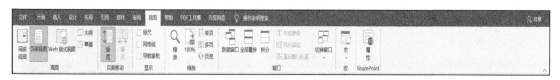

图 3-11　"视图"功能区

9. "PDF 工具集"功能区

"PDF 工具集"功能区包括"导出为 PDF"和"设置"两个组，主要是实现对已经完成的 Word 文档进行 PDF 转化方面的功能，如图 3-12 所示。

图 3-12　"PDF 工具集"功能区

3.1.4　Word 2016 视图模式的介绍

Word 2016 中提供了多种视图模式供用户选择，这些视图模式包括"页面视图""阅读版式视图""Web 版式视图""大纲视图""草稿视图"。用户可以在"视图"功能区中选择需要的文档视图模式，也可以在 Word 2016 文档窗口的右下方单击视图按钮选择相应的视图。

1. 页面视图

"页面视图"可以显示 Word 2016 文档的打印结果外观，主要包括页眉、页脚、图形对象、分栏设置、页面边距等元素，是最接近打印结果的页面视图。

2. 阅读版式视图

"阅读版式视图"以图书的分栏样式显示 Word 2016 文档，"文件"选项卡、功能区等窗口元素被隐藏起来。在"阅读版式视图"中，用户还可以单击"工具"按钮选择各种阅读工具。

3. Web 版式视图

"Web 版式视图"以网页的形式显示 Word 2016 文档，"Web 版式视图"适用于发送电子邮件和创建网页。

4. 大纲视图

"大纲视图"主要用于在 Word 2016 文档中设置和显示标题的层级结构，并可以方便地折叠和展开各种层级的文档。"大纲视图"广泛用于对 Word 2016 长文档的快速浏览和设置中。

5. 草稿视图

"草稿视图"取消了页面边距、分栏、页眉/页脚和图片等元素，仅显示标题和正文，是最节省计算机系统硬件资源的视图方式。

3.1.5　Word 2016 的基本操作

使用模板向导制作如图 3-13 所示的"请柬"，并进行如下设置：
● 将文档保存为纯文本格式，属性设置为只读。
● 将"节日聚会请柬"文本转换成演示文稿。

● 调整显示比例为 75%，在"阅读版式视图"中浏览内容。

具体步骤如下：

（1）创建文档。单击"文件"选项卡，选择"新建"命令，在"Office"模板下单击"假日"选项，选择"假日聚会邀请"，下载该模板。

（2）设置文档保存类型。单击"文件"选项卡，在导航栏中选择"另存为"选项，在弹出的"另存为"对话框中选择保存路径，在"保存类型"下拉列表中选择"纯文本"类型。

（3）设置文档属性。右击"请柬"文件，在弹出的快捷菜单中选择"属性"选项，在打开的"请柬"属性对话框中选择"常规"选项卡，勾选"只读"复选框。

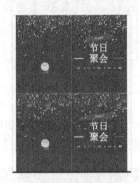

图 3-13　请柬

（4）文档格式转换。在后台视图中选择"选项"命令，在弹出的"Word 选项"对话框中选择"快速访问工具栏"选项卡，在"从下列位置选择命令"的列表中选择"不在功能区中的命令"，在该窗口选择"发送到 Microsoft PowerPoint"选项，单击"添加"按钮，然后单击"确定"按钮，在"快速访问工具栏"上就会出现转换按钮 ，单击该按钮完成转换，如图 3-14 所示。

图 3-14　文档转换 PowerPoint

（5）调整显示模式。在文档窗口的右下方，单击"阅读版式"按钮浏览文档内容，用鼠标左键拖动滑块将显示比例调整为 75%。

3.2　文档的编辑

3.2.1　文档的创建

1. 创建空白文档

"新建"命令是建立一个空白 Word 文档，除此之外，也可以在"我的电脑"中任何位置右击，在弹出菜单中选择"新建"菜单组内的"Microsoft Word 文档"来在当前位置建立一个基于缺省模板的空白 Word 文档，扩展名为".docx"，创建方法是打开 Word 2016 文档窗口，依次单击"文件"→"新建"→"空白文档"，如图 3-15 所示。

图 3-15　文档的创建

使用快捷键 Ctrl+N 或者使用"快速访问工具栏"都可以创建一个新的空白文档。

2. 使用模板创建文档

在 Word 2016 中有"个人"和 Office 两类模板，其中 Office 模板需要接入互联网才能使用。各类模板用途多样（例如书信模板、公文模板等），用户可以根据实际需要选择特定的模板新建 Word 文档。创建方法是打开 Word 2016 文档窗口，依次单击"文件"→"新建"，打开"新建文档"对话框，在右窗格"可用模板"列表中选择合适的模板，单击模板即可创建，如图 3-16 所示。

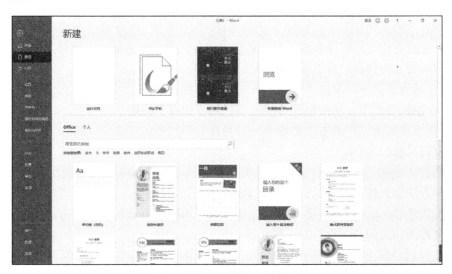

图 3-16　使用模板创建文档

创建后，出现相应的书法字贴框架，可以在此基础上进行相应的修改，设计出适合自己的文档。

3.2.2　文档的打开

执行"打开"命令显示"打开"对话框，可以在此打开 Word 模板、文档。也可以在"我的电脑"中双击任何 Word 模板、文档来打开 Word 文件。这两种方法有所区别，使用"打开"对话框的方法是打开这个模板本身，而在"我的电脑"中双击模板的方法是新建一个基于此模板的文档。

两种打开文档方法的具体操作如下：

（1）找到文档，双击即可打开。这是一种通用的方法，只要系统中安装了可支持的软件，对应的文件都可以用这种方法打开。

（2）在打开的 Word 文档界面中单击"文件"→"打开"选项，在右侧窗格找到想要打开的文件，单击文件即可打开，如图 3-17 所示。

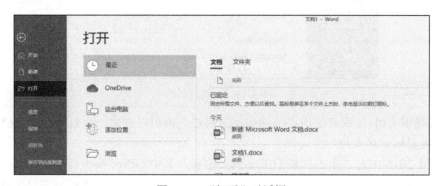

图 3-17　"打开"对话框

3.2.3　文档的保存

"保存"和"另存为"命令都可以保存正在编辑的文档或者模板。区别是"保存"命令不进行询问直接将文档保存在它已经存在的位置，"另存为"命令永远询问要把文档保存在何处。如果新建的文档还没有保存过，那么单击"保存"命令也会显示"另存为"对话框。文档在编辑的同时要及时保存，保存的方法有以下几种：

（1）在编辑界面下，单击"文件"→"保存"按钮。

（2）在编辑界面下，单击快速访问工具栏的"保存"按钮。

（3）在编辑界面下，单击"文件"→"另存为"按钮。

（4）按快捷键 Ctrl+S。

以上四种方法中，在前两种方法中如果是新建的文件还尚未保存，会出现"保存"对话框；第三种方法会直接出现"另存为"对话框，如图 3-18 所示。在弹出的对话框中选择保存位置，输入文件名，单击"保存"按钮，完成保存；第四种方法与前两种方法相同，即未保存过的文档会弹出相应的"保存"对话框。

如果文件已经保存，对其进行修改后，使用前两种方法将不出现"保存"对话框，直接将原有文件覆盖，保存的文件是最后修改的版本。

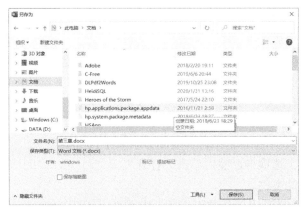

图 3-18　"另存为"对话框

1. 设置保存时间间隔

Word 2016 的自动保存功能使文档能够在一定的时间范围内自动保存一次,若突然断电或出现其他特殊情况,该功能可减少损失。自动保存时间越短,保险系数越大,但占用系统资源越多。用户可以改变自动保存的时间间隔:选择"文件"→"选项",在弹出的"Word 选项"对话框中单击"保存"选项卡,勾选"保存文档"下的"保存自动恢复时间间隔"复选框,在"分钟"框中输入时间间隔以确定 Word 2016 保存文档的频度。如图 3-19 所示,勾选"保存自动恢复信息时间间隔"复选框,时间设置为 10 分钟,单击"确定"按钮,完成设置。

图 3-19　设置自动保存时间间隔

2. 恢复自动保存的文档

为了在断电或类似问题发生之后能够恢复尚未保存的工作,必须在问题发生之前选中"选项"对话框中"保存"选项卡上的"自动保存时间间隔"复选框。例如,如果设定"自动恢复"功能为每 10 分钟保存一次文件,这样就不会丢失超过 10 分钟的工作。恢复的方法如下:

(1)单击"文件"选项卡,然后选择"打开"命令,在"打开"对话框中,通过窗口底端"恢复未保存的文档"按钮定位到自动恢复文件夹以显示自动恢复文件列表。

(2)单击要恢复的文件名称,然后单击"打开"按钮。

（3）打开所需要的文件之后，单击"保存"按钮。

3. 恢复受损文档中的文字

如果在试图打开一个文档时计算机无响应，则该文档可能已损坏。下次启动 Word 时，Word 会自动使用专门的文件恢复转换器来恢复损坏文档中的文本，也可随时用此文件转换器打开已损坏的文档并恢复文本。成功打开损坏的文档后，可将它保存为 Word 格式或其他格式，段落、页眉、页脚、脚注、尾注和域中的文字将被恢复为普通文字，但不能恢复文档格式、图形、域、图形对象及其他非文本信息。恢复的方法如下：

（1）单击"文件"选项卡，然后单击"打开"。

（2）选定要打开的文件。

（3）单击"打开"选项卡旁边的下三角，出现"打开"菜单，选择"打开并修复"命令，再次打开文档即可。

4. 设置加密文档

为保护文档信息不被非法使用，Word 2016 提供了"用密码进行加密"功能，即只有持有密码的用户才能打开文件。设置加密文档需单击"文件"→"信息"，单击"保护文档"按钮，选择"用密码进行加密"命令，设置文档密码，单击"确定"按钮后需再次输入密码才可设置成功。关闭文件后再打开时必须输入正确的密码才能打开文档，从而加强了文件的保密性。需要特别注意的是，如果密码丢失或遗忘，则无法将文档恢复，且文档的密码是区分大小写的。若要取消密码，在"加密文档"对话框的密码框中置空即可。

3.2.4　转换为 PDF 格式文档

转换为 PDF 格式文档在编辑界面下单击"文件"→"导出"按钮，在右侧的窗格中单击"创建 PDF/XPS"按钮，当前的 Word 2016 文档即可另保存为一个 PDF 格式的文档。

3.2.5　将多个文档合成一个文档

有时候可能需要将多个文件合并成一个文件，将 2 个或 3 个文件中的内容全部放到一起。在文件较多的情况下，手动复制的方法会十分麻烦，由此，Word 2016 提供了一种可以快速将多个文档合并在一起的方法，具体步骤如下：

（1）单击进入"插入"功能区。

（2）在"文本"组中单击"对象"选项的下拉按钮，在弹出的列表中选择"文件中的文字"命令。

（3）在弹出的界面中选择要合并到当前文档中的文件，可以按住 Ctrl 键来选择多个文档。需要注意的是，最上面的文档将最先被合并，所以，如果想在文档间维持某种顺序，要先对各目标文档进行排列编号。

3.3　文本

3.3.1　文本的编辑

假设要输入如下的文本：

　　以上三种方法中前两种如果是新建的文件还尚未保存，会出现"保存"对话框；第三种方法会直接出现"另存为"对话框。在弹出"保存"对话框中选择保存位置，输入文件名字，单击"保存"按钮，完成 Word 保存。

　　1. 光标定位

　　要输入文本，先建立文档，打开 Word 界面后，在欲插入文本处单击鼠标左键，光标变为一个闪烁的短线定位在文档中，这个位置即文字的插入位置，称为"插入点"。

　　2. 文字的输入

　　光标定位后，输入以上的文本，输入的时候会自动换行，如果录入未到换行的边界时想换行，可按回车键。英文和汉字可直接输入，输入的时候要选择习惯使用的输入法。一般计算机中会有多种输入法：搜狗、微软、五笔等。输入法在切换的时候有两种方法：

　　（1）单击主界面右下角的 拼 图标，出现输入法状态栏，选择输入法，如图 3-20 所示。

　　（2）使用快捷键 Ctrl+Shift 进行输入法的切换；Ctrl+空格快捷键可以在英文和中文输入法间进行切换。

　　3. 特殊符号的输入

　　有一些符号在键盘上找不到时应该如何输入呢？可以通过插入特殊符号的方法，单击"插入"选项卡，在"符号"组中选择"符号"下拉列表中的"其他符号"命令，弹出如图 3-21 所示的对话框，选择要插入的符号，单击"插入"按钮，特殊符号即插入到文档中。

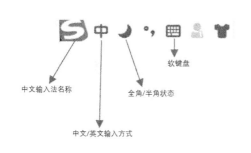

图 3-20　输入法状态栏　　　　　图 3-21　"符号"对话框

　　4. 非打印字符的显示

　　在 Word 文档中，有很多符号可以在界面中显示出来，但在打印时不会被打印出来，这类符号称为非打印字符。如，按回车键会产生一个回车符，按空格键会产生一个空格符，按 Tab 键会产生一个制表符等。"开始"功能区的段落组中"显示/隐藏编辑标记"按钮用于控制这些非打印字符是否可显示在屏幕上。

3.3.2　文字的选取

　　想使用某部分文本的第一步就是使其突出显示，即"选定"文本。一旦选定了文本，就可以对其进行复制、移动、设置格式和删除字、词、句子、段落等操作。完成操作后，可以单击文档的其他位置，取消选定文本。

　　1. 基本的选定方法

　　将鼠标指针移到欲选取的段落或文本的开头，拖曳经过要选择的内容再松开鼠标按钮，选择的内容变为灰色。

2．利用选定区

在文本区的左侧有一个向下延伸的长条形空白区域，称为选定区。当鼠标指针移动到该区域时，鼠标指针箭头方向转为向右。单击该区域，光标所在行的整行文字被选定，若在该区域拖曳，光标经过的每一行均被选定。

3．常用的选定技巧

可以选择一种简单的方法完成选定某项内容的任务。首先将指针指向要选定的单词、段落、行或文档的某个部分。

（1）要选定一个词，双击该词。

（2）要选定一段，三击段落中的某个单词。

（3）要选定一行，单击行左侧的空白处。

（4）要选定一段，双击行左侧的空白处。

（5）要选定整篇文档，三击某行左侧的空白处。

（6）要选定部分连续文档，单击要选定的文本的开始处，然后按住 Shift 键，单击要选定文本的结尾处。

（7）要选定不连续的文档，单击第一处，按住 Ctrl 键，单击其他处要选的文档。

3.3.3　复制和移动

1．复制

复制指把文档中的一部分"复制"一份，然后放到其他位置，而所复制的内容仍按原样保留在原位置。复制文本可以选用下面几种方法：

（1）用鼠标手动进行复制。将鼠标指针放在选定文本上，按住 Ctrl 键，同时按住鼠标左键将其拖动到目标位置，在此过程中鼠标指针右下方会有一个"+"号及方框。

（2）利用 Windows 剪贴板进行复制。具体操作步骤如下：

1）选定要复制的文本。

2）单击"开始"功能区"剪贴板"组的"复制"按钮（或者使用快捷键 Ctrl+C），或右击选择"复制"命令。

3）移动光标至要插入文本的位置，单击"开始"功能区下的"剪贴板"组上的"粘贴"按钮（或者使用快捷键 Ctrl+V），或右击选择"粘贴"命令。

2．移动

移动指把文档中的一部分内容移动到其他位置，而原来位置的内容将不再存在。移动文本可以选用下面的方法：

（1）用鼠标左键拖动行进行移动。将鼠标指针放在选定文本上，按住鼠标左键将其拖动到目标位置，在此过程中鼠标指针右下方会有一个"方框"。

（2）利用 Windows 剪贴板进行移动。

1）选择要移动的文本。

2）单击"开始"功能区"剪贴板"组的"剪切"按钮（或者使用快捷键 Ctrl+X），或右击选择"剪切"命令。

3）单击鼠标左键将插入点置于要放置文本的位置，单击"开始"功能区下的"剪贴板"组上的"粘贴"按钮（或者使用快捷键 Ctrl+V），或右击选择"粘贴"命令。

3.3.4　插入日期和时间

当需要输入当前日期或时间时，可以使用以下方法：

（1）将插入点移至需要插入日期或时间的位置。

（2）单击"插入"功能区，选择"文本"组中的"日期和时间"功能区，打开"日期和时间"对话框。

（3）在"语言"下拉列表框中选择"中文"。

（4）在"可用格式"列表框中选定格式，例如"2015 年 4 月 8 日"。

（5）单击"确定"按钮。

3.3.5　查找和替换

在编辑文本时，经常要快速查找某些文字，定位到文档的某处，或者将整个文档中给定的文本替换成其他文本，可以通过"查找和替换"完成此项任务，如图 3-22 所示。

图 3-22　"查找和替换"对话框

1. 查找

单击"开始"功能区下"编辑"组中的"查找"按钮，打开下拉列表，显示"查找""高级查找""转到"选项。

（1）选择"查找"命令，在窗口的左侧打开导航空格，输入要查找的内容，此时该内容会在正文中直接显示出来。

（2）选择"高级查找"命令，打开"查找和替换"对话框，如图 3-22 所示。若需要更详细地设置查找匹配条件，可以在"查找和替换"对话框中单击"更多"按钮进行相应的设置。其选项介绍如下：

- "搜索"下拉列表框：可以选择搜索的方向，即从当前插入点向上或向下查找。
- "区分大小写"复选框：查找文本时是否匹配大小写。
- "全字匹配"复选框：是否查找一个单词，而不是单词的一部分。
- "区分全/半角"复选框：是否查找全角、半角完全匹配的字符
- "格式"按钮：可以打开一个菜单，选择其中的命令可以设置查找对象的排版格式，如字体、段落、样式等。
- "特殊字符"按钮：可以打开一个菜单，选择其中的命令可以设置查找一些特殊符号，如分栏符、分页符等。

● "不限定格式"按钮：取消"查找内容"文本框指定的所有格式。

2. 替换

（1）例如要将文档中所有"文本"一词修改成红色加粗的"文档"，方法如下：

1）单击"开始"区能区下"编辑"组中的"替换"按钮，打开"查找和替换"对话框。

2）在"查找内容"一栏中输入"文本"。

3）单击"替换"选项卡，在"替换为"一栏中输入"文档"，如图 3-23 所示。

4）单击图 3-23 所示对话框中的"格式"按钮，打开"替换字体"对话框，设置格式为红色加粗，如图 3-24 所示，单击"确定"按钮。

图 3-23　输入查找内容 　　　　　　图 3-24　"替换字体"对话框

5）单击"全部替换"按钮，在弹出的提示界面中会显示文档中有几处被替换，如图 3-25 所示。

图 3-25　替换提示界面

（2）查找一个条目或定位目标。操作步骤如下：

1）按 F5 键，或者单击状态栏的页面位置，出现"定位"选项卡界面，如图 3-26 所示。

2）单击"定位目标"框中的条目，选择"表格"。

3）在"输入表格编号"框中输入表格的编号或名称。

4）单击"前一处"或"下一处"按钮进行定位。完成操作后，单击"关闭"按钮。

3. 定位

单击"开始"功能区下"编辑"组的"查找"按钮，在弹出的下拉列表中选择"转到"命令，会显示"查找和替换"对话框中的"定位"选项卡界面。它主要用来在文档中进行字符定位。

图 3-26　"定位"选项卡界面

3.3.6　撤消和恢复

撤消和恢复是相对应的，撤消是取消上一步的操作，而恢复就是把撤消操作再重复回来。

例如，在文档中选择某部分文本，结果一不小心把选中的文本都给删除了，单击快速访问工具栏的"撤消"按钮，可以撤消"删除"这一操作，再单击快速访问工具栏的"恢复"按钮，则取消上一步的"撤消删除"操作，仍然将文本删除。其相对应的快捷键分别是 Ctrl+Z 和 Ctrl+Y。

另外还可以一次撤消多次的操作。单击"撤消"按钮上的向下小箭头，会弹出一个列表框，这个列表框中列出了目前能撤消的所有操作，从中可以选择多步操作来撤消。但是这里不允许选择以前的所有操作来撤消，而只能连续撤消一些操作。

3.3.7　字符间距

通常情况下，在对文本排版时用户无需考虑字符间距，因为 Word 已经设置了一定的字符间距。但有时为了版面的美观，可以适当改变字符间距来达到理想的排版效果。这时，可以按照下述步骤来精确设置字符间距。

（1）选中要设置字符间距的文本。

（2）在"开始"功能区中的"字体"组中单击，打开"字体"对话框。

（3）选择"高级"选项卡，如图 3-27 所示，其中"缩放"项用于设置字符缩放的比例；"间距"项可以选择"标准""加宽""紧缩"选项来设置字符间距。默认情况下，Word 选择"标准"选项，当选择了"加宽"或"紧缩"选项后，可以在其右边的"磅值"文本框中输入间距数值，其单位为"磅"；"位置"项可以选择"标准""提升""降低"选项来设置字符位置，默认情况下，Word 选择"标准"选项，当选择了"提升"或"降低"选项之后，用户可以在其右边的"磅值"文本框中输入位置数值，其单位为"磅"；"为字体调整字间距"项可以让 Word 在大于或等于某一以尺寸的条件下自动调整字符间距，首先勾选该复选框，

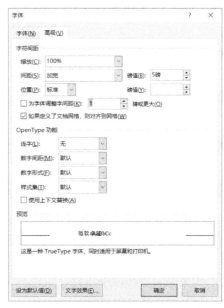

图 3-27　"字体"对话框

然后在"磅或更大"文本框中输入磅值。

（4）设置完成后，通过对话框下方的"预览"部分可以查看效果，满意后单击"确定"按钮。

3.3.8 文档的分栏

分栏就是将 Word 2016 文档全部页面或选中的内容设置为多栏，从而呈现出报刊、杂志中经常使用的多栏排版页面。默认情况下，Word 2016 提供五种分栏类型，即一栏、两栏、三栏、偏左、偏右。

1. 创建分栏

（1）打开 Word 2016 文档窗口，切换到"布局"功能区。

（2）在 Word 2016 文档中选中需要设置分栏的内容，如果不选中特定文本则为整篇文档或当前节设置分栏。在"页面设置"组中单击"栏"按钮，即可在打开的"分栏"列表框中选择合适的分栏类型。其中"偏左"或"偏右"分栏是指将文档分成两栏，且左边或右边栏相对较窄。也可以从"分栏"的下拉列表中选择"更多分栏"命令，在弹出的"栏"对话框中可以进行更为详细的设置，如图 3-28 所示。

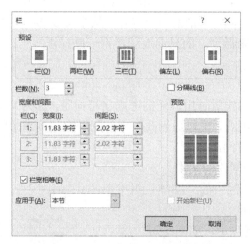

图 3-28　"栏"对话框

2. 删除分栏

在"分栏"列表框中选择"一栏"选项即可删除分栏。

3.3.9 段落的排版

段落可以由文字、图形和其他对象组成，段落以 Enter 键作为结束标识符。当遇到既不产生一个新的段落又可换行的输入情况时，可按 Shift+Enter 快捷键，产生一个手动换行符（软回车），实现操作。

如果要对一个段落进行设置，只需将光标定位于段落中即可。如果要对多个段落进行设置，则要选定这几个段落。

1. 段落间距、行间距

段落间距是指两个段落之间的距离，行间距是指段落中行与行之间的距离，Word 默认的行间距是单倍行距。设置段落间距、行间距的操作步骤如下：

（1）选定需要改变间距的文档内容。

（2）单击"开始"功能区下"段落"组的对话框启动器，打开"段落"对话框。

（3）选择"缩进和间距"选项卡，在"段前"和"段后"数值框中输入间距值，实现调节段前和段后的间距；在"行距"下拉列表中选择行间距，若选择了"固定值"或"最小值"选项，则需要在"设置值"数值框中输入所需的数值，若选择"多倍行距"选项，则需要在"设置值"数值框中输入所需行数。

（4）设置完成后，单击"确定"按钮。

2. 段落缩进

设置"段落缩进"是指对段落文字的边界相对于左、右页边距的距离的调整。段落缩进的格式如下：

左缩进：段落左侧边界与左页边距保持一定的距离。

右缩进：段落右侧边界与右页边距保持一定的距离。

首行缩进：段落首行第一个字符与左侧边界保持一定的距离。

悬挂缩进：段落中除首行以外的其他各行与左侧边界保持一定的距离。

（1）用标尺设置。Word 窗口中的标尺如图 3-29 所示，利用标尺设置段落缩进的操作步骤如下：

1）选定要设置缩进的段落，将光标定位在该段落上。

2）拖动相应的缩进标记，向左或向右移动到合适位置。

图 3-29　标尺

（2）利用"段落"对话框进行设置。操作步骤如下：

1）单击"段落"组的对话框启动器，打开"段落"对话框。

2）在"缩进和间距"选项卡中的"特殊格式"列表项中选择"悬挂缩进"或"首行缩进"选项；在"缩进"区域设置左、右缩进。

3）单击"确定"按钮。

（3）利用"开始"功能区的"段落"组进行设置。单击"段落"组上的"减少缩进量"按钮 或"增加缩进量"按钮 ，可以完成所选段落左移或右移一个汉字位置的操作。

3. 段落对齐方式

段落对齐方式包括左对齐、两端对齐、居中对齐、右对齐和分散对齐，Word 默认的对齐格式是两端对齐。

4. 边框和底纹

为起到强调或美化文档的作用，可以为指定的段落、图形或表格添加边框和底纹。边框是围在段落四周的框，底纹是指用背景色填充一个段落。

（1）文字和段落的边框。选定要添加边框和底纹的文字或段落，单击"开始"功能区下

"段落"组中的"下框线"按钮，在下拉列表中选择"边框和底纹"命令，在打开的对话框中进行设置，如图 3-30 所示。

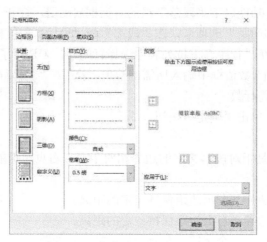

图 3-30　"边框和底纹"对话框

（2）页面边框。在 Word 2016 中不仅可以为页面设置普通边框，还可以添加艺术型边框，使文档变得生动活泼、赏心悦目。选择"边框和底纹"对话框中"页面边框"选项卡，在"艺术型"下拉列表中选择一种边框应用即可。添加页面边框时，不必先选中整篇文档，只需在"应用于"列表中选择"整篇文档"即可。

（3）底纹。在"边框和底纹"对话框中选择"底纹"选项卡，可以设置文字或段落的底纹颜色、样式和应用范围。

3.3.10　文本的特殊版式

在文档中按一定格式对文字进行编排，能够具有特殊的显示效果。

1. 合并字符

（1）选定要合并字符的文字。

（2）在"开始"功能区中的"段落"组中单击"中文版式"按钮，在下拉列表中选择"合并字符"命令。

（3）在弹出的"合并字符"对话框中设置字符的字体和字号。

2. 双行合一

（1）选定要合一字符的文字。

（2）在"开始"功能区中的"段落"组中，单击"中文版式"按钮，在下拉列表中选择"双行合一"命令。

（3）在弹出的"双行合一"对话框中设置字符的属性。

3.3.11　项目符号和编号

完成字符和段落的格式化后，进入正文。正文的内容通常要分章节、分项目，这是在文本编辑时经常遇到，这就要涉及项目符号和编号的设置。Word 2016 的编号功能十分强大，可以轻松地设置多种格式的编号以及多级编号等。

在项目符号中，顺序不分先后，每一行都有相同的标志；在编号中，每一段落不同，按一定的顺序编号。在一些列举条件的地方会采用项目符号来进行标记；列举步骤时，一般用编号，使用编号的方便之处在于当上一个编号被删除时，下一个编号自动地变化，不用手动进行修改。

（1）添加项目符号与编号。

1）选择要添加项目符号与编号的段落，在"开始"功能区"段落"组中单击"项目符号" ≔ ▾ 的下拉三角按钮，在列表中选择符号样式为段落添加项目符号；单击"项目编号" ≔ ▾ 的下拉三角按钮，在列表中选择编号格式为段落添加编号。

2）自动生成项目符号与编号，键入"1"或"（1）"，开始一个编号列表，按空格键或 Tab 键后输入所需的任意文本，再按 Enter 键添加下一个列表项，Word 会自动插入下一个编号或项目符号；若要结束列表，按 Enter 键两次，或通过按 Backspace 键删除列表中的最后一个编号或项目符号。

（2）定义新项目符号与新编号格式。单击"项目符号"的下拉三角按钮，在打开的下拉列表中选择"定义新项目符号"命令，打开"定义新项目符号"对话框，如图 3-31 所示，可完成新项目符号的定义；单击"编号"的下拉三角按钮，在打开的下拉列表中选择"定义新编号格式"命令，打开"定义新编号格式"对话框，可完成新编号格式的定义。

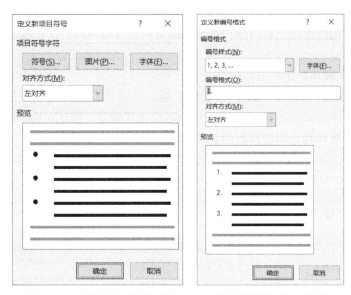

图 3-31　"定义新项目格式"和"定义新编号格式"对话框

（3）删除项目符号或编号。选定要删除项目符号或编号的段落，再次单击"项目符号"按钮或"项目编号"按钮，Word 2016 自动将删除项目符号或编号；也可单击该项目符号或编号，然后按 BackSpace 键。

3.4　表格处理

表格是建立文档时较常用的组织文字形式，它将一些相关数据排放在表格单元格中，使得数据结构简明而清晰。

3.4.1 建立表格

在 Word 中可以建立一个空表，然后将文字或数据填入表格单元格中，或将现有的文本转换为表格。

1. 通过"插入表格"对话框建立空表格

切换到"插入"功能区，在"表格"组中单击"表格"下拉按钮，在弹出的面板中选择"插入表格"命令，打开如图 3-32 所示的"插入表格"对话框，在对话框中设置要插入表格的列数和行数，单击"确定"按钮，插入所需表格到文档。

2. 通过"插入表格"按钮建立空表格

切换到"插入"功能区，在"表格"组中单击"表格"三角按钮，在弹出的面板中拖动光标到所需要的表格行数与列数，如图 3-33 所示，释放鼠标左键就可以插入表格了。

Word 2016 允许在表格中插入另外的表格：把光标定位在表格的单元格中，执行相应的插入表格的操作，就可将表格插入到相应的单元格中了；也可以在单元格中右击，选择"插入表格"命令，在单元格中插入一个表格。

3. 将文本转换为表格

Word 2016 可以将已经存在的文本转换为表格。要进行转换的文本应该是格式化的文本，即文本中的每一行用段落标记符分开，每一列用分隔符（如空格、逗号或制表符等）分开。其操作方法如下：

（1）选定添加段落标记和分隔符的文本。

（2）光标切换到"插入"功能区"表格"组，单击"表格"下拉按钮，选择"将文本转换为表格"命令，弹出如图 3-34 所示的对话框，单击"确定"按钮，Word 能自动识别文本的分隔符，并计算表格列数，即可得到所需的表格。

  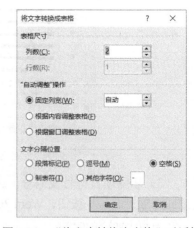

图 3-32 "插入表格"对话框　　图 3-33 插入表格面板　　图 3-34 "将文本转换为表格"对话框

3.4.2 编辑表格

1. 单元格的选取

单元格就是表格中的一个小方格，一个表格由一个或多个单元格组成。单元格就像文档中的文字一样，想要要对它操作就必须首先选取它。

（1）通过"选择"按钮选取。将插入点置于表格任意单元格中，出现如图 3-35 所示"表格工具/布局"功能区，在"表"组单击"选择"按钮 选择，在弹出的面板中单击相应按钮完成对行、列、单元格或者整个表格的选取。

图 3-35　"表格工具/布局"功能区

（2）通过"选择"命令选取。将插入点定位到要选择的行、列和表格中的任意单元格，右击，弹出快捷菜单，选择"选择"命令，在弹出的界面中单击相应按钮完成对行、列、单元格或者整个表格的选取。

（3）通过鼠标操作选取。

1）选取单元格：把光标放到单元格的左下角，鼠标指针变成黑色的箭头，按下左键可选定一个单元格，拖动可选定多个。

2）选取一行表格：在左边文档的选定区中单击，可选中表格的一行单元格。

3）选取一列表格：把光标移到这一列的上边框，等光标变成向下的箭头时单击鼠标即可选取一列。

4）选取整个表格：将插入点置于表格任意单元格中，待表格的左上方出现了一个带方框的十字架标记 时，将鼠标指针移到该标记上，单击鼠标即可选取整个表格。

2．插入单元格、行或列

创建一个表格后，要增加单元格、行或列，无需重新创建，只要在原有的表格上进行插入操作即可。插入的方法是，选定单元格、行或列，右击，在弹出的快捷菜单中选择"插入"命令，选择插入的项目（表格、列、行，单元格），同样也可以在图 3-36 所示的"表格工具/布局"功能区中单击"行和列"组中的相应按钮实现。

3．删除单元格、行或列

选定了表格或某一部分后，右击，在弹出的快捷菜单中选择删除的项目（表格、列、行、单元格）即可，也可在图 3-36 所示的"行和列"分组中单击"删除"按钮 ，在出现的如图 3-37 所示的面板中单击相应按钮来完成。

图 3-36　"行和列"功能区

图 3-37　删除面板

4．合并与拆分单元格

（1）合并单元格是指选中两个或多个单元格，将它们合成一个单元格，其操作方法为，选择要合并的单元格，右击，在弹出的快捷菜单中，选择"合并单元格"命令；也可在图 3-35

所示的"表格工具/布局"功能区单击"合并"分组中的"合并单元格"按钮完成。

（2）拆分单元格是合并单元格的逆过程，是指将单元格分解为多个单元格。其操作方法为，选择要进行拆分的一个单元格，右击，在弹出的快捷菜单中选择"拆分单元格"命令；也可在如图 3-35 所示的"表格工具/布局"功能区单击"合并"组中的"拆分单元格"按钮，在弹出的如图 3-38 所示对话框中完成。

5. 调整表格大小、列宽与行高

（1）自动调整表格。

1）在如图 3-35 所示的"表格工具/布局"功能区选择"自动调整"命令，弹出如图 3-39 所示"自动调整"子菜单，选择"根据内容调整表格"命令，可以看到表格单元格的大小都发生了变化，仅仅能容下单元格中的内容了。

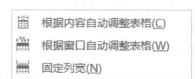

图 3-38　"拆分单元格"对话框　　　　图 3-39　"自动调整"子菜单

2）选择表格的自动调整为"固定列宽"，此时向单元格中输入文字，当文字长度超过表格宽度时，会自动加宽表格行，而表格列不变。

3）选择"根据窗口调整表格"，表格将自动充满 Word 的整个窗口。

4）如果希望表格中的多列或多行具有相同的宽度或高度，可选定这些列或行，右击选择"平均分布各列"或"平均分布各行"命令，列或行就自动调整为相同的宽度或高度。

（2）调整表格大小的方法如下：

1）表格缩放：把鼠标指针放在表格右下角的一个小正方形上，鼠标指针就变成了一个拖动标记，按下左键，拖动鼠标，就可以改变整个表格的大小。

2）调整行宽或列宽：把鼠标指针放到表格的框线上，鼠标指针会变成一个两边有箭头的双线标记，这时按下左键拖动鼠标，就可以改变当前框线的位置，按住 Alt 键，还可以平滑地拖动框线。

3）调整单元格的大小：选中要改变大小的单元格，用鼠标拖动它的框线，改变的只是拖动的框线的位置。

4）指定单元格大小、行宽或列宽的具体值：选中要指定大小的单元格、行或列，右击，在弹出的快捷菜单中选择"表格属性"命令，将弹出如图 3-40 所示的"表格属性"对话框，在这里可以设置单元格的大小、行宽、列宽等。

3.4.3　修饰表格

1. 调整表格位置

选中整个表格，切换到"开始"功能区，通过单击"段落"组中的"居中""左对齐""右对齐"等按钮即可调整表格的位置。

2. 表格中单元格文字的对齐方法

选择单元格（行、列或整个表格）内容，右击，在弹出的快捷菜单中选择"表格属性"命令，在出现的对话框中的"对齐方式"中选择对应的对齐方式即可，或切换到"开始"功能区，通过单击"段落"组中的"居中""左对齐""右对齐"等按钮完成设置。

3. 给表格添加边框和底纹

选择单元格（行、列或整个表格），单击右键，在弹出的快捷菜单中选择"表格属性"命令，在出现的对话框中选择"边框和底纹"选项，弹出"边框和底纹"对话框（图 3-41）。若要修饰边框，打开"边框"选项卡，按要求设置表格的每条边线的样式，再按"确定"按钮即可（使用该方法可以制作斜线表头）；若要添加底纹，打开"底纹"选项卡，按要求设置颜色和"应用范围"，单击"确定"按钮即可。

图 3-40　"表格属性"对话框　　　　图 3-41　"边框和底纹"对话框

4. 表格自动应用样式

将插入点定位到表格中的任意单元格，切换到"表格工具/设计"功能区（图 3-42），在"表格样式"组中单击选择合适的表格样式，表格将自动套用所选的表格样式。

图 3-42　"设计"功能区

3.4.4　表格的数据处理

1. 表格的计算

在 Word 2016 文档中，用户可以借助 Word 2016 提供的数学公式运算功能对表格中的数据进行数学运算，包括加、减、乘、除以及求和、求平均值等常见运算。操作步骤描述如下：

（1）在准备参与数据计算的表格中单击计算结果单元格。

（2）在"表格工具/布局"功能区单击"数据"组中的"公式"按钮 *f*=公式，打开如图 3-43 所示的"公式"对话框。

（3）在"公式"编辑框中，系统会根据表格中的数据和当前单元格所在位置自动推荐一个公式，例如，"=SUM(LEFT)"是指计算当前单元格左侧单元格的数据之和，用户可以单击"粘贴函数"下拉三角按钮选择合适的函数，例如平均数函数 AVERAGE。

（4）完成公式的编辑后，单击"确定"按钮即可得到计算结果。

2．表格排序

在使用 Word 2016 制作和编辑表格时，有时需要对表格中的数据进行排序。操作步骤描述如下：

（1）将插入点置于表格中任意位置。

（2）切换到"表格工具/布局"功能区，单击"数据"组中的"排序"按钮 ，弹出如图 3-44 所示的"排序"对话框。

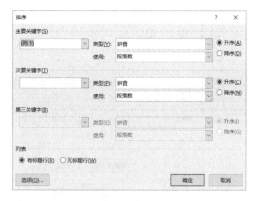

图 3-43　"公式"对话框　　　　　　　图 3-44　"排序"对话框

（3）在对话框中选择"列表"区的"有标题行"选项，如果选中"无标题行"选项，则标题行也将参与排序。

（4）单击"主要关键字"区域的关键字下三角按钮，选择排序依据的主要关键字，然后选择"升序"或"降序"选项，以确定排序的顺序。

（5）若需次要关键字和第三关键字，则在"次要关键字"和"第三关键字"区分别设置排序关键字，也可以不设置。单击"确定"按钮完成数据排序。

3.5　图形和图像编辑

Word 2016 中能对形状、图形、图表、曲线、线条和艺术字等图形图像对象进行插入和样式设置，样式包括了渐变效果、颜色、边框、形状和底纹等多种效果，可以帮助用户快速设置上述对象的格式。

3.5.1　绘制图形

图形对象包括形状、图表和艺术字等，这些对象都是 Word 文档的一部分。通过"插入"

功能区的"插图"组中的相应命令完成插入操作,通过"图片工具/格式"功能区的相应操作更改和增强这些图形的颜色、图案、边框和其他效果。

1. 插入形状

切换到"插入"功能区,在"插图"组中单击"形状"按钮,出现"形状"面板,如图 3-45 所示,在面板中选择线条、基本形状、流程图、箭头总汇、星形与旗帜、标注等图形,然后在绘图起始位置按住鼠标左键,拖动至结束位置就能完成所选图形的绘制。

另外,有关绘图的几点注意事项如下:

（1）拖动鼠标的同时按住 Shift 键,可绘制等比例图形,如圆形、正方形等。

（2）拖动鼠标的同时按住 Alt 键,可平滑地绘制和所选图形的尺寸大小一样的图形。

2. 编辑图形

图形编辑主要包括更改图形位置、图形大小、向图形中添加文字、形状填充、形状轮廓、颜色设置、阴影效果、三维效果、旋转和排列等基本操作。

图 3-45　"形状"面板

（1）设置图形大小和位置的操作方法是,选定要编辑的图形对象,在非"嵌入型"版式下,直接拖动图形对象即可改变图形的位置;将鼠标指针置于所选图形四周的编辑点上,如图 3-46 所示,拖动鼠标可缩放图形。

（2）向图形对象中添加文字的操作方法是,右击图片,从弹出的快捷菜单中选择"添加文字"命令,然后输入文字即可,效果如图 3-46 所示。

（3）组合图形的方法是,选择要组合的多张图形,右击,从弹出的快捷菜单中选择"组合"菜单下的"组合"命令即可,效果如图 3-47 所示。

图 3-46　添加文字效果图

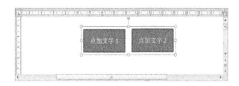

图 3-47　组合图形效果图

3. 修饰图形

如果需要设置形状填充、形状轮廓、颜色设置、阴影效果、三维效果、旋转和排列等基本操作,均可先选定要编辑的图形对象,在如图 3-48 所示的"绘图工具/格式"功能区中选择相应功能按钮来实现。

图 3-48　"绘图工具/格式"功能区

（1）形状填充。选择待编辑的图片，单击"绘图工具/格式"功能区的"形状填充"的下拉列表按钮 ![button]，出现如图 3-49 所示的"形状填充"面板。如果选择设置单色填充，可选择面板已有的颜色或单击"其他颜色"选择更多颜色；如果选择设置图片填充，单击"图片"选项，出现"打开"对话框，选择图片作为图片填充；如果选择设置渐变填充，则单击"渐变"选项，弹出如图 3-50 所示的面板，选择一种渐变样式即可，也可单击"其他渐变"选项，出现如图 3-51 所示的对话框，选择相关参数设置其他渐变效果。

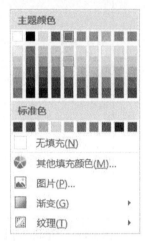

图 3-49 "形状填充"面板　　图 3-50 "形状填充样式"面板　图 3-51 "设置形状格式"对话框

（2）形状轮廓。选择待编辑的图片，单击"绘图工具/格式"功能区的"形状轮廓"按钮 ![button]，在出现的面板中可以设置轮廓线的线型、大小和颜色。

（3）形状效果。选择待编辑的图片，单击"绘图工具/格式"功能区的"形状轮廓"的下拉列表按钮 ![button]，选择一种形状效果，比如在"预设"选项中可选择任意一种预设样式。

（4）应用内置样式。选择待编辑的图片，切换到"绘图工具/格式"功能区，在"形状样式"组选择一种内置样式即可应用到图。

3.5.2　插入图片

文档中插入图片的常用方法有两种，一种是插入来自其他文件的图片，另一种是从 Word 自带的剪辑库中插入剪贴画。本节分别介绍这两种插入图片的方法。

1. 插入图片文件中的图片

用户可以将多种格式的图片插入到 Word 2016 文档中，从而创建图文并茂的 Word 文档，操作方法是，将插入点置于要插入图片的位置，在"插入"功能区的"插图"组中单击"图片"，打开"插入图片"对话框，如图 3-52 所示。在右侧窗格中找到并选中需要插入到 Word 2016 文档中的图片，然后单击"插入"按钮即可。

2. 从联机来源插入图片

可以将不同来源的图片插入到 Word 2016 文档中，操作方法如下：

（1）单击文档中想要插入图片的位置。

（2）在"插入"功能区的"插图"组中单击"图片"，打开"插入图片"对话框，单击"联机图片…"选项，会弹出如图 3-53 所示的对话框。

图 3-52　"插入图片"对话框

图 3-53　必应图像搜索

（3）在搜索框中输入搜索词查看来自必应的图像。

（4）在下方的下拉列表中找到想要的图片。

（5）单击"插入"按钮就可以将图片插入到光标所在位置。

3.5.3　编辑和设置图片格式

1. 修改图片大小

修改图片大小的操作方法除与前面介绍的修改图形的操作方法的相同之处外，也可以选定图片对象，切换到如图 3-54 所示的"图片工具/格式"功能区，在"大小"组中的"高度"和"宽度"编辑框设置图片的具体大小。

图 3-54　"图片工具/格式"功能区

2. 裁剪图片

用户可以对图片进行裁剪操作（如截取图片中最需要的部分），操作步骤如下：

（1）首先将图片的环绕方式设置为非嵌入型，选中需要进行裁剪的图片，在如图 3-54 所示的"图片工具/格式"功能区单击"大小"组中的"剪裁"按钮 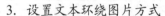。

（2）图片周围出现 8 个方向的裁剪控制柄，如图 3-55 所示，用鼠标拖动控制柄将对图片进行相应方向的裁剪，同时拖动控制柄将图片复原，直至调整合适为止。

（3）将鼠标光标移出图片，单击鼠标左键将确认裁剪。

图 3-55　裁剪图片

3. 设置文本环绕图片方式

文本环绕图片方式是指在图文混排时，文本与图片之间的排版关系，这些文字环绕方式包括"顶端居左，四周型文字环绕"等九种方式。默认情况下，图片作为字符插入到 Word 2016 文档中，用户不能自由移动图片。而通过为图片设置文字环绕方式，则可以自由移动图片的位置，操作步骤如下：

（1）选中需要设置文字环绕方式的图片。

（2）在"图片工具/格式"选项卡中单击"排列"组中的"环绕文字"下拉按钮，在打开的预设位置列表中选择合适的文字环绕方式。

如果用户希望在 Word 2016 文档中设置更多的文字环绕方式，可以在"排列"分组中单击"对齐"，在打开如图 3-56 所示的面板中选择合适的文字环绕方式即可。

Word 2016"文字环绕"命令中每种文字环绕方式的含义如下所述：

● 　嵌入型：图片占用一行，图片左右不能输入文字。

● 　四周型：文字以矩形方式环绕在图片四周。

● 　紧密型环绕：文字将紧密环绕在图片四周。

● 　穿越型环绕：文字穿越图片的空白区域环绕图片。

● 　上下型环绕：文字环绕在图片上方和下方。

● 　衬于文字下方：图片在下、文字在上分为两层。

● 　浮于文字上方：图片在上、文字在下分为两层。

图 3-56　"文字环绕"面板

● 　编辑环绕顶点：用户可以编辑文字环绕区域的顶点，实现更个性化的环绕效果。

4. 在 Word 2016 文档中添加图片题注

如果 Word 2016 文档中含有大量图片，为了能更好地管理这些图片，可以为图片添加题注。添加了题注的图片会获得一个编号，并且在删除或添加图片时，所有的图片编号会自动改变，以保持编号的连续性。在 Word 2016 文档中添加图片题注的步骤如下所述。

（1）右击需要添加题注的图片，在打开的快捷菜单中选择"插入题注"命令，或者单击选中图片，在"引用"功能区的"题注"组中单击"插入题注"按钮，打开"题注"对话框，如图 3-57 所示。

（2）在打开的"题注"对话框中单击"编号"按钮，选择合适的编号格式。

（3）返回"题注"对话框，在"标签"下拉列表中选择"图表"标签。也可以单击"新

建标签"按钮，在打开的"新建标签"对话框中创建自定义标签（例如"图"），在"位置"下
拉列表中选择题注的位置（例如"所选项目下方"），设置完毕后单击"确定"按钮。

图 3-57　"题注"对话框

（4）在 Word 2016 文档中添加图片题注后，可以单击题注右边部分的文字进入编辑状态，
并输入图片的描述性内容。

5. 在 Word 2016 文档中设置图片透明色

在 Word 2016 文档中，对于背景色只有一种颜色的图片，用户可以将该图片的纯色背景色
设置为透明色，从而使图片更好地融入到 Word 文档中。该功能对于设置有背景颜色的 Word
文档尤其适用。在 Word 2016 文档中设置图片透明色的步骤如下所述。

（1）选中需要设置透明色的图片，切换到如图 3-54 所示的"图片工具/格式"功能区，
在"调整"组中单击"颜色"下拉按钮，在打开的颜色模式列表中选择"设置透明色"选项。

（2）鼠标箭头呈现彩笔形状，将鼠标箭头移动到图片上并单击需要设置为透明色的纯色
背景，则被单击的纯色背景将被设置为透明色，从而使得图片的背景与 Word 2016 文档的背景
色一致。

以上介绍的是部分对图片格式的基本操作，如果需要对图像进行其他如填充、三维效果
和阴影效果设置等基本操作，可通过如图 3-54 所示"图片工具/格式"功能区相关按钮来实现，
也可右击，在弹出的快捷菜单中选择"设置图片格式"命令，在弹出的如图 3-58 所示的"设
置图片格式"对话框中进行相关设置。

图 3-58　"设置图片格式"对话框

3.5.4 插入艺术字

Office 中的艺术字结合了文本和图形的特点，能够使文本具有图形的某些属性，如可设置旋转、三维、映像等效果，在 Word、Excel、PowerPoint 等 Office 组件中都可以使用艺术字功能。用户可以在 Word 2016 文档中插入艺术字，操作步骤如下：

（1）将插入点光标移动到准备插入艺术字的位置。

（2）切换到"插入"功能区，单击"文本"组中的"艺术字"按钮，在打开的"艺术字预设样式"面板中选择合适的艺术字样式。

（3）在艺术字文字编辑框中直接输入艺术字文本，用户可以对输入的艺术字分别设置字体和字号等操作。

（4）在编辑框外单击即可完成。

若需对艺术字的内容、边框效果、填充效果或艺术字效果进行修改或设置，可选中艺术字，在如图 3-48 所示的"绘图工具/格式"功能区中单击相关按钮功能完成相关设置。

3.5.5 插入文本框

通过使用文本框，用户可以将 Word 文本很方便地放置到 Word 2016 文档页面的指定位置，而不必受到段落格式、页面设置等因素的影响，可以像处理一个新页面一样来处理文字，如设置文字的方向、格式化文字、设置段落格式等。文本框有两种，一种是横排文本框，一种是竖排文本框。Word 2016 内置有多种样式的文本框供用户选择使用。

1. 插入文本框

（1）用户可以先插入一个空文本框，再输入文本内容或者插入图片，在"插入"功能区的"文本"组中单击"文本框"下拉按钮，选择合适的文本框类型，然后返回 Word 2016 文档窗口，在要插入文本框的位置拖动文本框框边至大小适当后松开鼠标，即可完成空文本框的插入，然后输入文本内容或者插入图片。

（2）用户也可以将已有内容设置为文本框，选中需要设置为文本框的内容，在"插入"功能区的"文本"组中单击"文本框"，在打开的"文本框"面板中选择"绘制文本框"或"绘制竖排文本框"选项，被选中的内容将被设置为文本框。

2. 设置文本框格式

在文本框中处理文字就像在一般页面中处理文字一样，可以在文本框中设置页边距，同时也可以设置文本框的文字环绕方式、大小等。

要设置文本框格式时，右击文本框边框，在弹出的快捷菜单中选择"设置形状格式"选项（图 3-59），将弹出如图 3-60 和图 3-61 所示的"设置形状格式"对话框。在该对话框中主要可完成如下设置：

（1）设置文本框的线条和颜色，在"线条颜色"区中可根据需要进行具体的颜色设置。

（2）设置文本框格式内部边距，在"文本框"区中的内部边距区输入文本框与文本之间的间距即可。

若要设置文本框"版式"，右击文本框边框，选择"其他布局选项"

图 3-59 "设置形状格式"选项

命令，在打开的"布局"对话框的"版式"选项卡中进行类似于图片"版式"的设置即可。

另外，如果需要设置文本框的大小、文字方向、内置文本样式、三维效果和阴影效果等其他格式，可单击文本框对象，切换到如图 3-48 所示的"绘图工具/格式"功能区，通过相应的功能按钮来实现。

图 3-60　"设置形状格式"对话框 1　　　　图 3-61　"设置形状格式"对话框 2

3.5.6　插入 SmartArt 图形

Word 2016 提供了 SmartArt 功能，用户可以在 Word 2016 文档中插入格式各异、表现力丰富的 SmartArt 示意图，操作步骤如下：

（1）将插入点光标移动到准备插入 SmartArt 图形的位置。

（2）切换到"插入"功能区，单击"插图"组中的"SmartArt"按钮 ，在打开的"选择 SmartArt 图形"样式面板中选择合适的类别，然后在对话框右侧单击选择需要的 SmartArt 图形，最后单击"确定"按钮，如图 3-62 所示。

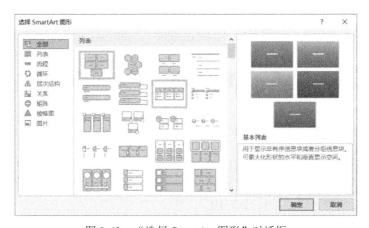

图 3-62　"选择 SmartArt 图形"对话框

（3）返回 Word 2016 文档窗口，在插入的 SmartArt 图形中单击文本占位符，输入合适的文字即可，如图 3-63 所示。

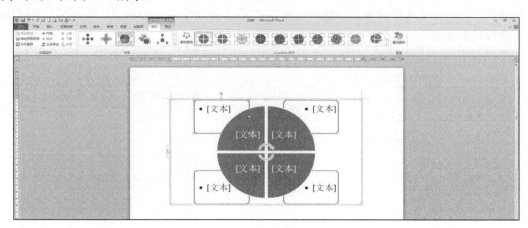

图 3-63　SmartArt 图形文本输入

3.5.7　插入公式

对于一些比较复杂的数学公式的输入，如积分公式、求和公式等，Word 2016 中内置了公式编写和编辑功能，可以在行文时非常方便地编辑公式。在文档中插入公式的方法有以下两种。

（1）将插入点置于公式插入位置，使用快捷键 Alt+=，系统自动在当前位置插入一个公式编辑框，同时出现如图 3-64 所示的"公式工具/设计"选项卡，单击相应按钮可在编辑框中编写公式。

（2）切换到"插入"功能区，在"符号"组中单击"公式"按钮 π，插入一个公式编辑框，然后在其中编写公式，或者单击"公式"按钮下方的下三角，在内置公式的下拉菜单中选择直接插入一个常用数学公式。

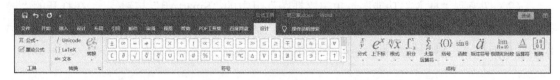

图 3-64　"公式工具/设计"功能区

3.6　文档的页面设置与打印

3.6.1　页眉和页脚的设置

页眉和页脚通常用于打印文档。在页眉和页脚中可以包括页码、日期、公司徽标、文档标题、文件名或作者名等文字或图形，这些信息通常打印在文档每页的顶部或底部。页眉打印在上页边距中，而页脚打印在下页边距中。

在文档中可以自始至终用同一个页眉或页脚，也可以在文档的不同部分用不同的页眉或页脚。例如，可以在首页上使用与众不同的页眉或页脚或者不使用页眉或页脚，还可以在奇数页和偶数页上使用不同的页眉或页脚，而且文档不同部分的页眉或页脚也可以不同。

1. 添加页码

页码通常是页眉或页脚中的一部分（可以放在页眉或页脚中），对于一个长文档，页码是必不可少的，为了方便，Word 2016 单独设立了"插入页码"功能。

如果用户希望每个页面都显示页码，并且不希望包含任何其他信息（例如，文档标题或文件位置），则可以选择快速添加库中的页码，也可以选择创建自定义页码。

（1）从库中添加页码。切换到"插入"功能区，在如图 3-65 所示的"页眉和页脚"组中单击"页码"按钮，选择所需的页码位置，然后滚动浏览库中的选项，单击所需的页码格式即可。若要返回至文档正文，只要单击"页眉和页脚工具/设计"选项卡的"关闭页眉和页脚"按钮即可。

（2）添加自定义页码。双击页眉区域或页脚区域，出现"页眉和页脚工具/设计"选项卡，在如图 3-66 所示的"位置"组中，单击"插入对齐制表位"设置对齐方式，若要更改编号格式，单击"页眉和页脚"组中的"页码"下拉按钮，选择"设置页码格式"选项。单击"页眉和页脚工具/设计"选项卡的"关闭页眉和页脚"命令即可返回文档正文。

图 3-65　"页眉或页脚"组

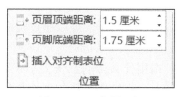

图 3-66　"位置"组

2. 添加页眉或页脚

在如图 3-65 所示的"页眉和页脚"组中，单击"页眉"按钮或"页脚"按钮，在打开的面板中选择"编辑页眉"或"编辑页脚"按钮，定位到文档中的位置。接下来有两种方法完成页眉或页脚内容的设置，一种是从库中添加页眉或页脚内容，另外一种就是自定义添加页眉或页脚内容。单击"页眉和页脚工具"功能区的"设计"选项卡的"关闭页眉和页脚"即可返回至文档正文。

3. 在文档的不同部分添加不同的页眉/页脚或页码

可以只向文档的某一部分添加页码，也可以在文档的不同部分使用不同的编号格式。例如，用户可能希望对目录和简介采用 i、ii、iii 编号，对文档的其余部分采用 1、2、3 编号，而不会对索引采用任何页码。此外，还可以在奇数页和偶数页上采用不同的页眉或页脚。

（1）在不同部分添加不同的页眉或页脚。

1）单击要在其中开始设置、停止设置或更改页眉或页脚编号的页面开头。

2）切换到"布局"功能区，单击"页面设置"组中的"分隔符"，选择"下一页"命令。

3）双击页眉区域或页脚区域，打开"页眉和页脚工具/设计"功能区，在"导航"组中单击"链接到前一节"项以禁用它。

4）选择页眉或页脚，然后按 Delete 键。

5）若要选择编号格式或起始编号，单击"页眉和页脚"组中的"页码"→"设置页码格式"按钮，在弹出的"页码格式"对话框中单击所需格式和要使用的起始编号，然后单击"确定"按钮。

6）若要返回至文档正文，选择"页眉和页脚工具/设计"功能区上的"关闭页眉和页脚"命令。

（2）在奇数和偶数页上添加不同的页眉、页脚或页码。

1）双击页眉区域或页脚区域，打开"页眉和页脚工具/设计"功能区，在"选项"组中勾选"奇偶页不同"复选框。

2）在其中一个奇数页上，添加要在奇数页上显示的页眉、页脚或页码编号。

3）在其中一个偶数页上，添加要在偶数页上显示的页眉、页脚或页码编号。

4）若要返回至文档正文，选择"页眉和页脚工具/设计"功能区上的"关闭页眉和页脚"命令。

4. 删除页眉和页脚

双击页眉或页脚，然后选择页眉或页脚，再按 Delete 键。然后在具有不同页眉或页脚的每个分区中重复上面操作即可。

3.6.2　页面设置

Word 默认的页面设置是以 A4（21 厘米×29.7 厘米）为大小的页面，按纵向格式编排与打印文档。如果不适合，可以通过页面设置进行改变。

1. 设置纸型

纸型是指用什么样的纸张大小来编辑、打印文档，这一点很关键，因为编辑的文档最终要打印到纸上，只有根据用户对纸张大小的要求来排版和打印，才能满足用户的要求。设置纸张大小的方法是切换到"布局"功能区，在图 3-67 所示的"页面设置"组中单击"纸张大小"按钮，在弹出的列表中选择合适的纸张类型。或者在如图 3-67 所示的"页面设置"组中，单击"页面设置"对话框启动器，出现如图 3-68 所示的"页面设置"对话框，单击"纸张"选项卡，选择合适的纸张类型。

图 3-67　"页面设置"组　　　　　　图 3-68　"页面设置"对话框

2. 设置页边距

页边距是指对于一张给定大小的纸张，相对于上、下、左、右四个边界分别留出的边界尺寸。通过设置页边距，可以使 Word 2016 文档的正文部分跟页面边缘保持比较合适的距离。在 Word 2016 文档中设置页面边距有两种方式：

（1）在图 3-67 所示"页面设置"组中单击"页边距"按钮，在打开的常用页边距列表中选择合适的页边距。

（2）在图 3-68 所示的"页面设置"对话框中切换到"页边距"选项卡，在"页边距"区域分别设置上、下、左、右的数值。

3. 使用分隔符

分隔符是指在表示节的结尾处插入的标记。通过在 Word 2016 文档中插入分隔符可以将 Word 文档分成多个部分。每个部分可以有不同的页边距、页眉/页脚、纸张大小等不同的页面设置。如果不再需要分隔符，可以将其删除。删除分隔符后，被删除分隔符前面的页面将自动应用分隔符后面的页面设置。分隔符分为"分节符"和"分页符"两种。

（1）插入分隔符。将光标定位到准备插入分隔符的位置。在如图 3-67 所示的"页面设置"组中单击"分隔符"按钮 ，在打开的分隔符列表中选择合适的分隔符即可。

（2）删除分隔符。

1）打开已经插入分隔符的 Word 2016 文档，在"文件"选项中单击"选项"按钮，打开"Word 选项"对话框。

2）切换到"显示"选项卡，在"始终在屏幕上显示这些格式标记"区域勾选"显示所有格式标记"复选框，并单击"确定"按钮。

3）返回 Word 2016 文档窗口，在"开始"功能区中，单击"段落"组中的"显示/隐藏编辑标记" 按钮以显示分隔符，在键盘上按 Delete 键删除分隔符即可。

3.6.3　打印预览及打印

在新建文档时，Word 对纸型、方向、页边距以及其他选项应用默认的设置，但用户可以随时改变这些设置，以排出丰富多彩的版面格式。

1. 打印预览

用户可以通过使用"打印预览"功能查看 Word 2016 文档打印出的效果，以及时调整页边距、分栏等设置，具体操作步骤如下：

（1）在"文件"选项中单击"打印"按钮，打开"打印"面板，如图 3-69 所示。

（2）在"打印"面板右侧预览区域可以查看 Word 2016 文档打印预览效果，用户所进行的纸张方向、页面边距等设置都可以通过预览区域查看效果。用户还可以通过调整预览区下面的滑块改变预览视图的大小。

（3）若需要调整页面设置，可单击"页面设置"按钮来调整打印效果。

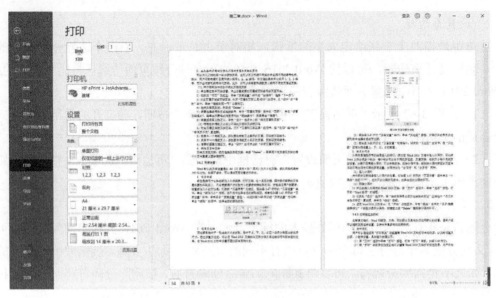

图 3-69　"打印"面板

2. 打印文档

打印文档之前，要确定打印机的电源已经接通并且处于联机状态。为了稳妥起见，最好先打印文档的一页查看实际效果，确定没有问题时再将文档的其余部分打印出来，如果用户对文档的打印结果很有把握则可直接打印全文。具体打印操作步骤如下：

（1）打开要打印的 Word 2016 文档。

（2）打开如图 3-69 所示的"打印"面板，在"打印"面板中单击"打印机"下三角按钮，选择电脑中安装的打印机。

（3）若仅想打印部分内容，在"设置"项选择打印范围，在"页数"文本框中输入页码范围，用逗号分隔不连续的页码，用连字符连接连续的页码。例如，要打印页码为 2、5、6、7、11、12、13 的内容，可以"页数"在文本框中输入"2，5-7，11-13"。

（4）如果需打印多份，可在"份数"数值框中设置打印的份数。

（5）如果要双面打印文档，设置"手动双面打印"选项。

（6）如果要在每版打印多页，设置"每版打印页数"选项。

（7）单击"打印"按钮即可开始打印。

3.7　高级应用功能

3.7.1　编制目录和索引

1. 编制目录

（1）目录概述。目录是文档中标题的列表，可以在目录的首页按住 Ctrl 键并单击左键跳到目录所指向的章节，也可以打开视图导航窗格，显示整个文档结构。Word 2016 提供了目录编制与浏览功能，可使用 Word 中的内置标题样式和大纲级别设置自己的标题格式。

标题样式：应用于标题的格式样式，Word 2016 有七个不同的内置标题样式。

大纲级别：应用于段落格式等级，Word 2016 有九级段落等级。

（2）用内置标题样式创建标题级别。

1）选择要设置为标题的段落。

2）切换到"开始"功能区，在"样式"组中单击"标题样式"按钮即可。（若需修改现有的标题样式，在标题样式上右击，在弹出的快捷菜单中选择"修改"命令，在弹出的"修改样式"对话框中进行样式修改）。

3）对希望包含在目录中的其他标题重复进行步骤1）和2）的操作。

4）设置完成后，单击"关闭大纲视图"按钮，返回到页面视图。

（3）用大纲级别创建标题级别。

1）切换到"视图"功能区，在"文档视图"组中单击"大纲视图"按钮 ，将文档显示在大纲视图。

2）切换到"大纲显示"功能区，在"大纲工具"分组中选择目录中显示的标题级别数，如图 3-70 所示。

3）选择要设置为标题的各段落，在"大纲工具"组中分别设置各段落级别。

图 3-70　"大纲"功能区

（4）编制目录。通过使用大纲级别或标题样式设置指定目录要包含的标题之后，可以选择一种设计好的目录格式生成目录，并将目录显示在文档中。操作步骤如下：

1）确定需要制作几级目录。

2）使用大纲级别或内置标题样式设置目录要包含的标题级别。

3）单击插入目录的位置，切换到"引用"功能区，在"目录"组中单击"目录"按钮，选择"自定义目录"命令，出现如图 3-71 所示的"目录"对话框。

4）打开"目录"选项卡，在"格式"下拉列表框中选择目录格式，根据需要设置其他选项。

5）单击"确定"按钮即可生成目录。

（5）更新目录。在页面视图中右击目录中的任意位置，从弹出的快捷菜单中选择"更新域"命令，在弹出的"更新目录"对话框中选择更新类型，单击"确定"按钮，目录即被更新。

（6）使用目录。当在页面视图中显示文档时，目录中将包括标题及相应的页码，在目录上通过按住 Ctrl 键并单击左键可以跳到目录所指向的章节；当切换到 Web 版式视图时，标题将显示为超链接，这时用户可以直接跳转到某个标题。若要在 Word 中查看文档时进行快速浏览，可以打开视图导航窗格。

2. 编制索引

目录可以帮助读者快速了解文档的主要内容，索引可以帮助读者快速查找需要的信息。

生成索引的方法是切换到"引用"功能区，在"索引"组中单击"插入索引"按钮，打开如图 3-72 所示的"索引"对话框，在对话框中设置选择相关的项，单击"确定"按钮即可。

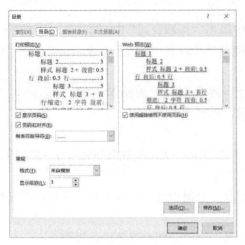

　　图 3-71　"目录"对话框　　　　　　　　　图 3-72　"索引"对话框

如果想将上次索引项直接出现在主索引项下面而非缩进形式排列，选择"接排式"类型。如果选择多于两列，选择"接排式"则各列之间不会拥挤。

3.7.2　文档的修订与批注

1．修订和批注的意义

为了便于联机审阅，Word 2016 允许在文档中快速创建修订与批注。

（1）修订：显示文档中所做的诸如删除、插入，或其他编辑、更改的位置的标记，启动"修订"功能后，对删除的文字会以一横线在字体中间，字体为红色，添加的文字也会以红色字体呈现；当然，用户也可以修改成自己喜欢的颜色。

（2）批注：指作者或审阅者为文档添加的注释。为了保留文档的版式，Word 2016 在文档的文本中显示一些标记元素，而其他元素则显示在边距上的批注框中，在文档的页边距或"审阅窗格"中显示批注，如图 3-73 所示。

图 3-73　修订与批注示意图

2．修订操作

（1）标注修订：切换到"审阅"功能区，在"修订"组中单击"修订"下三角按钮，选择"修订"命令（或按 Ctrl＋Shift＋E 快捷键）启动修订功能。

（2）取消修订：启动修订功能后，再次在"修订"组中单击"修订"下三角按钮，选择"修订"命令（或按 Ctrl＋Shift＋E 快捷键）关闭修订功能。

（3）接受或拒绝修订：用户可对修订的内容选择接受或拒绝修订，在"审阅"功能区的"更改"分组中单击"接受"或"拒绝"按钮即可完成相关操作。

3．批注操作

（1）插入批注：选中要插入批注的文字或插入点，在"审阅"功能区中的"批注"组中单击"新建批注"按钮 ▭，输入批注内容。

（2）删除批注：若要快速删除单个批注，用鼠标右键单击批注，然后从弹出的快捷菜单中选择"删除批注"命令即可。

3.7.3　窗体操作

如果要创建可供用户在 Word 2016 文档中查看和填写的窗体，需要完成以下几个步骤。

1．创建一个模板

新建一个文档或打开该模板基于的文档或模板。单击"文件"选项卡，选择"另存为"选项，在"保存类型"框中选择"文档模板"，在"文件名"框中输入新模板的名称，然后单击"保存"按钮。

2．建立"窗体域"和"锁定"工具按钮

选择"文件"→"选项"→"自定义功能区"，在"从下列位置选择命令"下拉框中选择"不在功能区中的命令"选项，在列表中选择"插入窗体域"，在"主选项卡"下勾选"视图"，单击"新建组"→"添加"，再单击右下角"确定"按钮即可建立"窗体域"。用同样方法建立"锁定"按钮，在"视图"功能区将出现"窗体"组，如图 3-74 如示。

图 3-74　"窗体"组

3．为文本、复选框和下拉型框添加窗体域

（1）插入一个用户可在其中输入文字的填充域。选择文档中的插入点，单击"窗体域"按钮，弹出如图 3-75 所示的"窗体域"对话框，选择"文字"单选按钮，单击"确定"按钮，再双击域以指定一个默认输入项。这样如果用户不需要更改相应的内容，就不必自行输入。

（2）插入可以选定或清除的复选框。在"窗体域"对话框中选择"复选框型"单选按钮，双击"复选框型"窗体域，出现如图 3-76 所示的"复选框窗体域选项"对话框。在此对话框中可设置或编辑窗体域的属性，可使用该按钮在一组没有互斥性的选项（即可同时选中多个选项）旁插入一个复选框。

图 3-75　"窗体域"对话框

（3）插入下拉型框。在"窗体域"对话框中单击"下拉型"按钮，双击"下拉型"窗体域，出现如图 3-77 所示的"下拉型窗体域选项"对话框。若要添加一个项目，可在"下拉项"框中输入项目的名称，再单击"添加"按钮。

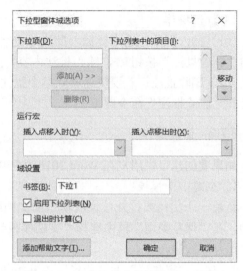

图 3-76　"复选框窗体域选项"对话框　　　　图 3-77　"下拉型窗体域选项"对话框

4. 对窗体增加保护

单击视图工具栏上的锁定按钮，这样除了含有窗体域的单元格外，表格的其他地方都无法进行修改。此时单击任一窗体域单元格，在单元格的右侧会出现一个下拉三角图标，单击该图标会弹出下拉列表供用户选择。全部选择好后，再单击"保护窗体"按钮即可解除锁定。为便于今后反复使用窗体，可将窗体文档以模板方式保存。

3.7.4　邮件合并

使用"邮件合并"操作可创建套用信函、邮件标签、信封、目录及大量电子邮件和传真。

1. 基本概念

（1）在 Word 的邮件合并操作中，主文档是指其所含文本和图形对合并文档的每个版本都相同的文档，例如套用信函中的寄信人的地址和称呼等。通常，主文档在新建立时应该是一个不包含其他内容的空文档。

（2）数据源是指包含要合并到文档中的信息的文件。例如要在邮件合并中使用的名称和地址列表。必须连接到数据源才能使用数据源中的信息。

（3）数据记录是指对应于数据源中一行信息的一组完整的相关信息。例如，客户邮件列表中的有关某位客户的所有信息为一条数据记录。

（4）合并域是指可插入主文档中的一个占位符。例如，插入合并域"城市"，即让 Word 插入"城市"数据字段中存储的城市名称，如"哈尔滨"。

（5）套用就是根据合并域的名称用相应数据记录取代，以实现成批信函、信封的录制。

2. 合并邮件的方法

"邮件合并向导"用于帮助用户在 Word 2016 文档中完成信函、电子邮件、信封、标签或目录的邮件合并工作，采用分步完成的方式进行，因此更适用于需要使用邮件合并功能的普通用户。下面以使用"邮件合并向导"创建邮件合并信函为例，操作步骤如下：

（1）打开 Word 2016 文档窗口，切换到"邮件"功能区。在"开始邮件合并"组中单击"开始邮件合并"下拉按钮，在打开的菜单中选择"邮件合并分步向导"命令。

（2）打开"邮件合并"任务窗格，在"选择文档类型"向导页选中"信函"单选按钮，并单击"下一步：正在启动文档"超链接。

（3）在打开的"选择开始文档"向导页中选中"使用当前文档"单选按钮，并单击"下一步：选取收件人"超链接。

（4）打开"选择收件人"向导页，选中"从 Outlook 联系人中选择"单选按钮，并单击"选择'联系人'文件夹"超链接。

（5）在打开的"选择配置文件"对话框中选择事先保存的 Outlook 配置文件，然后单击"确定"按钮。

（6）打开"选择联系人"对话框，选中要导入的联系人文件夹，单击"确定"按钮。

（7）在打开的"邮件合并收件人"对话框中，可以根据需要取消选中的联系人。如果需要合并所有收件人，直接单击"确定"按钮。

（8）返回 Word 2016 文档窗口，在"邮件合并"任务窗格的"选择收件人"向导页中单击"下一步：撰写信函"超链接。

（9）打开"撰写信函"向导页，将插入点光标定位到 Word 2016 文档顶部，然后根据需要单击"地址块""问候语"等超链接，并根据需要撰写信函内容。撰写完成后单击"下一步：预览信函"超链接。

（10）在打开的"预览信函"向导页可以查看信函内容，单击"上一个"或"下一个"按钮可以预览其他联系人的信函。确认没有错误后单击"下一步：完成合并"超链接。

（11）打开"完成合并"向导页，用户既可以单击"打印"超链接开始打印信函，也可以单击"编辑单个信函"超链接针对个别信函进行再编辑。

3.8　实战演练——论文编辑排版

学习目标

- 掌握页面设置方法。
- 掌握标题样式的创建方法。
- 掌握多级符号的使用方法。
- 掌握样式的应用。
- 掌握图、表自动编号方法。
- 掌握图表目录的插入方法。
- 掌握分节符的应用。
- 掌握页眉/页脚的设置方法。
- 掌握生成目录的方法。

3.8.1　实例简介

毕业论文是每个大学生毕业前都要完成的一个学习任务。大学生撰写毕业论文的目的主要有两个方面：一是对学生掌握的知识与能力进行一次全面的考核；二是对学生进行科学研究基本功的训练，培养学生综合运用所学知识独立地分析问题和解决问题的能力。但论文的排版是令很多人头疼的问题，尤其是在论文需要多次修改时更加令人头疼。本章将提供一些用 word 进行论文排版的技巧，让论文排版更加方便和轻松，以便把更多的精力放在论文的内容上而不是文字的编排上。这些技巧不只在论文写作中可以使用，在写其他文档时也可以使用。

毕业论文通常由题目、摘要、目录、绪论、正文、结论、参考文献等部分组成，是 Word 排版里比较复杂的一个应用。毕业论文的文档较长且各部分内容格式复杂，需要用到很多操作，如样式修改和应用、多级符号的应用、图表的自动编号、分节符的插入、目录的自动生成等。本章通过毕业论文排版实例，学习 Word 2016 中的页面设置、标题样式的创建和应用、多级符号的使用、图表的自动编号、分节符的插入、页眉页脚的设置、目录的生成等基本操作。

3.8.2 实例制作

制作要求：使用 16 开纸；每页打印 30 行，每行 40 个字符；有封面和目录，并且封面没有页码，目录的页码要求是大写的罗马数字，目录之后为第 1 页；除封面和目录外，奇偶页的页眉不同，页码在页面底端的居中位置显示，单页打印。

1．设置页面格式

打开文档"D:\OFFICE\素材\第 3 章\基于 SOA 的可视化构件技术及应用.docx"，同时设置文档页面格式，页面大小为 15cm×25cm，根据打印方式预留装订线。

操作步骤如下：

（1）打开 Word 2016，单击"文件"→"打开"，在计算机中选择路径"D:\OFFICE\素材\第 5 章"，找到文件"基于 SOA 的可视化构件技术及应用.docx"，单击"打开"按钮打开文件。

（2）选择"布局"功能区，单击"页面设置"组的"纸张大小"，设置纸张大小为 A4，由于页面的打印方式分单面打印和双面打印两种，所以装订线的设置也各有不同。单面打印：可以不设置装订线位置，而在装订的边距上增加宽度即可，设置"页边距"上为"2.7 厘米"、下为"2 厘米"、左为"3.5 厘米"、右为"2.5 厘米"；双面打印：设置"装订线"为"1 厘米"，"页边距"上为"2.7 厘米"、下为"2 厘米"、左为"2.5 厘米"、右为"2.5 厘米"。本文档以单面打印来排版，使用单面打印的装订线设置方法。

2．设置和应用样式

本案例对标题和正文的格式要求见表 3-1，要求使用样式设置。

表 3-1　标题和正文的格式要求

名称	字体	字号	对齐方式/缩进	间距
一级标题	宋体	三号	居中对齐	多倍行距 2.41，段前 17 磅，段后 16.5 磅
二级标题	宋体	四号	左对齐	多倍行距 1.73，段前、段后 13 磅
三级标题	宋体	小四	左对齐	多倍行距 1.73，段前、段后 13 磅
正文	宋体	小四	两端对齐，首行缩进 2 字符	固定值 18 磅

操作步骤如下：

（1）在"开始"功能区下的"样式"组中的"标题 1"样式名上右击，在弹出的快捷菜单中选择"修改"命令，"样式"组如图 3-78 所示。

图 3-78　"样式"组

（2）在"修改样式"对话框中可以修改样式名称、样式基准等，如图 3-79 所示，单击左下角的"格式"按钮，可以在弹出的"格式"界面中定义该样式的字体、段落等格式；勾选图 3-79 中的下方的"自动更新"复选框可以让应用了该样式的文字或者段落自动更新。

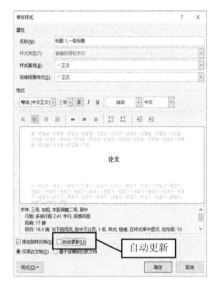

图 3-79　"修改样式"对话框

（3）为了便于管理样式，也可以新建样式。单击"样式"组中的"创建样式"按钮，如图 3-80 所示，打开"根据格式设置创建新样式"对话框（该对话框与图 3-79 中的"修改样式"对话框相同）。输入样式名称，在"样式基准"中选"正文"，意为在"正文"这个样式的基础上创建此样式，在"后续段落样式"中选择输入的样式名称，意为套用了此样式的正文，其后续新建的段落也默认继续套用此样式。然后可以在"格式"界面中设置字体、段落等样式，设置完成后单击"确定"按钮，即可在样式列表和样式窗格中看到新建的样式。

注意："正文"样式是 Word 中最基础的样式，不要轻易修改它，它一旦被改变，将会影响所有基于"正文"样式的其他样式的格式；另外，尽量利用 Word 内置样式，尤其是标题样式，这样可使相关功能（如根据标题样式提取生成目录）更简单。

（4）为了方便下文的应用可以为"标题 1""标题 2""标题 3"分别添加快捷键"Ctrl+1""Ctrl+2""Ctrl+3"。找到想要添加快捷键的样式，右击，在弹出的快捷菜单中选择"修改"命令，在弹出的"修改样式"对话框中单击"格式"按钮，选择"快捷键"命令，在打开的"自定义键盘"对话框中单击"请按新快捷键"的编辑栏，同时按下键盘的"Ctrl+1"键，在编辑栏出现"Ctrl+1"后，单击"指定"按钮进行添加，如图 3-81 所示。

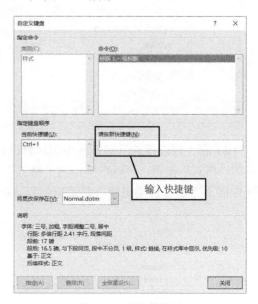

图 3-80　"创建样式"按钮　　　　　　　　图 3-81　指定快捷键

（5）选中需要设置为一级标题的文本，例如"摘要"，单击"样式"组中的"标题 1"样式（或者使用快捷键"Ctrl+1"），这样就为"摘要"应用了"标题 1"样式。

（6）用同样的方法，为其他的一级标题、二级标题、三级标题和正文应用相应的样式，如果在修改正文样式时勾选了"自动更新"复选框，则不需要应用样式也可以达到修改正文的目的。

（7）在设置标题的同时还需将数字以及英文字母改为"Times New Roman"字体。

3. 图片和表格的自动编号

为文档中所有的图片和表格插入自动编号的题注，其中图片的题注在图片下方居中位置，并且图片要按在章节中出现的顺序分章编号。

操作步骤如下：

（1）选中"1.1.4 构件的技术发展现状"中的第一个图，选择"引用"功能区下"题注"组中的"插入题注"命令，如图 3-82 所示。

（2）在弹出的"题注"对话框中的"题注"编辑栏中默认为"Table 1"，由标签加编号组合而成，由于默认的"标签"中并没有"图"的标签，所以需新建标签，如图 3-83 所示。

图 3-82　插入题注　　　　　　　　　图 3-83　"题注"对话框

（3）因为本例中章节号是中文，不能在"题注编号"对话框中勾选"包含章节号"复选框进行自动编号，只能按章节建立各章节图的标签，单击"新建标签"按钮，在"标签"文本框中输入"图 1-"作为标签，如图 3-84 所示。

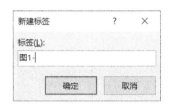

图 3-84　新建标签

（4）单击"确定"按钮回到"题注"对话框，"题注"编辑栏已经显示"图 1-1"，在"位置"选项中选择"所选项目下方"（表格选择"所选项目上方"），再单击"确定"按钮，这幅图片的题注就插入到图的下方。然后在图的编号后输入图题，并设置字体为"宋体""小五""居中对齐"。

（5）当需要对第二个图添加题注时，只需选中该图，选择"引用"功能区下"题注"组中的"插入题注"，在标签中选择对应的标签"图 2-"（当章节改变时要注意新建标签），之后的编号会自动增加，单击"确定"按钮后，图的题注会自动插入到图的下一行，接着输入图题和设置图题字体格式即可。

（6）用上述的方法为文档所有的图片和表格添加题注。

4. 插入封面

创建封面有 3 种方法。

方法一：使用 Word 的内置封面样式为文档添加一个封面，并在相应位置输入标题和作者等信息，插入 Word 的内置封面只能使用内置样式或者是在 Office.com 中下载。

方法二：使用外部插入的图片、图形、艺术字和文本框，然后自行编辑。

方法三：自定义封面，即自由选择封面插入的图片和文字，并排版至合适大小。

本文档为了方便格式的修改，使用方法三完成。操作步骤如下：

（1）选中封面文字"论文"，设置字号为"小初"，字体为"黑体""加粗"，排列方式为"居中"，段前间距为"段前 3 行"，字符宽度为"4 字符"。

（2）选中第一个选项"学位论文题目"，设置字号为"三号"，字体为"宋体"，排列方式为"左对齐"，段前间距为"段前 10 行"，字符宽度为"8 字符"。

（3）选中其他选项，设置字号为"三号"，字体为"宋体"，排列方式为"左对齐"，字符宽度为"8 字符"。

（4）选中时间"年月"设置字号为"三号"，字体为"宋体"，排列方式为"居中"。

5. 创建文档目录

当整篇文档的格式、章节号、标题格式和题注等全部设置完成后，就可以生成目录了。此时生成目录会变得很简单，因为目录的内容是 Word 自动从文档中抽取出那些带有级别标题的段落来组成的。

操作步骤如下：

（1）把光标定位到需要插入目录的位置，本文档为"第一章　绪论"标题前，单击"引用"功能区下"目录"按钮，在下拉菜单中有默认的"手动目录""自动目录 1""自动目录 2""自定义目录"命令，其中"手动目录"命令需要自行编辑目录的标题和页码，"自动目录"命令是按照一定的格式抽取标题样式生成的，这里选择"自定义目录"命令，如图 3-85 所示。

（2）在弹出的"目录"对话框中的"目录"选项卡下的"打印预览"中可以看到目录的预览效果，勾选"显示页码""页码右对齐"复选框并结合"制表符前导符"可以设置目录的样式，如图 3-86 所示。

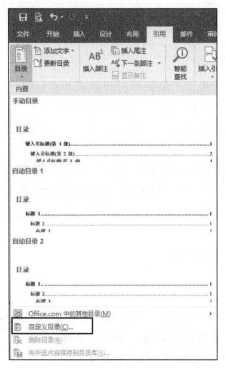

图 3-85　插入目录操作　　　　　　　　图 3-86　"目录"对话框

（3）设置好后单击"确定"按钮即可自动生成目录。然后在目录上方居中的位置输入"目录"，设置字体样式为"标题 1"，同时也可以选中目录的文字并设置文字和段落格式，让目录更美观，如图 3-87 所示。

（4）目录还具备更新功能，当文档中的章节改动导致页码与目录不一致时，在"目录"选项中单击右侧"更新目录"按钮，如图 3-88 所示。如果只是页码改动，在弹出的"更新目录"对话框中选中"只更新页码"单选按钮即可；如果章节内容有增减，则选中"更新整个目录"单选按钮。

注意：目录生成后有时会有灰色的底纹，这是 Word 的域底纹，打印时是不会打印出来的。

6. 创建图、表目录

在文档目录的下方再插入一个图、表目录。

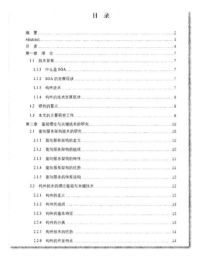

图 3-87　生成目录效果图

 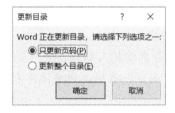

图 3-88　更新目录

操作步骤如下：

（1）将光标定位在需要创建图、表目录的位置。

（2）选择"引用"功能区下"题注"组中的"插入表目录"命令，弹出"图表目录"对话框。

（3）在"图表目录"选项卡中的"题注标签"下拉列表中选择要创建索引的内容对应的题注"图 2-"，如图 3-89 所示。

图 3-89　"图表目录"对话框

（4）单击"确定"按钮即可完成图、表目录的创建，然后在目录的上方居中位置输入"图、表目录"，设置字体为"宋体""三号"，同时也可以选中图、表目录中的文字并设置文字和段落格式，让目录更美观，生成的图、表目录效果图如图3-90所示。

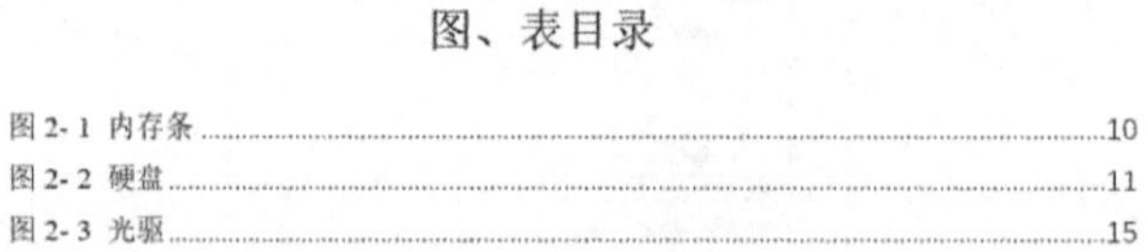

图、表目录

图 3-90　图、表目录效果图

（5）图、表目录同样具备文档目录的更新功能，当文档的章节改动导致页码与目录不一致时使用"更新图表目录"功能即可。

注意：

（1）可将图的编号制作成书签并引用，实现了图的自动编号。比如在第 3 章第一个图前再插入一张图后，word 会自动把原来的第一张图的题注"图 3-1"改为"图 3-2"。

（2）图的编号改变时，文档中的引用有时不会自动更新，可以右击引用文字，在弹出的菜单中选择"更新域"命令。

（3）表格编号需要插入题注，也可以选中整个表格后右击，选择"题注"选项，但要注意表格的题注一般在表格上方。

7. 插入分节符

本文档分为 14 个部分，需要插入 13 个分节符，封面为第一节，摘要为第二节，Abstract 为第三节，目录为第四节，图、表目录为第五节，正文分为 5 个部分，各占一节，结论为第十一节，致谢为第十二节，参考文献为第十三节，附录为第十四节。

操作步骤如下：

（1）为了在插入分节符的时候能明确位置并看到提示文字，先设置标记高亮显示，单击"开始"功能区下"段落"组中的"显示/隐藏编辑标记"按钮。

（2）将光标定位在封面结尾处，单击"布局"功能区的"分隔符"按钮，在下拉列表中选择"分节符"→"下一页"命令，如图 3-91 所示。

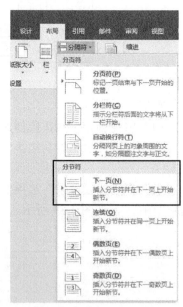

图 3-91　插入分节符

（3）切换到"摘要"结尾处，重复插入分节符操作，可以看到在结尾处出现"分节符（下一页）"的标记（图 3-92），表示分节符插入成功。为每个部分插入分节符，如果插入分隔符导致下一页多出一个无用的空行，删除该行即可。

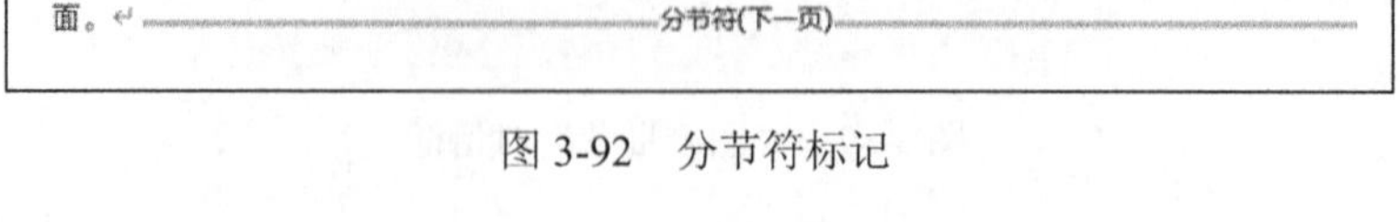

> XMLHttpRequest 对象异步提交信息，将用户的输入在后台提交到服务器而无需刷新这个页面。↵————————————分节符(下一页)——————————

图 3-92　分节符标记

注意：当有的图片或表格太大，无法在纵向版面中清晰显示，需要临时切换成横向版面时，也可以使用分节的方式解决纵向版面与横向版面混排的问题，操作过程如下：①在该版面前后各插入一个分节符；②在"页面设置"中设置该页版面为横向即可。

8. 页眉设置

按照文档的格式设置要求，封面、摘要以及目录不需要设置页眉，文档正文部分按如下设置：奇数页设置为"当前节标题 1 内容"，偶数页设置为"基于 SOA 的可视化构件技术及应用"，字体为"宋体""五号""居中对齐"。

操作步骤如下：

（1）单击"布局"功能区下"页面设置"组的对话框启动器，在弹出的"页面设置"对话框中选择"布局"选项卡，在"页眉和页脚"中勾选"奇偶页不同"复选框，设置"页眉"距边界为"1.5 厘米"，设置"页脚"距边界为"1.75 厘米"，在"预览"下的"应用于"下拉列表中选择"整篇文档"，如图 3-93 所示。

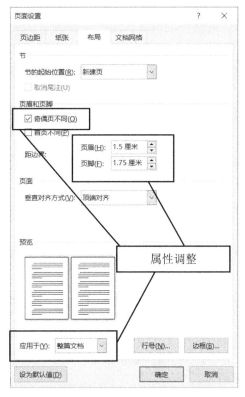

图 3-93　设置奇偶页不同

（2）单击"插入"功能区下"页眉和页脚"组中的"页眉"按钮，在下拉菜单中选择"编辑页眉"命令进入到页眉的编辑状态，如图 3-94 所示。将光标定位到首页的"页眉"编辑区，也就是封面的"页眉"编辑区，查看"页眉和页脚工具/设计"功能区下"导航"组中的"链接到前一节"命令，其应为不可用状态。

（3）确认为不可用状态后，选择"页眉和页脚工具/设计"功能区下"导航"组中的"下一条"命令，这时，光标就定位到下一节的"页眉"编辑区，也就是"摘要"的"页眉"编辑区。单击"页眉和页脚工具/设计"功能区下"导航"组中的"链接到前一节"命令，使其成为不可用状态。用同样的方法，将所有节的"链接到前一条页眉"命令都设置成不可用状态。

图 3-94　页眉编辑状态

（4）回到每一节首页的页眉编辑区，在奇数页输入"当前节标题 1 内容"，在偶数页输入"基于 SOA 的可视化构件技术及应用"，并设置字体为"宋体""五号""居中对齐"。

注意： 设置奇偶页不同和将页眉之间的链接去掉的原因是页眉、页脚之间存在着上下链接的关系，如直接插入页眉并不能达到奇偶页页眉不同的效果，因此在插入页眉前必须先进行设置。

9. 页脚设置

按文档页脚的格式要求，封面不能出现页码；页脚居中设置页码，页码格式为连续的大写罗马数字；正文及其以后的部分，页脚居中设置页码，页码格式为连续的阿拉伯数字，字体为"Times New Roman""小五"。

操作步骤如下：

（1）单击"插入"功能区下"页眉和页脚"组中的"页脚"按钮，在下拉菜单中选择"编辑页脚"命令进入到页脚的编辑状态，将光标定位到目录页的页脚，在"页眉和页脚工具/设计"功能区中单击"链接到前一节"命令，使其成为不可用状态。

（2）选择"页眉和页脚工具/设计"功能区下"导航"组中的"下一条"命令，将光标定位到正文第一页的页脚，单击"页眉和页脚工具/设计"功能区下"导航"组中的"链接到前一节"命令，使其成为不可用状态，正文后续页因要连续编辑页码所以不用再进行这个操作。

（3）返回目录页第一页的页脚，单击"页眉和页脚工具/设计"功能区下"页眉和页脚"组中的"页码"按钮，在弹出的界面中选择"设置页码格式"命令，弹出"页码格式"对话框，由于目录的页码要求使用罗马数字，所以在"编号格式"下拉列表中选择罗马数字"Ⅰ,Ⅱ,Ⅲ,…"。由于目录页码从Ⅰ开始，选中"页码编号"栏中"起始页码"单选按钮，使"Ⅰ"出现在编辑框中，单击"确定"按钮关闭对话框，如图 3-95 所示。

图 3-95　设置页码格式

（4）选择"页码"→"当前位置"命令，在下拉菜单中选择"普通数字"命令，插入页码，然后选中页码，单击"开始"功能区，设置字体为"Times New Roman""小五""居中"。由于此前设置了奇偶页不同，所以在目录第二页的页脚要重复一次插入页码的操作，并设置字体。

（5）与之前相同，但"编号格式"要选择阿拉伯数字"1,2,3,…"。由于正文页码从 1 开始，选中"页码编号"栏中"起始页码"单选按钮，使 1 出现在编辑框中，单击"确定"按钮关闭对话框。

（6）阿拉伯数字页码格式和插入方法与罗马数字相同，不再赘述。

（7）检查所有的页脚页码，如果正文出现没有页码或者是页码不连续的情况，就单击"页眉和页脚工具/设计"功能区下"页眉和页脚"组中的"页码"按钮，在弹出的界面中选择"设置页码格式"命令，选中"页码编号"栏中"链接到前节"单选按钮。

3.8.3　实例小结

本章学习了论文排版，对 Word 的样式设置和使用、多级符号的设置、节的插入、页眉/页脚奇偶页不同的设置、自动插入题注、自动插入目录等这些 Word 操作有了深入的了解和掌握。论文排版过程中需注意如下几点：

（1）在排版初期，最重要的是用好样式，设置 4 种基本样式：正文、标题 1、标题 2、标题 3。

（2）在排版初期就打开辅助工具：单击"开始"选项卡中的"显示编辑标记"。

（3）注意首先全选整个论文的文本（可按 Ctrl+A 快捷键），应用"正文"样式，再逐步使用"标题 1"等其他样式。

（4）将封面、任务书部分复制粘贴到论文开头，并单独分为一节。适当调整封面部分内容。封面、任务书部分（无页眉/页脚），正文部分（页眉/页脚的奇偶页不同）。

（5）自动提取文件目录，要求生成 3 级目录。步骤：在保证文档结构、图结构层次正确的前提下，将光标定位在"封面部分"的结尾，单击"引用"选项卡中的"目录"按钮，在"目录"中设置。

（6）插入页码。所有页码都放在页脚处，居中显示。封面、任务书部分为第 1 节，无页码。"目录"部分为第 2 节，页码格式的"Ⅰ,Ⅱ,Ⅲ,…"；正文从第 3 节开始，页码格式为"1,2,3,…"，重新从 1 开始编号。

（7）插入页眉文字。封面、任务书页上无页眉；其他页面上偶数页写学校名"茂名职业技术学院"，奇数页写自己的"第*章　章标题"；页眉文字居中显示。

（8）奇数偶数页都断开链接，奇数页页眉写上章节名。（本步骤易出错，可能要反复设置和修改，需要有一定的耐心。）

（9）检查整理。分节后，检查页眉/页脚页码设置是否正确。检查目录是否需要更新。

3.9　实战演练——常用办公表格制作

学习目标

- 掌握创建表格的方法。
- 掌握合并和拆分单元格的方法。
- 掌握输入表格内容和设置文字格式的方法。
- 掌握改变行高和列宽的方法。
- 掌握美化表格的方法。
- 掌握表格标题跨页设置的方法。
- 掌握绘制斜线表头的方法。
- 掌握利用公式或函数进行计算并排序的方法。

- 掌握表格与文本相互转换的方法。

3.9.1 实例简介

我们日常生活中会有很多地方用到表格，如课程表、值日表、申请表、登记表等。制作表格的方法有三种：插入表格、绘制表格、快速制作表格。表格是由若干行和若干列组成，行列的交叉称为“单元格”，单元格中可以插入文字、数字以及图形。

本章用到 5 个实例。第 1 个实例制作一个“应聘人员登记表”，主要讲解利用 Word 2016 软件制作常用表格的方法。通过本例，将向读者介绍在 Word 2016 中创建表格、合并和拆分单元格、调整改变行高和列宽、美化表格等方法。“应聘人员登记表”的效果如图 3-96 所示。

姓 名		民族		照片
出生年月		性别		
政治面貌		身高		
身份证号码		专业		
联系方式		毕业学校		
个人特长				
应聘部门意见				
人事部意见				

图 3-96 应聘人员登记表

第 2 个实例制作一个“课程表”，主要讲解利用 Word 2016 绘制斜线表头的方法，如图 3-97 所示。

星期 / 时间		星期一	星期二	星期三	星期四	星期五
上午	1					
	2					
	3					
	4					
下午	5					
	6					

图 3-97 课程表实例

第 3 个实例制作一个“销售情况表”，主要讲解利用 Word 2016 的公式和函数进行求和、求平均值的计算。并根据数据大小进行排序，如图 3-98 所示。

第 4 个实例将表格转换成文本，如图 3-99 所示。

第 5 个实例将文本转换成表格，如图 3-100 所示。

姓名	一季度	二季度	三季度	合计
王明	2356	2158	2445	
张华	2548	2456	2897	
李亮	2875	2985	2965	
吴静	3012	2485	2792	

图 3-98　销售情况表实例

车间	一季度	二季度	三季度	四季度	总计
一车间	20	25	19	15	
二车间	21	20	18	16	
三车间	23	19	22	18	
五车间	19	18	21	20	

图 3-99　表格转换成文本实例

编号,姓名,性别,联系电话,备注
001,刘丽,13888888888,
002,张彦,13688888888
003,陈诚,13555555555
004,武阳,13488888888
005,李斌,13799999999

图 3-100　文本转换成表格实例

3.9.2　实例制作

1. 创建表格

操作步骤如下：

（1）单击"插入"功能区下的"表格"组中的"表格"下拉按钮，选择"插入表格"选项，打开"插入表格"对话框。

（2）在"表格尺寸"标签下的"列数"中输入 5，"行数"中输入 8，如图 3-101 所示。

（3）单击"确定"按钮，创建如图 3-102 所示的简单表格。

图 3-101　"插入表格"对话框

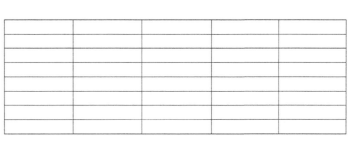

图 3-102　8 行 5 列简单表格

2. 合并和拆分单元格

操作步骤如下：

（1）选中需要合并的单元格区域 E1:E4。

（2）在"表格工具/布局"功能区的"合并"分组中单击"合并单元格"按钮（或右击，在弹出的快捷菜单中选择"合并单元格"选项）。

（3）用上述方法，合并单元格区域 D5:E5、B6:E6、B7:E7、B8:E8，如图 3-103 所示。

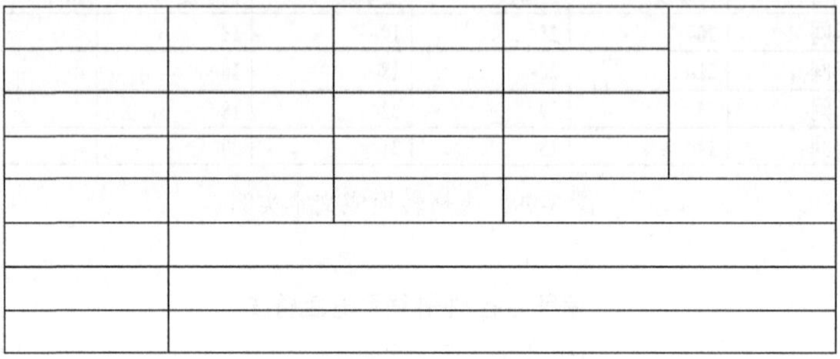

图 3-103　合并单元格

3. 输入表格内容和设置文字格式

按照图 3-96 所示的应聘人员登记表，在对应的单元格中输入个人信息内容。输入完成后，对文字的格式进行设置，整个表格的字体设置为"微软雅黑""小四号"，将第一列六至九行的单元格文字方向更改为"纵向"。

4. 调整改变行高和列宽

操作步骤如下：

（1）选中需要改变行高或列宽的行或列。

（2）在"表格工具/布局"功能区的"表"组中单击"属性"按钮（或右击，在弹出的快捷菜单中选择"表格属性"选项），打开"表格属性"对话框。

（3）若设置行高，单击"行"标签，设置的值见表 3-2。若设置列宽则单击"列"标签，设置数值，其格式要求见表 3-3。

表 3-2　设置行高

行号	指定高度	行高值
1～5 行	1.2 厘米	固定值
6～8 行	5.3 厘米	固定值

表 3-3　设置列宽

列数	指定宽度	度量单位
1～3 列	4.88 厘米	厘米
4～5 列	5.88 厘米	厘米

5. 美化表格

接下来，为文档中的表格设置边框和底纹。

（1）设置边框。

1）在"表格工具/布局"选项卡的"表"组中，单击"属性"按钮（或右击，在弹出的快捷菜单中选择"表格属性"选项），打开"表格属性"对话框，单击"边框和底纹"按钮，打开"边框和底纹"对话框。

2）单击"边框"选项卡，设置表格的外边框线宽度为 2.25 像素，在预览标签下单击外边框应用。设置内边框线宽度为 1 像素，在"预览"标签下单击内边框应用，如图 3-104 所示。

（2）设置底纹。

1）选中表格的 A 列，右击，在弹出的快捷菜单中选择"表格属性"选项，单击"边框和底纹"按钮，打开"边框和底纹"对话框。

2）单击"底纹"选项卡，设置填充颜色为"其他颜色"，自定义颜色为红色：204，绿色：236，蓝色：255，如图 3-105 所示。

图 3-104　设置外边框和内边框

图 3-105　底纹颜色设置

3）用上述方法，选择表格的 C 列的 1～5 行，设置相同颜色的底纹。

6. 绘制斜线表头

下面通过制作一个课程表的例子来学习绘制斜线表头。

（1）单击"插入"功能区，选择"表格"组，单击"表格"下拉按钮，选择"绘制表格"选项。光标变成铅笔形状，在插入表格的位置拖动光标，此时铅笔随鼠标指针进行移动，用户便可以通过拖动的方式来绘制表格，注意此时绘制的为整个表格的外框线。外框确定后便可以在框内通过鼠标绘制出 6 条横线、4 条竖线。绘制完成后，单击"表格"下拉按钮，单击"绘制表格"按钮，使得鼠标指针成为可用光标状态。

用户可以选定表格的所有单元格（鼠标指针从左上的第一个单元格选到右下的最后一个单元格或用相反的顺序，亦可单击表格左上端外框边缘的"移动"按钮)，在"表格工具/布局"选项卡中的"单元格大小"组中分别选择"分布行""分布列"命令，此时可得到一个标准的表格，如图 3-106 所示。

（2）单击"插入"功能区下的"表格"组中的"绘制表格"选项，在 A1 单元格中绘制一条斜线并输入内容，如图 3-107 所示。

图 3-106　绘制 7 行 6 列表格

星期 时间		星期一	星期二	星期三	星期四	星期五
上午	1					
	2					
	3					
	4					
下午	5					
	6					

图 3-107　绘制斜线表头

7. 表格标题跨页设置

打开 Word 2016 文档窗口，制作一个 30 行 5 列的表格，使其横跨 2 页。

在 Word 表格中选中标题行（必须是表格的第一行）。在"表格工具/布局"选项卡的"表"组中单击"属性"按钮，在打开的"表格属性"对话框中切换到"行"选项卡。勾选"在各页顶端以标题行形式重复出现"复选框，单击"确定"按钮即可，如图 3-108 所示。

图 3-108　表格标题行跨页设置

注意： 先选中表格，在"表格工具/布局"选项卡的"数据"组中单击"重复标题行"按钮来设置跨页表格标题行重复显示。

经过如上设置之后，若还是看不到效果，那么可能有两种原因：

（1）表格没有跨页。因为只有当表格的内容在至少两页内显示的时候，标题行重复才有意义。

（2）标题行已经重复，但已有设置使其不能显示。解决方法：选中表格 2，右击，在弹出的菜单中选择"表格属性"命令，选择"表格"选项卡，在"文字环绕"中将"环绕"改为"无"即可。

8．利用公式或函数进行计算并排序

在 Word 2016 文档中，用户可以借助 Word 2016 提供的数学公式运算功能对表格中的数据进行数学运算，包括加、减、乘、除以及求和、求平均值等常见运算。

（1）求和。

1）打开 Word 2016 文档窗口，创建一个表格，输入数据，如图 3-109 所示。将光标置于表格"合计"单元格正下方的一个单元格，在"表格工具/布局"功能区的"数据"组中单击"fx 公式"按钮。

姓名	一季度	二季度	三季度	合计	平均值
王明	2356	2158	2445		
张华	2548	2456	2897		
李亮	2875	2985	2965		
吴静	3012	2485	2792		

图 3-109　利用公式计算

2）在打开的"公式"对话框中，"公式"编辑框中会根据表格中的数据和当前单元格所在位置自动推荐一个公式，例如"=SUM(LEFT)"是指计算当前单元格左侧单元格的数据之和。用户可以单击"粘贴函数"下拉三角按钮选择合适的函数，例如平均数函数 AVERAGE、计数函数 COUNT 等。其中公式中括号内的参数包括四个，分别是左侧(LEFT)、右侧(RIGHT)、上面(ABOVE)和下面(BELOW)。因为此次计算是对左边的单元格进行求和运算，所以我们就用默认的 SUM(LEFT)公式，完成公式的编辑后单击"确定"按钮，如图 3-110 所示，即可得到计算结果。用相同的方法计算其他销售员的销售合计。

图 3-110　Word 公式对话框

（2）求平均值。求平均值与求和方法类似，将光标置于"平均值"的单元格中，打开"公式"对话框，系统自动在"公式"框中填入"=SUM(LEFT)"，这里应该修改为"=AVERAGE

(B2:E2)"，表示对 B2，C2，D2 求平均值，选定所需要的"编号格式"，如图 3-111 所示，单击"确定"按钮，即可得到结果，用相同的方法计算其他销售员的销售平均值。利用表格公式求得的结果如图 3-112 所示。

图 3-111　求平均值公式

（3）排序。

1）将插入点移到表格中，在"表格工具/布局"选项卡的"数据"组中单击"排序"按钮，打开"排序"对话框。

姓名	一季度	二季度	三季度	合计	平均值
王明	2356	2158	2445	6959	2319.67
张华	2548	2456	2897	7901	2633.67
李亮	2875	2985	2965	8825	2941.67
吴静	3012	2485	2792	8289	2763

图 3-112　表格公式结果

2）如果表格的第一行是标题行，则不需要参与排序，此时需要选中"列表"单选框的"有标题行"选项。在"主要关键字"和"次要关键字"下拉列表中选择参与排序的列，在"类别"下拉列表中选择相应的排序内容的类型，然后选择排序的方式是升序还是降序，如图 3-113 所示。

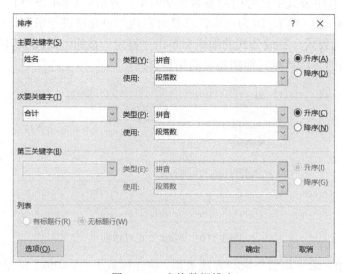

图 3-113　表格数据排序

3）设置好排序条件，单击"确定"按钮完成排序操作。

9．表格与文本的转换

（1）表格转换为文本。在Word 2016文档中，用户可以将 Word表格中指定单元格或整张表格转换为文本内容（前提是 Word 表格中含有文本内容）。

表格转换为文本的操作步骤如下：

1）打开 Word 2016 文档窗口，准备好如表 3-4 所示的表格。

表 3-4　车间生产情况表

车间	一季度	二季度	三季度	四季度	总计
一车间	20	25	19	15	79
二车间	21	20	18	16	75
三车间	23	19	22	18	82
五车间	19	18	21	20	78

2）选中需要转换为文本的单元格。如果需要将整张表格转换为文本，则只需单击表格任意单元格，选择"表格工具/布局"选项卡，然后单击"数据"分组中的"转换为文本"选项。

3）在打开的"表格转换成文本"对话框中，最常用的是"段落标记"和"制表符"两个选项。选中"制表符"单选按钮，勾选"转换嵌套表格"复选框，则可以将嵌套表格中的内容同时转换为文本。设置完毕单击"确定"按钮即可，如图 3-114 所示。

图 3-114　"表格转换成文本"对话框

（2）文字转换成表格。在 Word 2016 文档中，用户可以很容易地将表格转换成文字，同时也可以很容易地将文字转换成表格。其中关键的操作是使用分隔符号将文本合理分隔。Word 2016 能够识别常见的分隔符，例如段落标记（用于创建表格行）、制表符和逗号（用于创建表格列）。例如，对于只有段落标记的多个文本段落，Word 2016 可以将其转换成单列多行的表格；而对于同一个文本段落中含有多个制表符或逗号的文本，Word 2016 可以将其转换成单行多列的表格；包括多个段落、多个分隔符的文本则可以转换成多行、多列的表格。

文本转换为表格操作步骤如下：

1）打开 Word 2016 文档，为准备转换成表格的文本添加段落标记和分隔符（建议使用最常见的逗号分隔符，并且逗号必须是英文半角逗号），如图 3-115 所示。

2）在"插入"功能区中的"表格"组中单击"表格"下拉按钮，并在打开的表格菜单中选择"文本转换成表格"选项，如图 3-116 所示。

编号，姓名，性别，联系电话，备注↵
001，刘丽，13888888888，↵
002，张彦，13688888888，↵
003，陈诚，13555555555，↵
004，武阳，13488888888，↵
005，李斌，13799999999，↵

图 3-115 需转换为表格的文字原素材   图 3-116 "文本转换为表格"对话框

在"列数"编辑框中将出现转换生成表格的列数，如果该列数为 1（而实际应该是多列），则说明分隔符使用不正确（可能使用了中文逗号），需要返回上面的步骤修改分隔符。在"自动调整"操作区域可以选中"固定列宽""根据内容调整表格"或"根据窗口调整表格"单选按钮，用以设置转换生成的表格列宽。在"文字分隔位置"区域自动选中文本中使用的分隔符，如果不正确可以重新选择。设置完毕单击"确定"按钮，转换生成的表格如图 3-117 所示。

编号	姓名	性别	联系电话	备注
001	刘丽	13888888888		
002	张彦	13688888888		
003	陈诚	13555555555		
004	武阳	13488888888		
005	李斌	13799999999		

图 3-117 转换生成的表格效果图

3.9.3 实例小结

Word 2016 提供了强大的表格功能。可以插入规则表或绘制不规则表。通过本章的五个实例，读者应掌握在 Word 2016 中创建表格的 3 种方法，以及合并和拆分单元格、调整改变行高和列宽、美化表格、绘制斜线表头、表格标题跨页设置以及利用公式或函数进行计算、表格和文字的相互转换等操作。

习题

一、选择题

1. 以下哪一个选项卡不是 Word 2016 的标准选项卡（   ）。
   A．审阅   B．图表工具   C．开发工具   D．加载项
2. 在 Word 中，能够显示图形、图片的视图是（   ）。
   A．普通视图   B．页面视图   C．大纲视图   D．阅读版式视图

3．在 Word 中，用 BackSpace 键可以（　　）。

　　A．删除光标后的一个字符　　　　　B．删除光标前的一个字符

　　C．删除光标所在的整个段落内容　　D．删除整个文档的内容

4．Word 中的手动换行符是通过（　　）产生的。

　　A．插入分页符　　　　　　　　　　B．插入分节符

　　C．按 Enter 键　　　　　　　　　　D．按 Shift+Enter 快捷键

5．关于导航窗格，以下表述错误的是（　　）。

　　A．能够浏览文档中的标题　　　　　B．能够浏览文档中的各个页面

　　C．能够浏览文档中的关键文字和词　D．能够浏览文档中的脚注、尾注、题注等

6．在 Word 中，如果已有页眉，需在页眉中修改内容，只需双击（　　）。

　　A．工具栏　　　　B．菜单栏　　　　C．文本区　　　　　D．页眉区

7．若文档被分为多个节，并在"页面设置"的版式选项卡中将页眉和页脚设置为奇偶页不同，则以下关于页眉和页脚说法正确的是（　　）。

　　A．文档中所有奇偶页的页眉必然都不相同

　　B．文档中所有奇偶页的页眉可以都不相同

　　C．每个节中奇数页页眉和偶数页页眉必然不相同

　　D．每个节的奇数页页眉和偶数页页眉可以不相同

8．在 Word 2016 中，用快捷键退出 Word 的最快方法是按（　　）快捷键。

　　A．Alt+F4　　　　B．Alt+F5　　　　C．Ctrl+F4　　　　D．Alt+Shift

9．在用 Word 进行文档处理时，如果误删了一部分内容，则（　　）。

　　A．所删除的内容不能恢复

　　B．可以用"查找"命令进行恢复

　　C．可以用"恢复 | 撤消"命令进行恢复

　　D．保存后关闭文档，所删除的内容会自动恢复

10．如果 Word 文档中有一段文字不允许别人修改，可以通过（　　）方法实现。

　　A．格式设置限制　　　　　　　　　B．编辑限制

　　C．设置文件修改密码　　　　　　　D．以上都是

11．在 Word 2016 编辑状态中，如果要设置文档的行间距，在选定文档后，首先要单击（　　）选项卡。

　　A．"开始"　　　B．"插入"　　　C．"页面布局"　　D．"视图"

12．在 Word 2016 中，不缩进段落的第一行，而缩进其余的行，是指（　　）。

　　A．首行缩进　　　B．左缩进　　　　C．悬挂缩进　　　　D．右缩进

二、填空题

1．Word 格式栏上的 **B**，*I*，U 代表字符的粗体、_____、下划线标记。

2．Word 对文件另存为一新文件名，可选择"文件"菜单中的_____命令。

3．Word 中按住_____键，单击图形，可选定多个图形。

4．启动 Word 后，Word 建立一个新的名为_____的空文档，等待输入内容。

5．在 Word 中，在选定文档内容之后，单击工具栏上的"复制"按钮，是将选定的内容

复制到_____。

6．在 Word 中，按_____快捷键可以选定文档中的所有内容。

三、操作题

1．制作一个 4 行 4 列的规则表格，要求表格的各单元宽为 3.6cm、高为 0.8cm（图 3-118），再按如图 3-119 所示的表格式样对表格进行必要的拆分和合并操作，并以"题号+姓名+学号.docx"为文件名保存。

图 3-118　题 1 图 1

月份　　　　年份	2014 年	2014 年			
		一	二	三	四
	1789	732	330	373	385
	2263	830	979	541	153

图 3-119　题 1 图 2

2．输入如下文字，并以"题号+姓名+学号.docx"保存。

Internet 技术及其应用

Internet，也称为国际互联网或因特网，它将世界各国、各地区、各机构的数以万计的网络、上亿台计算机连接在一起，几乎覆盖了整个世界，是目前世界上覆盖面最广、规模最大、信息资源最丰富的计算机网络，同时也是全球范围的信息资源宝库。如果用户将自己的计算机接入 Internet，便可以足不出户地在无尽的信息资源宝库中漫游，与世界各地的朋友进行网上交流。

企业可以通过 Internet 将自己的产品信息发布到世界各个国家和地区，消费者可以通过 Internet 了解商品信息，购买自己喜爱的商品。只要愿意，任何单位和个人都可以将自己的网页发布到 Internet 上。

接下来主要介绍 Internet 的发展与现状、Internet 基本工作原理、Internet 的接入方法，以及 Internet 所提供的各种服务，最后还介绍网页设计技术。Internet 起源于美国国防部高级计划局于 1969 年组建的一个名为 ARPANET 的网络，ARPANET 最初只连接了美国西部的四所大学，是一个只有四个节点的实验性网络。但该网络被公认为是世界上第一个采用分组交换技术组建的网络，并向用户提供电子邮件、文件传输和远程登录等服务，是 Internet 的雏形。

（1）将原文中所有的 Internet 替换为字体颜色为红色的"互联网"。

（2）将标题设置为仿宋、小三号字、加粗、斜体并居中；将文中以"企业可以通过 Internet 将自己的产品信息……"开始的段设置为段前 1 行、段后 1 行、行间距为 1.5 倍行距、字符间距加宽 1.2 磅。

（3）在文中以"Internet，也称为国际互联网或因特网……"开始的段使用首字下沉效果，"互联网"三字下沉，字体设置为小初，加上双删除线。

（4）图文混排：将文中以"接下来主要介绍 Internet 的发展与现状……"开始的段后插入剪贴画（在"必应图像搜索"—"动物"中选择任意剪贴画），并将其调整至第一段形成四周环绕。

3．用艺术字制作标题，其效果如图 3-120 所示。

（1）用艺术字制作标题。输入艺术字"家在途中"，隶书、36 号字，调整好艺术字的形状、大小及位置。

（2）给标题加边框和背景颜色。

（3）设置首字下沉和分栏。

（4）插入图片。从"必应图像搜索"→"动物"中选择图片插入到文档中，并调整好图片的大小、位置和环绕类型。

（5）将此文档以文件名"题号+姓名+学号.docx"存盘。

图 3-120　最终效果图

第 4 章　Excel 2016 电子表格处理

Excel 2016 电子表格处理软件是 Microsoft Office 2016 办公软件的组成成员之一，是一款基于 Windows 下的界面友好的电子表格软件。它的数据计算和分析功能强大，可以完成表格输入、统计、分析等多项工作，可生成精美直观的表格、图表，被广泛应用于财务、经济、数据分析、金融、仓管、审计和统计等许多领域。

本章将介绍 Excel 2016 软件的功能与基本操作，内容主要包括 Excel 2016 软件的操作界面、工作簿与工作表的各种操作、数据统计，公式计算与数据分析、报表打印等，通过这些内容的学习，能够基本掌握 Excel 2016 的基础操作，同时能够利用 Excel 2016 进行各种数据筛选和图表的设计。

学习目标

- 了解：Excel 2016 的新增功能。
- 理解：Excel 2016 中的有关概念。
- 应用：Excel 2016 中的工作表的各种编辑操作、数据的管理和图表的制作。

4.1　Excel 2016 概述

4.1.1　主要功能与改进

1. 主要功能

（1）电子表格中的多种类型的数据处理。在电子表格中可以输入多种类型的数据，可以进行多种数据类型的编辑、格式化，也可以通过使用公式和函数进行数据的复杂数学分析和报表统计。

（2）精美图表的制作。Excel 2016 中能够实现将表格中的数据以图形的方式进行显示。软件中提供了多达十几种的图表类型，可以根据需要进行选择应用，通过应用可以直观地分析和观察数据的变化及趋势。

（3）数据库管理方式。Excel 2016 可以以数据库管理的方式来实现对表格数据的管理，对这些数据可以实现排序、检索、筛选、汇总，实现了能够与其他数据库软件进行数据的交换，例如 Access，VFP 等。

2. 新增及改进功能

（1）新增六种图表类型。可视化对于有效的数据分析至关重要。在 Excel 2016 中，添加了六种新图表以帮助创建财务或分层信息的一些最常用的数据可视化，以及显示数据中的统计属性。在"插入"选项卡上单击"插入层次结构图表"可使用"树状图"或"旭日图"图表，单击"插入瀑布图或股价图"可使用"瀑布图"，单击"插入统计图表"可使用"直方图""排列图"或"箱形图"。

（2）一键式预测。Excel 的早期版本只能使用线性预测，在 Excel 2016 中对 FORECAST 函数进行了扩展，允许基于指数平滑（例如 FORECAST.ETS()）进行预测。此功能也可以作为新的一键式预测按钮来使用。在"数据"选项卡上单击"预测工作表"按钮，可快速创建数据的预测可视化效果。在向导中，还可以找到由默认的置信区间自动检测、用于调整常见预测参数（如季节性）的选项。

（3）3D 地图。最受欢迎的三维地理可视化工具 Power Map 经过了重命名，现在内置于 Excel 中，可供所有 Excel 2016 用户使用。这种创新的故事分享功能已重命名为 3D 地图，可以通过单击"插入"选项卡上的"3D 地图"选项随其他可视化工具一起找到。

（4）快速形状格式设置。此功能通过在 Excel 中引入新的"预设"样式，增加了默认形状样式的数量，从而增加了表格中不同样式的呈现。

（5）使用操作说明搜索框。其作为 Excel 2016 中的功能区上的一个文本框进行呈现，其中显示"告诉我您想要做什么"。这是一个文本字段，用户可以在其中输入与接下来要执行的操作相关的字词和短语，快速访问要使用的功能或要执行的操作。还可以选择获取与要查找的内容相关的帮助，或是对输入的术语执行智能查找。

（6）墨迹公式。支持在任何时间单击"插入"功能区下的"公式"按钮，选择"墨迹公式"命令，以便在工作簿中复杂的数学公式。如果拥有触摸设备，则可以使用手指或触摸笔手动写入数学公式，Excel 会将它转换为文本（如果没有触摸设备，也可以使用鼠标进行写入）。还可以在进行过程中擦除、选择以及更正所写入的内容。

（7）新增主题颜色。现在可以应用三种 Office 主题：彩色、深灰色和白色。 若要访问这些主题，需单击"文件"→"选项"，在弹出的"Excel 选项"对话框中选择"常规"选项卡，然后单击"Office 主题"旁的下拉菜单。

（8）PDF 套件。在日常的工作当中，PDF 文档的使用率越来越高，但想要提取表格数据或者在多平台显示时比较麻烦。在新版 Office 套件下，PDF 可以轻松转变成 Excel 文档，用户可以随意编辑，不再受限。同时，编辑好的 Excel 文档也可以使用 PDF 的格式导出，实现了两种文件格式的随意切换。

4.1.2　操作界面

Excel 2016 的操作界面如图 4-1 所示，主要包括如下部分：控制图标、快速访问工具栏、功能区、名称框、工作区、单元格、工作表标签、编辑栏和滚动条等。

1. 快速访问工具栏

快速访问工具栏位于主操作界面的左上角，显示可供快速访问的工具按钮，如新建、保存、撤消等按钮，以方便快速操作。

2. 名称框

名称框用于显示活动单元格的地址，可快速定位单元格。

3. 编辑区

编辑区是制作表格或图表、输入、处理表格数据的区域。

4. 单元格

工作区中的每个小方格被称为单元格。

5. 工作表标签

工作表标签用于显示工作表的名称，是位于工作表区下方的标签，当单击工作表标签时会激活相应的工作表。

6. 编辑栏

编辑栏主要用于显示和输入活动单元格中的数据或公式。

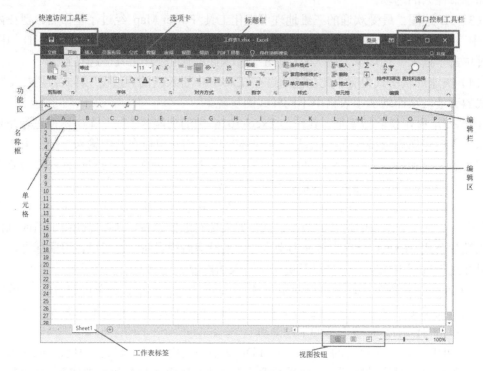

图 4-1　Excel 2016 窗口界面

4.1.3　功能区

功能区是位于标题栏下方的带状区域，提供了 Excel 2016 中的主要操作命令。功能区以选项卡的形式将各种相关的功能组合在一起，每个选项卡又被分成若干个组，每组包含相关功能的命令按钮，例如，要插入图表，就可以在"插入"选项卡下找到插入各种图表的方法。

1. "开始"功能区

"开始"功能区包括"剪贴板""字体""对齐方式""数字""样式""单元格""编辑"7个组，对应 Excel 2003 的"编辑"和"数字"菜单部分命令。该功能区主要用于帮助用户进行 Excel 2016 工作簿文字和格式设置，是用户最常用的功能区，如图 4-2 所示。

图 4-2　"开始"功能区

2. "插入"功能区

"插入"功能区包括"表格""插图""加载项""图表""演示""迷你图""筛选器""链接""文本""符号"10 个组，对应 Excel 2003 中"插入"菜单的部分命令，主要用于帮助用户在 Excel 2016 中插入各种分析图、公式以及各种元素，如图 4-3 所示。

图 4-3　"插入"功能区

3. "页面布局"功能区

"页面布局"功能区包括"主题""页面设置""调整为合适大小""工作表选项""排列"5 个组，对应 Excel 2003 的"页面设置"部分命令，提供在 Excel 2016 中调整工作簿样式、版面主题等功能，如图 4-4 所示。

图 4-4　"页面布局"功能区

4. "公式"功能区

"公式"功能区包括"函数库""定义的名称""公式审核""计算"4 个组，对应 Excel 2003 的"公式"当中的命令，用于帮助用户在 Excel 2016 中充分运用公式进行初步的数据分析，如图 4-5 所示。

图 4-5　"公式"功能区

5. "数据"功能区

"数据"功能区包括"获取外部数据""获取和转换""连接""排序和筛选""数据工具""预测""分级"显示 7 个组，用于实现在 Excel 2016 中更加方便地处理及分析表中数据等功能，如图 4-6 所示。

图 4-6　"数据"功能区

6. "审阅"功能区

"审阅"功能区包括"校对""辅助功能""见解""语言""批注""保护""墨迹"7 个组，

主要用于对 Excel 2016 工作簿进行校对和修订的操作，适用于多人协作处理 Excel 2016 工作簿，如图 4-7 所示。

图 4-7　"审阅"功能区

7. "视图"功能区

"视图"功能区包括"工作簿视图""显示""缩放""窗口""宏"5 个组，主要用于帮助用户设置 Excel 2016 操作窗口的视图类型，如图 4-8 所示。

图 4-8　"视图"功能区

8. "PDF 工具集"功能区

"PDF 工具集"功能区包括"导出为 PDF"和"设置"两个组，主要包括对已经完成的 Excel 表格进行 PDF 转化的功能，如图 4-9 所示。

图 4-9　"PDF 工具集"功能区

4.1.4　常用概念

1. 工作簿

工作簿是 Excel 2016 所生成的文件，扩展名为.xlsx（早期版本为.xls）。每个工作簿能够包含 1～255 个工作表。Excel 2016 默认情况下会为每个工作簿建立 3 个工作表，默认名称为"Sheet1""Sheet2""Sheet3"。

2. 工作表

工作表是 Excel 2016 中用来存储和处理数据的主要区域。工作簿中每一张表称为一个工作表，也可称其为电子表格。工作表由排列成行或列的单元格组成。每个工作表会有一个工作表标签相对应，每个工作表可由 1048576 行和 16384 列构成。

3. 单元格

单元格是 Excel 2016 工作表中最基本的单位，工作表中行和列交叉处构成的小方格称为单元格。任何一个单元格都有自己固定的地址，这个地址通过行号和列号来表示，纵向叫作列，列用字母 A～XFD 来标识，总共 16384 列；横向叫作行，行用数字 1～1048576 来标识，总共 1048576 行。比如：H6 是指第 H 列第 6 行的单元格地址标识。文本框、艺术字、图片等数据可作为图形对象存储在工作表中，但是它们并不属于某个单元格。

4. 区域

区域指的是一组单元格，既可以是连续的也可以是非连续的。选择一个区域后，可对其数据或格式进行操作，具体可以进行移动、复制、删除、计算等。

5. 输入框

新的工作簿打开后，可以看到在第一个表的第一个单元格 A1 上会有一个加粗的黑框，这就是输入框。

6. 填充柄

在输入框的右下方有一个黑色小方块，即填充柄。通过鼠标左键或右键的拖动操作，能够实现快速的数据输入、格式和公式的复制操作。

7. 活动单元格

在工作表中，通过鼠标的单击操作，某个单元格的边框线就会变粗，这个单元格被称为活动单元格，在活动单元格中可以进行数据的输入、修改、删除等操作。

4.2　Excel 2016 的基本操作

4.2.1　工作簿的创建、保存和打开

1. 工作簿的创建

（1）在 Excel 2016 主界面中单击"文件"选项卡，单击"新建"选项，在右侧"新建"窗口中选择"空白工作簿"命令即可完成工作簿的创建。

（2）在 Windows 文件夹窗口中，右击，在弹出的快捷菜单中选择"新建"级联菜单中的"新建 Microsoft Excel 工作表"来创建一个空白的工作簿文件。

2. 工作簿的保存

（1）保存工作簿。具体操作方法是单击"文件"选项卡，执行"保存"命令或直接单击快速访问工具栏上的"保存"按钮。也可以使用快捷键 Ctrl+S 实现工作簿的保存。

如果工作簿是第一次保存，系统就会弹出"另存为"对话窗口，这时可以重新选择工作簿的保存位置并输入工作簿的文件名。

（2）工作簿的"另存为"操作。如果工作簿已经保存过，此时想要改变位置和文件名进行保存，则可以使用工作簿的"另存为"操作，具体操作是单击"文件"选项卡，单击"另存为"选项，在弹出的"另存为"对话中选择工作簿新的保存位置并输入工作簿的新文件名即可完成工作簿的"另存为"操作。

此外在 Excel 2016 中还提供了定时自动保存的功能，具体操作是单击"文件"选项卡，执行"选项"命令，打开"Excel 2016 选项"对话框，单击"保存"选项，在"保存工作簿"区域勾选"保存自动恢复信息时间间隔"复选框，同时可以在这里设置自动保存工作簿的时间间隔，单击"确定"按钮后完成设置。

3. 工作簿的打开

打开一个已经存在的工作簿的方法如下：

（1）单击快速访问栏中的"打开"按钮，然后在"打开文件"对话框中选择所要打开的

工作簿，最后单击"打开"按钮即可实现工作簿的打开操作。

（2）在相应的文件夹中直接双击所要打开的工作簿也可实现打开工作簿的操作。

（3）在 Excel 2016 主操作界面的"文件"选项卡中执行"打开"命令，然后选择所要打开的工作簿，同样能够实现工作簿的打开操作。

4．工作簿的关闭

直接单击工作簿窗口的"关闭窗口"按钮或执行"文件"选项卡下的"关闭"命令，就可以关闭当前工作簿。

4.2.2　工作表的基本操作

Excel 2016 默认情况下会为每个工作簿建立 3 个工作表，默认名称为"Sheet1""Sheet2""Sheet3"。单击相应的工作表标签，就能够在不同的工作表之间进行切换操作。

1．工作表的选定

在对工作表进行编辑时，必须首先选中此工作表，然后才可以进行相应的操作。

（1）选定一个工作表。直接单击工作表的标签就可以选中工作表，选中的工作表称为当前工作表；如果工作表名称未出现在工作表标签上，则可以通过单击"工作表标签滚动"按钮，使工作表名称出现在工作表标签上并单击即可实现；右击"工作表标签滚动"按钮，在弹出的所有工作表中选择要编辑的工作表，也可以实现选择一个工作表，如图 4-10 所示。

图 4-10　右击选择工作表

（2）选定相邻的多个工作表。若要实现在多个有相似结构的工作表中同时进行编辑，就需要使用选择多个工作表的操作。具体的操作方法是，首先选中第一个工作表，然后在按住 Shift 键的同时再单击最后一个工作表的标签。

（3）选定不相邻的多个工作表。具体的操作方法是，先点选第一个工作表，接下来在按住 Ctrl 键的同时，继续单击其他要选择的工作表的标签即可。

（4）选定全部工作表。具体操作是，右击工作表标签，在弹出的快捷菜单中执行"选定全部工作表"命令即可。

在选中多个工作表后，Excel 2016 标题栏中会出现"[组]"字样。这时若是改变其中任何一个工作表的某个单元格的格式，则所有选中的工作表的相应单元格的格式也会发生相同的改变，若在任何一个工作表中输入文本，则所有的工作表中同样也会出现相同的文本。

2．工作表的基本操作

工作表的基本操作主要有工作表的插入、删除、重命名、移动和复制等，在进行这些操作时，主要用到工作表的快捷菜单。右击某一个工作表标签就会弹出工作表的快捷菜单，如图 4-11 所示。在进行相应操作时，只要执行工作表快捷菜单中的操作命令并根据提示进行选择即可实现相关操作。要实现移动或复制工作表的操作，需要执行"移动或复制"命令，接下来会弹出如图 4-12 所示的对话框，在复制工作表时，勾选"建立副本"复选框，如果是移动工作表，则在"下列选定列表之前"列表中确定工作表要插入的位置即可。

图 4-11　工作表快捷菜单　　　　　图 4-12　"移动或复制工作表"对话框

4.2.3　单元格的基本操作

1. 选择单元格或区域

若要选择一个单元格,只需单击此单元格即可;若要选择一个单元格区域,可先选中左上角的单元格,然后按住鼠标左键向右向下拖曳,直至需要的位置松开鼠标左键即可;若要选择两个或多个不相邻的单元格区域,可在选择一个单元格区域后,按住 Ctrl 键,然后再选另一个区域即可;若要选择整行或整列,只需单击行号或列标,这时该行或该列第一个单元格将成为活动的单元格;若单击左上角行号与列标交叉处的按钮,即可选定整个工作表。

若通过双击单元格某边选取单元格区域,可在双击单元格边框的同时按下 Shift 键,根据此方向相邻单元格为空白单元格或非空白单元格,选取从这个单元格到最远空白单元格或非空白单元格的区域。

若快速选定不连续单元格,可按下快捷键 Shift+F8 激活"添加选定"模式,此时工作簿下方的状态栏中会显示"添加"字样,之后分别单击不连续的单元格或单元格区域即可选定,而不必按住 Ctrl 键不放。

单击任意一个单元格就可取消所选择的区域。

2. 单元格数据的编辑

(1)输入新的数据到单元格中时,只要选择该单元格,然后输入新内容就可以替换原来的内容。

(2)要修改单元格中的部分数据时,先双击该单元格,或者选择这个单元格后按功能键 F2,这时光标出现在该单元格中,接着就可以在该单元格中进行数据的修改了。除了用鼠标外,用左右方向键也能定位插入光标。

3. 单元格数据的复制

将一个单元格或区域中的数据复制到其他的地方,具体的操作步骤如下:

(1)首先选中要复制数据的单元格或者区域。

(2)接着右击单元格或区域,在弹出的快捷菜单中执行"复制"命令,或者按快捷键 Ctrl+C,或者单击"开始"功能区,执行"复制"命令。

(3)定位目标位置(数据要放置的目标地址的开始单元格)。

(4)右击目标单元格,在弹出的快捷菜单中执行"粘贴"命令,或者按快捷键 Ctrl+V,或者单击"开始"功能区,执行"粘贴"命令,即可完成复制操作。

4. 单元格数据的移动

（1）通过鼠标拖放的方法移动单元格数据。

1）首先选择要移动数据的单元格或区域。

2）将鼠标指针放到区域边界，使鼠标指针的形状变为十字箭头。

3）按住鼠标左键不松开，拖动鼠标指针到适合的位置后，松开鼠标左键即可实现移动单元格的操作。

（2）通过剪切和粘贴命令移动单元格数据。

1）选中要移动数据的单元格或区域。

2）执行"剪切"命令。

3）定位好目标位置。

4）执行"粘贴"命令。

如果要以插入方式进行粘贴，可右击目标单元格，在弹出的快捷菜单中选择"插入剪切的单元格"命令，可以完成所需要的粘贴操作。

5. 插入单元格、行和列

若要在工作表的指定位置添加内容，就需要在工作表中插入单元格、行或者列。为此，可以使用"开始"功能区下的"单元格"组的"插入"列表中的相应命令，如图 4-13 所示。

选择"插入单元格"命令，或者右击活动单元格，在弹出的快捷菜单中选择"插入"命令，系统会打开"插入"对话框，如图 4-14 所示。

图 4-13　"单元格"组"插入"列表中的命令

图 4-14　"插入"对话框

在"插入"对话框中可以看到有四种选项：

（1）活动单元格右移：表示在选中单元格的左侧插入一个单元格。

（2）活动单元格下移：表示在选中单元格上方插入一个单元格。

（3）整行：表示在选中单元格的上方插入一行。

（4）整列：表示在选中单元格的左侧插入一行。

6. 删除行、列或单元格

首先选中一个单元格，右击，在弹出的快捷菜单中选择"删除"命令，系统会打开"删除"对话框。

在"删除"对话框中我们可以看到有四种选项：

（1）右侧单元格左移：表示删除选中的单元格后，该单元格右侧的整行依次向左移动一格。

（2）下方单元格上移：表示删除选中单元格后，该单元格下方的整列依次向上移动一格。

（3）整行：表示删除该单元格所在的一整行。

（4）整列：表示删除该单元格所在的一整列。

4.2.4 输入数据

1. Excel 2016 中的数据类型

（1）文本型数据：文本是指汉字、英文，或由汉字、英文、数字组成的字符串。默认情况下，输入的文本会沿单元格左侧对齐。

（2）数值型数据：在 Excel 中，数值型数据是使用最多，也是最为复杂的数据类型。数值型数据由数字 0～9、正号、负号、小数点、分数符号/、百分号%、指数符号 E 或 e、货币符号¥。或$和千位分隔符号 ","等组成。输入数值型数据时，Excel 自动将其沿单元格右侧对齐。

（3）日期类型数据：用斜杠 "/" 或者 "-" 来分隔日期中的年、月、日部分。首先输入年份，然后输入数字 1～12 作为月，再输入数字 1～31 作为日。

（4）时间类型数据：在 Excel 中输入时间时，可用冒号（:）分开时间的时、分、秒。系统默认输入的时间是按 24 小时制的方式输入的。

（5）公式类型数据：公式类型数据是对工作表中的数据进行计算的表达式。利用公式可对同一工作表的各单元格、同一工作簿中不同工作表的单元格，以及不同工作簿的工作表中单元格的数值进行加、减、乘、除、乘方等各种运算。要输入公式必须先输入等号=，然后再在其后输入表达式，否则 Excel 会将输入的内容作为文本型数据处理。表达式由运算符和参与运算的操作数组成。运算符可以是算术运算符、比较运算符、文本运算符和引用运算符；操作数可以是常量、单元格引用和函数等，如 "=A5+10"。

（6）函数类型数据：函数类型数据是预先定义好的表达式，必须包含在公式中。每个 Excel 函数都由函数名和参数组成，其中函数名表示将执行的操作（如求和函数 SUM），参数表示函数将作用的值的单元格地址，通常是一个单元格区域（如 B3:C9），也可以是更为复杂的内容。在公式中合理地使用函数，可以完成诸如求和、逻辑判断和财务分析等众多数据处理功能。

2. 设置调整

要在单元格中自动换行，可选择要设置格式的单元格，然后在 "开始" 功能区下的 "对齐方式" 组中单击 "自动换行" 按钮。

若要将列宽和行高设置为根据单元格中的内容自动调整的格式，可选中要更改的列或行，然后在 "开始" 功能区下的 "单元格" 组中，单击 "格式" 按钮，在下拉列表中选择 "自动调整列宽" 或 "自动调整行高" 命令。

3. 输入数据

单击某个单元格，然后在该单元格中输入数据，按 Enter 或 Tab 键移到下一个单元格。若要在单元格中另起一行输入数据，则按 Alt+Enter 快捷键输入一个换行符。

若要输入一系列连续数据，例如日期、月份或渐进数字，需在一个单元格中输入起始值，然后在下一个单元格中再输入一个值，建立一个模式。例如，如果要使用序列 1、2、3、4、5...，需在前两个单元格中输入 1 和 2。选中包含起始值的单元格，然后拖动填充柄，涵盖要填充的整个范围。需要按升序填充，则从上到下或从左到右拖动；需要按降序填充，则从下到上或从右到左拖动。

4. 数据的快速填充

如果某行或某列的数据为一组序列数据（如一月、二月、……、十二月），这时就可以使用自动填充功能来进行快速的输入，如图 4-15 所示。同类的公式也可通过自动填充来快速输入。

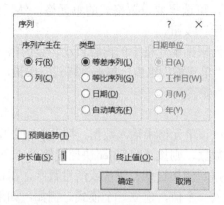

图 4-15　自动填充示例

数据或公式填充的方法主要有以下几种：

（1）按住鼠标左键拖动填充柄。

（2）按住鼠标右键拖动填充柄（系统会弹出快捷菜单）。

（3）使用"开始"功能区下"编辑"组中的"填充"按钮。

使用第一种方法执行完填充操作后，会在填充区域的右下角出现一个"自动填充选项"按钮，单击它将打开一个填充选项列表，从中选择不同选项即可修改默认的自动填充效果。初始数据不同，自动填充选项列表的内容也不尽相同。

对于一些有规律的数据，比如等差、等比序列以及日期数据序列等，可以利用"序列"对话框进行填充。方法是：在单元格中输入初始数据，然后选定要从该单元格开始填充的单元格区域，单击"开始"功能区下"编辑"组中的"填充"按钮，在展开的填充列表中选择"序列"选项，在打开的"序列"对话框中选中所需选项，如"等比序列"单选项，然后设置"步长值"（相邻数据间延伸的幅度），最后单击"确定"按钮，如图 4-16 所示。

图 4-16　"序列"对话框

Excel 2016 自动填充数据功能的用处很多，比如，某一列的数据求和运算及 Excel 工作表中的一些编号、编码类的数据输入，都可以使用 Excel 的自动填充数据功能来实现。

4.3　格式化工作表

为了让工作表更加美观，需要对工作表进行一定的格式编排，例如修改数据的对齐方式和显示方式、行高和列宽的调整、表格的边框和底纹的设置等。

4.3.1　格式化工作表的相关工具

格式化工作表是通过"开始"功能区（图 4-2）下诸多格式化工具来实现的。例如，"剪贴板"组的"格式刷"，"字体"组的"字体""字号""字体颜色""边框/绘制边框"，"对齐方式"组的各种对齐方式及"方向""自动换行""合并后居中"，"数字"组的"百分比""增加/减少小数位数"，"格式"组中的"条件格式""套用表格格式""单元格式样"，"单元格"组中的"格式"等。一般情况下，使用填充柄填充的同时也会将原单元格的格式复制到目标单元格上。

4.3.2　单元格格式的设置

1．数据的格式及设置

Excel 中的数据有常规、数字、货币、会计专用、日期、时间、百分比、分数和文本等格式。为 Excel 中的数据设置不同的数字格式只是更改它的显示形式，不影响其实际值。

在 Excel 2016 中，如果想为单元格中的数据快速设置会计格式、百分比样式、千位分隔或增加、减少小数位数等，可直接单击"开始"功能区下的"数字"组中的相应按钮，如图4-17 所示。

图 4-17　"数字"组中的按钮

如果希望设置更多的数字格式，可单击"数字"组中"数字格式"下拉列表右侧的三角按钮，在展开的下拉列表中进行选择。

此外，如果希望为数字格式设置更多选项，可单击"数字"组右下角的对话框启动器 ，或在"数字格式"下拉列表中选择"其他数字格式"选项，在打开的"设置单元格格式"对话框的"数字"选项卡中进行设置。

【例 4-1】分别在单元格 C6 和 D6 中输入货币类型的数据。

具体操作如下：

（1）分别在 C6 和 D6 两个单元格中输入 19.3 和 6.5，然后选中这两个单元格。

（2）在选中的单元格上右击，在弹出的快捷菜单中选择"设置单元格格式"命令，弹出如图 4-18 所示的对话框。

（3）选择"货币"的默认设置，单击"确定"按钮。

图 4-18　"设置单元格格式"对话框

2．数据对齐格式设置

【例 4-2】在 C6 至 G8 中输入文字内容并设置水平方向和垂直方向都居中。

具体操作如下：

（1）在 C6 单元格中输入文字"您好"，并设置字体为"宋体"，字号为 20。

（2）用鼠标拖拽的办法选定 C6:G8 单元格区域。

（3）在选中的单元格上右击，在弹出的快捷菜单中选择"设置单元格格式"命令，弹出"设置单元格格式"对话框，选择"对齐"选项卡，如图 4-19 所示。

（4）在"文本对齐方式"下，将"水平对齐"和"垂直对齐"都选择"居中"选项。

（5）在"文本控制"中选中"合并单元格"选项，单击"确定"按钮。

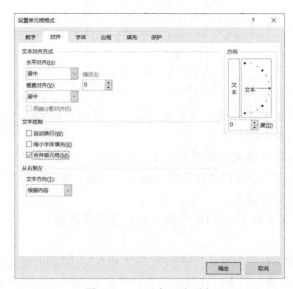

图 4-19　"对齐"选项卡

3．条件格式设置

通过条件格式，可以对满足不同条件的单元格设置不同的字体、边框和底纹格式。

【例 4-3】有一个员工工作表，要实现对员工的不同年龄设置不同的颜色来显示：年龄小于 40 的用蓝色显示；年龄大于等于 40 并且小于 50 的用紫色显示；年龄大于等于 50 的用红色显示。

具体操作如下：

（1）选定所有员工的年龄。

（2）单击"开始"功能区下的"样式"组中的"条件格式"按钮，在展开的列表中选择"管理规则"项，弹出如图 4-20 所示的"条件格式规则管理器"对话框。

图 4-20 "条件格式规则管理器"对话框

（3）单击"新建规则"按钮，弹出如图 4-21 所示的对话框，选择"只为包含以下内容的单元格设置格式"的规则类型，同时在"编辑规则说明"中进行详细的设置。

图 4-21 "新建格式规则"对话框

4.3.3 列宽和行高的更改

默认情况下，Excel 2016 中所有行的高度和所有列的宽度都是相等的。我们可以利用鼠标拖动方式和"格式"列表中的命令来调整 Excel 的行高和列宽。

1．鼠标拖动法

当对行高度和列宽度的要求不十分精确时，可以利用鼠标拖动来进行调整。将鼠标指针指向要调整行高的行号，或要调整列宽的列标交界处，当鼠标指针变为上下或左右箭头形状时，按住鼠标左键并上下或左右拖动到合适位置后释放鼠标，就可以调整行高或列宽。当要同时调整多行或多列时，可同时选择要调整的行或列，然后使用以上方法来进行调整。

2. 精确调整法

如果想要精确调整行高和列宽，可以选中要调整的行或列，然后单击"开始"功能区下的"单元格"组中的"格式"按钮，在展开的列表中选择"行高"或"列宽"项，打开"行高"或"列宽"对话框，输入行高或列宽值，然后单击"确定"按钮即可。

如果选择了"格式"列表中的"自动调整行高"或"自动调整列宽"按钮，还能够将行高或列宽自动调整为最合适的值。

4.3.4　表格样式的自动套用

Excel 提供了表格格式自动套用的功能，利用此功能可以方便地制作美观、大方的报表。

【**例 4-4**】利用"套用表格格式"功能，设计出如图 4-22 所示的表。

具体操作如下：

（1）输入单元格中的所有内容。

（2）选中单元格，单击"开始"功能区下的"样式"组中的"套用表格格式"按钮，在展开的列表中选择其中的第 3 行第 1 列的式样。

	A	B	C	D	E	F	G
1	员工表						
2	姓名 ▼	性别 ▼	年龄 ▼	行政级别 ▼	基本工资（元）▼	绩效津贴 ▼	实发工资 ▼
3	程龙	男	39	科级	4500	1000	5500
4	王俊锴	男	41	科级	4800	1100	5900
5	赵微	女	31	副处级	5000	2600	7600
6	赵利颖	女	43	科级	4800	1100	5900
7	张义兴	男	31	副科级	4100	900	5000
8	关小童	女	56	处级	6000	3000	9000
9	陈楚升	男	35	副处级	4900	1200	6100
10	林青侠	女	33	副科级	4300	1000	5300

图 4-22　自动套用格式示例

4.4　公式和函数

前面已经简单介绍了运用公式和函数进行计算的方法。接下来将详细介绍 Excel 2016 中公式和函数的使用方法。

4.4.1　单元格的引用

Excel 2016 中每个单元格都有自己的行、列坐标位置，利用单元格行、列坐标位置称为单元格的引用。引用单元格后，公式的运算值将随着被引用的单元格数据的变化而变化。当被引用的单元格数据被修改后，公式的运算将自动修改。

Excel 2016 中提供了 3 种不同的引用类型：相对引用、绝对引用和混合引用。

1. 相对引用

所谓相对引用，是指放置公式的单元格与公式中引用的单元格的位置关系是相对的。如果公式所在的单元格位置改变，则公式中引用的单元格将随之改变。

在输入公式的过程中，除非特别指明，Excel 2016 一般是使用相对地址来引用单元格的位置。相对地址是指当把一个含有单元格地址的公式复制到一个新的位置或用一个公式填入一个范围时，公式所在的单元格地址会随之改变。

【例 4-5】在 C4 单元格中输入公式 "=A3+B3+C3"。这个公式的含义是：将单元格 A3 的内容置入到单元格 C4 中，然后分别和 B3、C3 单元格中的数字相加，并把结果放到 C4 单元格中。将 C4 单元格中的公式复制到 D6 单元格中，公式将变为 "=B5+C5+D5"。

2. 绝对引用

绝对引用是指放置公式的单元格与公式中引用的单元格的位置关系是绝对的，无论将这个公式粘贴到哪个单元格，公式中所引用的还是原来单元格的数据。

在一般情况下，复制单元格地址所使用的是相对地址方式，但在某些地址引用中，就要把公式复制或者填入到新位置，并且使公式中的固定单元格地址保持不变。在 Excel 2016 中，可以通过对单元格地址的 "冻结" 来达到此目的，也就是采用绝对地址方式，即在行号和列号前面添加$符号。

【例 4-6】在 D3 单元格中输入公式 "=$A$3+$B$3+$C$3"。将 D3 单元格中的公式复制到 D4 单元格中，公式还为 "=$A$3+$B$3+$C$3"。

3. 混合引用

混合引用是一种介于相对引用和绝对引用之间的引用，也就是说引用的单元格的行和列之中一个是相对的，一个是绝对的。在一个单元格地址引用中，既有绝对地址引用，同时也包含相对地址引用。有时需要在复制公式时只有行或只有列保持不变，在这种情况下，就要使用混合引用。

混合引用有两种：一种是行绝对列相对，如 "A$3"；另一种是行相对列绝对，如 "$A3"。

【例 4-7】单元格地址$C6 就表明保持列不发生变化，但行会随着新的复制位置发生变化。同理，单元格地址 C$6 表明保持行不发生变化，但列会随着新的复制位置发生变化。

4.4.2 公式的使用

公式是对工作表中的数据进行计算的表达式。利用公式可对同一工作表的各单元格、同一工作簿中不同工作表的单元格，也可以对不同工作簿的工作表中单元格的数值进行加、减、乘、除、乘方等各种运算操作。

公式输入必须以等号 "=" 开头，例如 "=C3+A6"，这样 Excel 2016 就能够知道输入的是公式，而不是一般的文字数据。

【例 4-8】有如图 4-23 所示的员工工资数据表，现在要计算出程龙的实发工资并把它放在 F3 单元格中。这时可以选中 F3 单元格，然后首先输入=，接着再输入 D3+E3，最后按回车键完成整个操作。

	A	B	C	D	E	F
1	员工表					
2	姓名	性别	年龄	基本工资（元）	绩效津贴（元）	实发工资（元）
3	程龙	男	39	4500.00	1000.00	=D3+E3
4	王俊锴	男	41	4800.00	1100.00	
5	赵徽	女	31	5000.00	2600.00	
6	赵利颖	女	43	4,800.00	1100.00	
7	张义兴	男	31	4,100.00	900.00	
8	关小童	女	56	6,000.00	3000.00	
9	陈楚升	男	35	4,900.00	1200.00	
10	林青侠	女	33	4,300.00	1000.00	

图 4-23　员工工资数据表

4.4.3 常用函数的使用

Excel 2016 中的函数是非常重要的计算工具，为解决复杂的计算问题提供了有力的帮助。使用函数时，应首先确认已在单元格中输入了等号，即已进入公式编辑状态。接下来可输入函数名称，再紧跟着一对括号，括号内为一个或多个参数，参数之间要用英文逗号来分隔。用户可以在单元格中手动输入函数，也可以使用函数向导输入函数。

【例 4-9】如图 4-24 所示为学生成绩表，下面利用函数来求出每个学生的成绩总分。

▲	A	B	C	D	E	F	G	H	I
1	计算机应用专业学生成绩表								
2	学号	姓名	性别	大外	高数	计算机基础	体育	C语言程序设计	总分
3	20180001	王新	男	76	84	72	90	83	
4	20180002	李丽	女	87	67	89	65	76	
5	20180003	张强	男	66	88	95	56	92	
6	20180004	王强	男	45	86	85	78	77	
7	20180005	高新	男	80	71	63	86	80	
8	20180006	廉丽	女	92	85	96	76	75	
9	20180007	李洁	男	68	78	86	80	87	
10	20180008	董灵	女	85	92	79	85	55	

图 4-24　学生成绩表

具体操作如下：

（1）选择存放结果数据的单元格 I3，然后单击"公式"功能区下的"函数库"组的"插入函数"按钮 ，弹出如图 4-25 所示的对话框。

图 4-25　"插入函数"对话框

（2）在"或选择类别"列表框中可选择函数类型，如"常用函数"。然后在"选择函数"列表框中选择所要使用的函数，如"SUM"，然后单击"确定"按钮。

（3）在 Number1、Number2 窗口中输入要求和的数据区域（如 D3:H3），然后单击"确定"按钮（或按 Enter 键）。

（4）用鼠标左键拖曳 H3 单元格的填充柄至 H10，求出其他所有学生的总分。

下面介绍一些 Excel 2016 中常用的函数。

1. AVERAGE 函数

该函数可以实现对所有参数计算平均值（算术平均数）。它的语法格式为"AVERAGE (number1,number2,...)"，其中 number1、number2、…是需要计算平均值的参数。此函数的参数应该是数字或包含数字的单元格的引用。当参数为数组或引用时，若其中包含文本、逻辑值或空白单元格，则这些值将被忽略；但包含零值的单元格将计算在内。

2. MAX 函数和 MIN 函数

该函数将返回一组值中的最大值和最小值。它们的语法格式为 "MAX（MIN）（number1, number2,…）"。其中 number1、number2、…是要从中找出最大（小）值的数字参数。对于该函数的说明如下：

（1）可以将参数指定为数字、空白单元格、逻辑值或数字的文本表达式。如果参数为错误值或不能转换成数字的文本，将产生错误。

（2）如果参数为数组或引用，则只有数组或引用中的数字将被计算。数组或引用中的空白单元格、逻辑值或文本将被忽略。如果逻辑值和文本不能忽略，可以使用函数 MAXA 来代替。

（3）如果参数不包含数字，函数 MAX 返回 0。

3. INT 函数和 TRUNC 函数

INT 函数将返回实数向下取整后的整数值，它的语法格式为 "INT(number)"，其中的 number 是需要进行取整的实数。

【例 4-10】INT(10.7)的返回值为 10，而 INT(-9.7)的返回值为-10。

TRUNC 函数是将数字的小数部分截去，返回数字的整数部分，它的语法格式为 "TRUNC(number)"，其中 number 为需要截尾取整的数字。

【例 4-11】函数 TRUNC(10.5)的返回值为 10，而 TRUNC(-10.5)的返回值为-10。

4. COUNT 函数

COUNT 函数函数返回包含数字以及参数列表中数字的单元格个数。利用 COUNT 函数可以计算单元格区域或数字数组中数字字段的输入项个数。

【例 4-12】COUNT(C3:D6)的返回值为 8。

5. ROUND 函数

ROUND 函数将按指定的位数对数值进行四舍五入。

【例 4-13】公式 "=ROUND(3.35,1)" 是将 3.35 四舍五入到一个小数位，结果为 3.4。

6. RAND 函数

RAND 函数将返回大于等于 0 及小于 1 的随机数，每次计算工作表时都会返回一个新的数值。

【例 4-14】公式 "=RAND()*1000" 产生一个大于等于 0 并且小于 1000 的随机数。

7. DATE 函数

DATE 函数返回在 Microsoft Excel 日期时间代码中代表日期的数字。

【例 4-15】在某个单元格中输入 "=DATE(2015,5,20)"，则在此单元格显示一个日期 "2015-5-20"（或 "2015/5/20"）。

4.5　Excel 2016 中的图表

Excel 2016 中的图表是以图形化方式直观地表示 Excel 工作表中的数据。Excel 图表具有较好的视觉效果，方便用户查看数据的差异和预测趋势。此外，使用 Excel 图表还可以让平面的数据立体化，更易于比较数据。

1. Excel 2016 中图表的组成

在创建图表前，要先来了解一下图表的组成。图表是由许多部分组成的，每一部分就是一个图表项，如图表标题、图表区、绘图区、数据系列、坐标轴等。

2. Excel 2016 中图表的类型

利用 Excel 2016 可以创建各种类型的图表，可以用多种方式表示工作表中的数据，如图 4-26 所示。

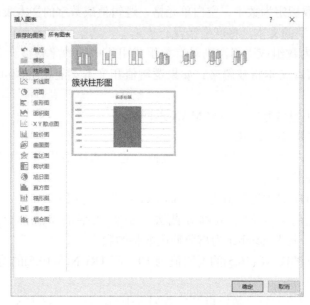

图 4-26　Excel 2016 中的图表类型

各类图表的功能如下：

（1）柱形图：用于显示一段时间内的数据变化或显示各项之间的比较情况。在柱形图中，通常水平轴表示类别，垂直轴表示数值。

（2）折线图：可显示随时间而变化的连续数据，非常适用于显示在相等时间间隔下数据的趋势。在折线图中，类别数据沿水平轴均匀分布，所有数据的值沿垂直轴均匀分布。

（3）饼图：显示一个数据系列中各项的大小与各项总和的比例。饼图中的数据点显示为整个饼图的百分比。

（4）条形图：强调各个项目之间的比较情况。

（5）面积图：强调数量随时间变化的程度，可用于引起人们对总值趋势的注意。

（6）XY 散点图：显示若干数据系列中各数值之间的关系，或者将两组数绘制为 X、Y 坐标的一个系列。

（7）股价图：经常用来显示股价的波动。

（8）曲面图：显示两组数据之间的最佳组合。

（9）雷达图：能够明显地显示样本各个方面的数据比较，并且能够直观地看到样本的优势和缺陷。

（10）树状图：经常用来进行不同样本的数据比较，同时还能对样本的发展趋势进行一定程度上的比较。

（11）旭日图：经常用来分析各个样本数据的层次以及占比。

（12）直方图：能够对一段时间的样本变化趋势以及变化大小进行清楚的展示。

（13）箱型图：显示单一样本的增量大小以及上升下降的最好方式。

（14）瀑布图：显示样本数据的变化过程

（15）组合图：应用以上的图表模型，采用更多图像相应的优势来更加全面地呈现样本的数据。

4.5.1　图表的创建

1. 图表工作表的创建

先创建一个如图 4-27 所示的学生成绩统计表。

	A	B	C	D	E	F	G	H
1	计算机应用专业学生成绩表							
2	学号	姓名	性别	大外	高数	计算机基础	体育	C语言程序设计
3	20180001	王新	男	76	84	72	90	83
4	20180002	李丽	女	87	67	89	65	76
5	20180003	张强	男	66	88	95	56	92
6	20180004	王强	男	45	86	85	78	77
7	20180005	高新	男	80	71	63	86	80
8	20180006	廉丽	女	92	85	96	76	75
9	20180007	李浩	男	68	78	86	80	87
10	20180008	董灵	女	85	92	79	85	55

图 4-27　学生成绩工作表

2. 插入图表

选中要生成图表的区域 B2:B10 和 D2:H10，单击"插入"功能区下的"图表"组中的"柱状图"按钮，在展开的列表中选择"二维柱状图"中的"簇状柱形图"命令，即可生成如图 4-28 所示的图表。

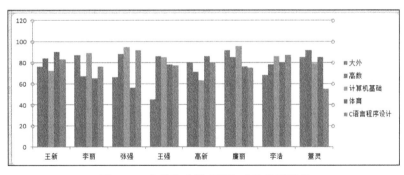

图 4-28　由学生成绩表所生成的柱形图表

4.5.2　图表的格式设置

创建了一个图表后，如果需要对它进行美化，可以作一些图表的编辑操作，如添加颜色、设置背景及线形等。

操作方法是右击图表区的空白处，在弹出的快捷菜单中选择"设置图表区域格式"命令，将弹出如图 4-29 所示的对话框，在这里就可以对图表的填充、边框颜色、边框样式、阴影、三维格式等进行设置。

图 4-29　"设置数据系列格式"对话框

4.6　数据管理

在 Excel 2016 中，数据管理主要是指数据的排序、筛选、合并计算和分类汇总等功能。

4.6.1　数据的排序

数据的排序是指依据数据表中有关字段的内容，将数据表中的记录按照升序或降序的方式进行排列。在 Excel 2016 中，排序主要分为简单排序和复杂排序两种。

1. 简单排序

所谓简单排序就是设置单一条件进行排序。

【例 4-16】对学生成绩表中的记录按照总分进行降序排序。

具体操作如下：

（1）单击数据表中的任意一个单元格，单击"数据"功能区下的"排序和筛选"组中"排序"按钮，弹出"排序"对话框，如图 4-30 所示。

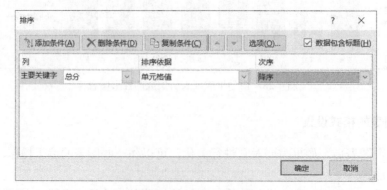

图 4-30　"排序"对话框

（2）选择主要关键字为"总分"，次序为"降序"，单击"确定"按钮完成操作，排序结果如图 4-31 所示。

学号	姓名	性别	大外	高数	计算机基础	体育	C语言程序设计	总分
			计算机应用专业学生成绩表					
20180006	廉丽	女	92	85	96	76	75	424
20180001	王新	男	76	84	90	90	83	423
20180007	李浩	男	68	78	86	80	87	399
20180003	张强	男	66	88	95	56	92	397
20180008	董灵	女	85	92	79	85	55	396
20180002	李丽	女	87	67	89	65	76	384
20180005	高新	男	80	71	63	86	80	380
20180004	王强	男	45	86	85	78	77	371

图 4-31　按总分排序后的效果

2. 复杂排序

当依据某一列的内容对数据进行排序时，会遇到这一列中有相同数据的情况，此时它们会保持着原始次序。如果还要对这些相同数据按照一定条件进行排序，就需要使用多个关键字的复杂排序了。

【例 4-17】对学生成绩表中的记录按照性别升序、高数降序进行排序。

具体操作如下：

（1）单击数据表中的任意一个单元格，单击"数据"功能区下的"排序和筛选"组中"排序"按钮 ，弹出"排序"对话框，如图 4-30 所示。

（2）选择主要关键字为"性别"，次序为"升序"。

（3）单击"添加条件"按钮，此时即可添加一组新的排序条件，在"次要关键字"下拉列表中选择"高数"，次序为"降序"，如图 4-32 所示。

图 4-32　排序设置

（4）单击"确定"按钮完成操作，排序结果如图 4-33 所示。

学号	姓名	性别	大外	高数	计算机基础	体育	C语言程序设计	总分
			计算机应用专业学生成绩表					
20180003	张强	男	66	88	95	56	92	397
20180004	王强	男	45	86	85	78	77	371
20180001	王新	男	76	84	90	90	83	423
20180007	李浩	男	68	78	86	80	87	399
20180005	高新	男	80	71	63	86	80	380
20180008	董灵	女	85	92	79	85	55	396
20180006	廉丽	女	92	85	96	76	75	424
20180002	李丽	女	87	67	89	65	76	384

图 4-33　按性别升序、高数降序排序后的效果

4.6.2 数据的筛选

在 Excel 2016 中，可以通过数据的筛选操作来快速找到所需的数据，通过筛选数据表，能够只显示满足指定条件的记录，而将不满足条件的数据暂时隐藏起来。在 Excel 2016 中，筛选方式分为自动筛选和高级筛选两种。

1. 自动筛选

自动筛选是一种用于简单条件的筛选。自动筛选又可以分为指定数据的筛选、指定条件的筛选和自定义筛选三种。

【例 4-18】筛选学生成绩表中高数成绩大于等于 80 分的学生记录。

具体操作如下：

（1）将鼠标定位到数据表的任意单元格。

（2）单击"数据"功能区下的"排序和筛选"组中的"筛选"按钮，这时数据表的字段名旁边出现了"筛选"按钮，使数据表处于自动筛选状态，如图 4-34 所示。

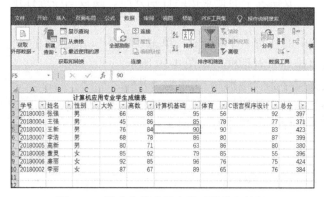

图 4-34　排序和筛选组中的"筛选"按钮

（3）单击字段名"高数"旁边的筛选按钮，在弹出的交互菜单中将鼠标指针指向"数字筛选"命令，此时界面如图 4-35 所示。在展开的级联菜单中，单击最后一项"自定义筛选"，打开如图 4-36 的"自定义自动筛选方式"对话框。

图 4-35　自定义筛选命令

图 4-36　"自定义自动筛选方式"对话框

（4）在图 4-36 所示对话框中设置"大于或等于"为 80，单击"确定"按钮完成筛选操作，结果如图 4-37 所示。

	A	B	C	D	E	F	G	H	I	J
1	计算机应用专业学生成绩表									
2	学号	姓名	性别	大外	高数	计算机基础	体育	C语言程序设计	总分	
3	20180003	张强	男	66	88	95	56	92	397	
4	20180004	王强	男	45	86	85	78	77	371	
5	20180001	王新	男	76	84	90	90	83	423	
8	20180008	董灵	女	85	92	79	85	55	396	
9	20180006	廉丽	女	92	85	96	76	75	424	
11										

图 4-37　筛选的结果

如果要撤消筛选，显示全部记录，则可以单击设定条件列旁边的筛选按钮，从下拉列表中选择"全选"，就可以恢复到筛选以前的状态。

如果要取消自动筛选功能，可单击"数据"功能区下的"排序和筛选"组中的"筛选"按钮，这时所有字段名旁的筛选按钮消失，工作表恢复到未进行筛选前的样子。

2. 高级筛选

高级筛选是一种用于较复杂条件的筛选。若筛选条件涉及几个字段的复杂条件，则需使用高级筛选。

【例 4-19】筛选学生成绩表中计算机基础成绩在 80 分以上的女同学。

具体操作如下：

（1）在数据表中设定条件区域，如图 4-38 所示。

	A	B	C	D	E	F	G	H	I	J
1	计算机应用专业学生成绩表									
2	学号	姓名	性别	大外	高数	计算机基础	体育	C语言程序设计	总分	
3	20180003	张强	男	66	88	95	56	92	397	
4	20180004	王强	男	45	86	85	78	77	371	
5	20180001	王新	男	76	84	90	90	83	423	
6	20180007	李浩	男	68	78	86	80	87	399	
7	20180005	高新	男	80	71	63	86	80	380	
8	20180008	董灵	女	85	92	79	85	55	396	
9	20180006	廉丽	女	92	85	96	76	75	424	
10	20180002	李丽	女	87	67	89	65	76	384	
11										
12										
13			性别		计算机基础					
14			女		>80					
15										

图 4-38　设置高级筛选的条件区域

（2）将鼠标定位到数据表的任意单元格。

（3）单击"数据"功能区下的"排序和筛选"组中的"高级"按钮 高级，弹出如图 4-39 所示的"高级筛选"对话框。

图 4-39 "高级筛选"对话框

（4）在"方式"选项组中选定"在原有区域显示筛选结果"单选按钮，在"列表区域"文本框中输入区域 Sheet1!$C$2:$F$10，在"条件区域"文本框中输入区域 Sheet1!$C$13:$E$14。

（5）单击"确定"按钮，结果如图 4-40 所示。

	A	B	C	D	E	F	G	H	I	J
1				计算机应用专业学生成绩表						
2	学号	姓名	性别	大外	高数	计算机基础	体育	C语言程序设计	总分	
9	20180006	廉丽	女	92	85	96	76	75	424	
10	20180002	李丽	女	87	67	89	65	76	384	
11										
12										
13			性别			计算机基础				
14			女			>80				

图 4-40 高级筛选的结果

若要取消高级筛选操作，可单击"数据"功能区下的"排序和筛选"组中的"清除"按钮，这时工作表就会恢复到未进行筛选前的状态。

4.6.3 数据的分类汇总

数据的分类汇总是对数据列表按某一字段值进行分类，将同类别数据放在一起，并分别为各类数据进行的汇总统计，例如求和、计数、平均值、最大值、最小值等。

【例 4-20】对图 4-41 所示的员工表按行政级别进行实发工资的汇总操作。

	A	B	C	D	E	F	G
1				员工表			
2	姓名	性别	年龄	行政级别	基本工资（元）	绩效津贴（元）	实发工资（元）
3	程龙	男	39	科级	4500.00	1000.00	5500.00
4	王俊楷	男	42	科级	4800.00	1100.00	5900.00
5	赵薇	女	43	副处级	5000.00	2600.00	7600.00
6	赵琳	女	31	科级	4800.00	1100.00	5900.00
7	关小统	女	55	副科级	4100.00	900.00	5000.00
8	林德加	男	46	处级	6000.00	3000.00	9000.00
9	王富好	女	39	副处级	4900.00	1200.00	6100.00
10	艾丁湖	男	41	副处级	4300.00	1000.00	5300.00
11							

图 4-41 员工表

（1）对"员工表"按照"行政级别"字段进行升序排序。

（2）选择区域 A2:G10。

（3）单击"数据"功能区下的"分级显示"组中的"分类汇总"按钮，出现"分类汇总"对话框，设置"分类字段"为"行政级别"，"汇总方式"为"求和"，"选定汇总项"为"实发工资"，如图 4-42 所示。单击"确定"按钮后得到如图 4-43 所示的结果，如果单击出现在左边的分级数字号 2 和 1，则分别显示图 4-44 和图 4-45 所示的结果。

图 4-42　"分类汇总"对话框　　　　　　图 4-43　分类汇总后的结果

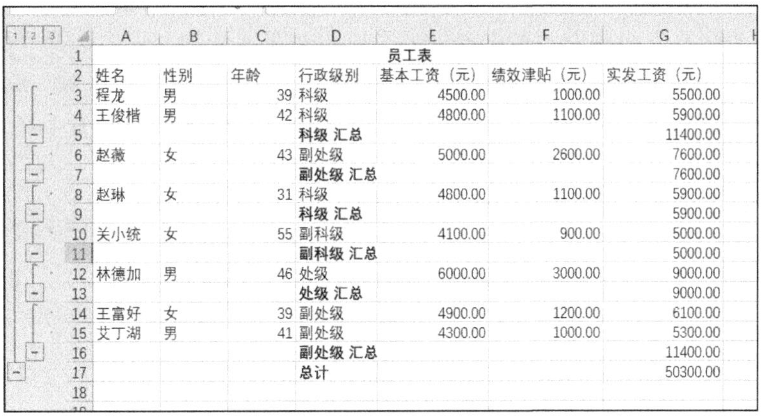

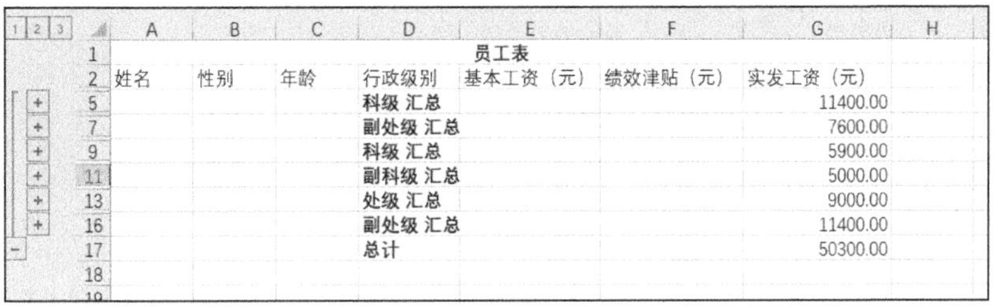

图 4-44　单击分级数字 2 后的效果

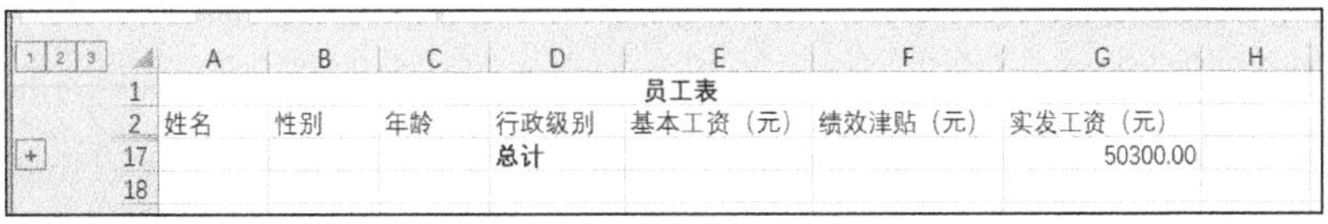

图 4-45　单击分级数字 1 后的效果

4.6.4　数据透视表

在 Excel 2016 中，数据透视表是一种对大量数据快速汇总和建立交叉列表的交互式表格，可以旋转其行或列以查看对源数据的不同汇总，还可以通过显示不同的行标签来筛选数据，或者显示所关注区域的明细数据，它是 Excel 2016 强大数据处理能力的具体表现。

同创建普通图表一样，要创建数据透视表，首先要有数据源（这种数据源的组成可以是现有的工作表数据或外部数据），然后在工作簿中指定放置数据透视表的位置，最后设置字段布局。

为确保数据可用于数据透视表，在创建数据源时需要做到如下几个方面：

（1）删除所有空行或空列。

（2）删除所有自动小计。

（3）确保第一行包含列标签。

（4）确保各列只包含一种类型的数据，而不能是文本与数字的混合。

下面以创建员工数据透视表为例介绍创建数据透视表的方法，具体操作如下：

（1）打开"员工表"，然后单击工作表中的任意非空单元格，再单击"插入"功能区下的"表格"组中的"数据透视表"按钮，在展开的列表中选择"数据透视表"选项 🔃。

（2）在打开的"创建数据透视表"对话框中的"表/区域"编辑框中将自动显示工作表名称和单元格区域的引用，并选中"新工作表"单选项，如图4-46所示。

图4-46   "创建数据透视表"对话框

（3）单击"确定"按钮，一个空的数据透视表会添加到新建的工作表中。这时"数据透视表工具"选项卡会自动显示，窗口右侧显示"数据透视表字段"列表，以便用户添加字段、创建布局和自定义数据透视表，如图4-47所示。

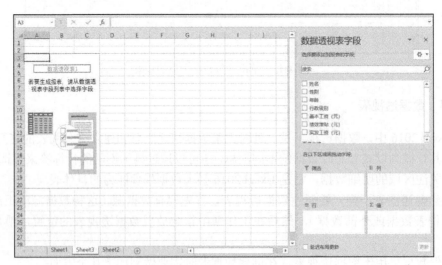

图4-47   "数据透视表字段"列表

（4）将所需字段添加到数据透视表区域的相应位置，如图 4-48 所示，最后在数据透视表外单击，数据透视表创建结束。

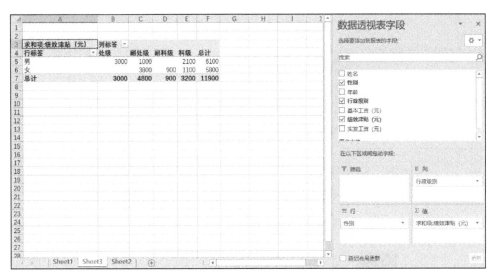

图 4-48　创建的数据透视表

4.7　工作表的打印

当工作表的数据输入、编辑、格式化等操作完成后，便可以进行打印输出了。为了使工作表的输出更加美观，在打印输出前还需要对其进行相应的处理，例如页面大小、页眉和页脚、打印区域的设置等。

4.7.1　页面的设置

1. 非手动设置页边距方法

选择如图 4-49 所示的"页面布局"功能区，单击"页面设置"组的对话框启动器 ，将弹出如图 4-50 所示的"页面设置"对话框，然后单击"页边距"选项卡，如图 4-51 所示，可以在这个选项卡中通过改变数值大小来调整页面的左右边距，同样也可以调整页面的上下边距。

图 4-49　页面布局选项卡

2. 手动设置页边距方法

选择"文件"选项卡，然后执行如图 4-52 所示的"打印"命令。在弹出的界面中单击右下角的"显示边距"按钮 ，接下来就可以按住鼠标左键拖曳表格中的各种边距线来改变页面各边距的大小，如图 4-53 所示。

图 4-50 "页面设置"对话框

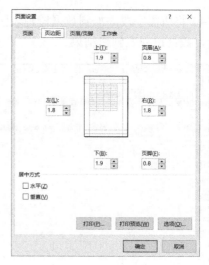

图 4-51 改变页边距

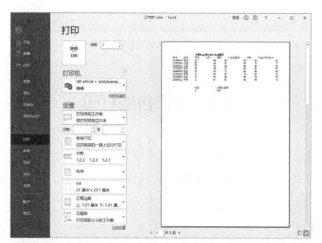

图 4-52 执行"文件"选项卡的"打印"命令的效果

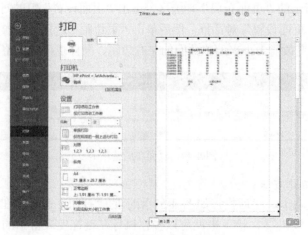

图 4-53 拖拽鼠标改变页边距的大小

需要说明的是，非手动设置页边距方法是通过数字进行调整的，准确但不够直观；手动设置页边距方法，是通过鼠标左键拖曳实现的，直观但不够准确。两种方法各有所长，可以根据实际情况来选择。

4.7.2 打印预览

打印预览是指将工作表在打印机上输出之前，可以预先在电脑上显示打印的实际效果。该操作通过"文件"选项卡中的"打印"组中的命令来实现，还可以在进行与打印有关的各项设置的同时显示"打印预览"效果，如图 4-54 所示。

图 4-54　打印效果的预览

4.8　实战演练——成绩统计表制作

学习目标

- 掌握序列填充的操作方法。
- 掌握电子表格记录单的使用方法。
- 掌握条件格式的设置方法。
- 掌握常用函数的应用。
- 掌握图表的创建方法。

4.8.1 实例简介

在日常教学工作中，教师经常会遇到成绩统计的事情。每次考试之后会产生大量的数据，对这些数据的登记、统计、分析成了一件颇为费时费力的事情。对学生的成绩进行统计、分析、管理是一项非常重要而又烦琐的工作。在计算机广泛普及的今天，利用 Excel 2016 强大的数据处理功能，可以让教师迅速完成对学生成绩的各项分析统计工作。本节主要从序列填充、记录单的使用、条件格式设置、常用函数的应用、图表的创建等方面向大家介绍一些利用 Excel 2016 进行学生成绩管理的技巧，最终效果如图 4-55 所示。

学号	姓名	语文成绩	数学成绩	英语成绩	政治成绩	体育成绩	总分	平均分	名次	等级
2010005	林巧	94	86	96	95	85	456	91.2	1	优秀
2010001	张涛	82	88	80	80	85	415	83.0	2	优秀
2010004	李燕	75	85	95	80	70	405	81.0	3	优秀
2010006	钟平	90	92	56	92	65	395	79.0	4	良好
2010003	王丽	95	76	50	80	85	386	77.2	5	良好
2010007	黄晓	70	75	80	72	85	382	76.4	6	良好
2010009	严妙	85	70	82		90	327	81.8	7	优秀
2010010	杨军	75	50	70	56	70	321	64.2	8	良好
2010002	李明	56	58	65		80	259	64.8	9	良好
2010008	陈冲	50	55		60	65	230	57.5	10	不及格
	平均分	77.2	73.5	74.9	76.9	78.0				
	最高分	95	92	96	95	90	456	91.2		
	最低分	50	50	50	56	65	230	57.5		
	考试人数	10	10	9	8	10				
	80以上人数	5	4	5	5	6				
	优秀率	50.0%	40.0%	55.6%	62.5%	60.0%				
	60-79人数	3	3	2	2	4				
	优秀率	30.0%	30.0%	22.2%	25.0%	40.0%				
	60以下人数	2	3	2	1	0				
	优秀率	20.0%	30.0%	22.2%	12.5%	0.0%				

表头：XXX班学生成绩统计表

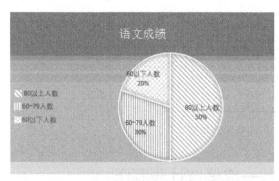
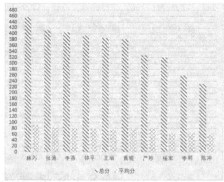

图 4-55　学生成绩统计表效果图

4.8.2　实例制作

1．制作成绩表结构

（1）输入表结构的内容。启动 Excel 2016，使用默认表 Sheet1，在 Sheet1 的 A1 单元格中输入标题："×××班学生成绩统计表"，在 A2 至 K2 单元格分别输入学号、姓名、语文成绩、数学成绩、英语成绩、政治成绩、体育成绩、总分、平均分、名次、等级；在 A3、A4 单元格中分别输入前两个学生的学号，如 2010001、2010002，同时选中 A3、A4 单元格，拖动该被选区域右下角填充柄至 A12 单元格填写其余学生学号（以 10 个学生为例）；在 B3:G12 单元格输入对应的姓名、语文成绩、数学成绩、英语成绩、政治成绩、体育成绩，参见图 4-49。

（2）设置表结构的格式。

1）设置标题单元格格式。选中"A1:K1"单元格，单击"开始"功能区下的"对齐方式"组的"合并后居中"按钮，如图 4-56 所示，合并"A1:K1"单元格并使其中的文字居中显示，并将标题字号设置为 20 磅。

图 4-56　"开始"选项卡的"合并后居中"按钮

2）设置列宽和行高。选中 A 至 K 列，单击"开始"功能区下的"单元格"组的"格式"按钮，在下拉列表中选择"自动调整列宽"选项设置合适的列宽，如图 4-57 所示；同理，选中 1 至 22 行，单击"格式"按钮中的"自动调整行高"选项设置合适的行高。

3）应用单元格样式。单元格样式是事先设置好的一组单元格格式，使用单元格样式可以快速设置单元格的格式。选中"A2:K22"单元格，单击"开始"功能区下的"样式"组的下拉按钮，如图 4-58 所示，在"单元格样式"下拉列表中选择"强调文字颜色 5"样式，即可快速设置数据区域的外观格式。

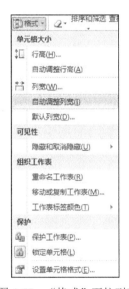

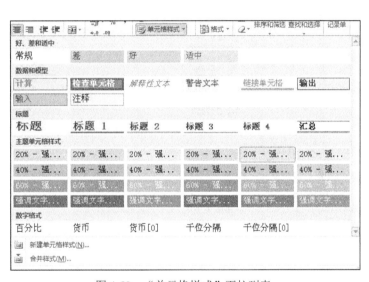

图 4-57　"格式"下拉列表　　　　　图 4-58　"单元格样式"下拉列表

2. 使用记录单输入成绩记录

在大型的工作表中，在向一个数据量较大的工作表中插入一行新记录的过程中，会有许多时间白白花费在来回切换行和列的位置上，在对数据进行修改、查询时将会非常不方便，而 Excel 的"记录单"可以帮助我们在一个小窗口中完成输入数据的工作，而不必在很长的工作表中进行输入，使用记录单操作工作表中的数据记录相对更方便、快捷。但在 Excel 2016 版本启动后却没有显示这个强大的功能，其实是 Excel 2016 隐藏了一些功能，需要进行手动操作才可以使用该功能。要想使用记录单功能，需要通过"Excel 选项"窗口将其添加到功能区中。将记录单添加到功能区的方法如下：

（1）选择"文件"选项卡，执行"选项"命令将打开"Excel 选项"窗口，在左侧窗格中选择"自定义功能区"选项。

（2）在右侧窗格中选择"开始"主选项卡，单击下方的"新建组"按钮，然后在中间窗格中的"从下列位置选择命令"下拉列表中选择"不在功能区中的命令"选项,从下面的列表框中选择"记录单"选项,单击该选项窗口中部的"添加"按钮,如图 4-59 所示。

图 4-59 "Excel 选项"窗口

(3)单击"确定"按钮,"记录单"功能按钮即被添加到"开始"选项卡的功能区中,如图 4-60 所示。

图 4-60 "开始"选项卡下的"记录单"按钮

选中数据表中任一单元格,单击"记录单"按钮,打开"记录单"对话框,如图 4-61 所示,其中包含了数据表中的所有列的名称。如果需要添加一个新的数据行,只需单击"新建"按钮,在数据列名后的空白文本框内填入新记录中各列对应的值即可。

利用"记录单"功能不仅可以方便地添加新的记录,还可以利用它在表单中搜索特定的单元格。首先单击"条件"按钮,对话框中所有列数据都将被清空。此时在相应的列名下输入查询条件,然后单击"下一条"按钮或"上一条"按钮来进行查询,这时符合条件的记录将分别出现在该对话框中相应列的文本框中。这种方法尤其适合于具有多个条件的查询中,只要在对话框的多个列文本框中同时输入相应的查询条件即可。这样就可以使用 Excel 2016 记录单来管理数据,为数据管理工作提供很大的方便。

图 4-61　"记录单"对话框

3．利用条件格式突出显示成绩

统计学生成绩时经常需要将各科目不及格的分数用红色显示，其结果如图 4-55 中深红色文框显示部分。操作方法如下：选中数据表中 C3:G12 单元格，单击"开始"功能区下的"条件格式"按钮，在展出的下拉列表中选择"新建规则"选项，如图 4-62 所示，弹出"新建格式规则"对话框，如图 4-63 所示，在"选择规则类型"列表中选择第二项"只为包含以下内容的单元格设置格式"，在"编辑规则说明"中，左侧框中默认为"单元格值"，中间框中选"小于"，右边框中填写"60"，然后单击右下角的"格式"按钮，从中选择红色，最后两次单击"确定"按钮，返回数据表窗口，这时小于 60 分的分数即显示为深红色。

图 4-62　"条件格式"下拉列表

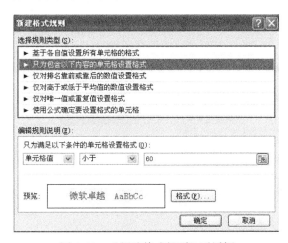

图 4-63　"新建格式规则"对话框

4．利用函数计算统计成绩

（1）计算总分并按"总分"排序

函数名称：SUM

语法：SUM（number1,number2,…）

功能：计算单元格区域中所有数值的和。

参数说明：number1、number2、…为需要计算的值，可以是具体的数值、引用的单元格（区域）等。

1）计算总分操作步骤：

- 选中第一个学生对应的总分单元格 H3，单击"开始"选项卡下的"编辑"组中的"自动求和"按钮。
- 选中单元格 C3:G3，按回车键，得出第一个学生的总分。
- 选中 H3 单元格，拖动填充柄至 H12，即可复制函数分别计算出其余学生的总分。

2）按"总分"降序排序操作步骤：

选中 H 列中任意有内容的单元格，单击"数据"功能区下的"排序和筛选"组的"降序"按钮，如图 4-64 所示，即可按照总分从高到低排序。

（2）计算平均分。

函数名称：AVERAGE

语法：AVERAGE(number1,number2,…)

功能：求出所有参数的算术平均值。

参数说明：number1、number2、…为需要求平均值的数值或引用单元格（区域），参数不超过 30 个。

注意：如果引用区域中包含 0 值单元格，则计算在内；如果引用区域中包含空白或字符单元格，则不计算在内。

1）计算每位学生的平均分的操作步骤：

- 选中存放第一个学生的平均分的单元格 I3，单击"开始"功能区下的"编辑"组中的"自动求和"按钮右侧的下拉三角形按钮，在下拉列表中选择"平均值"选项。
- 选中单元格 C3:G3，按回车键，即可求出第一个学生的平均分；如果需要将平均分保留一位小数，则选中 I3 单元格，单击"数字"组的"减少小数位数"按钮，如图 4-65 所示，即可保留一位小数。
- 选中 I3 单元格，向下拖动填充柄至 I12 单元格，即可复制函数分别计算出每个学生的平均分。

图 4-64   "降序"按钮

图 4-65   "减少小数位数"按钮

2）计算每个科目的平均分的操作步骤：

- 选中第一个科目语文对应的平均分单元格 C14，单击"开始"功能区下的"编辑"组中的"自动求和"按钮右侧的下拉三角形按钮，在下拉列表中选择"平均值"选项。
- 选中单元格 C3:C12 单元格，按回车键，得出语文科目的平均分；同理，如果需要将平均分保留一位小数，则选中 C14 单元格，单击"数字"组的"减少小数位数"按钮，即可保留一位小数。
- 选中 C14 单元格，向右拖动填充柄至 G14 单元格，即可复制函数分别计算出每个科目的平均分。

（3）排名次。

函数名称：RANK

语法：RANK(number,ref,order)

功能：返回某数字在一列数字中相对于其他数值的大小排位。

参数说明：number 为需要排名次的单元格名称或数值；ref 为引用单元格（区域）；order 为排名的方式（1 为由小到大，即升序；0 为由大到小，即降序）。

计算每位学生的名次的操作步骤：

- 选中存放第一个学生名次的单元格 J3，单击"公式"功能区最左侧的"插入函数"按钮 f_x，如图 4-66 所示，弹出"插入函数"对话框。

图 4-66　"插入函数"按钮

- 单击"或选择类别"下拉按钮，在下拉列表中选择"全部"选项，在"选择函数"列表中选择 RANK，如图 4-67 所示。

图 4-67　"插入函数"对话框

- 单击"确定"按钮，弹出"函数参数"对话框，分别输入各参数，如图 4-68 所示。Number 参数框中输入存放第一个学生平均分的单元格名称 I3，这里使用单元格相对引用是由于每个学生的平均分单元格是变化的；Ref 参数框中输入排名的范围，即 $I$3:$I$12，这里使用绝对引用是由于所有学生都在同一个范围里面排名，该范围是固定不变的；Order 参数框输入 0 意味着按降序排序。
- 选中 J3 单元格，拖动填充柄至 J12 单元格，即可复制函数分别计算出每个学生的名次。

注意：Number 参数框中输入该生平均分对应的单元格名称而不是总分单元格名称，原因在于考虑到有些同学可能在某些科目拥有免考权，这样采用平均分来排名就比较公平；在 Ref 参数框中输入的单元格区域应该采用绝对引用，这样便于复制该公式计算其他学生的排名。

提示：相对引用与绝对引用的区别

引用的单元格因为公式的位置变化而变化，这就是相对引用；引用的单元格固定不变，不会随着公式位置的变化而变化，这就是绝对引用。符号$在公式中起绝对引用的作用。

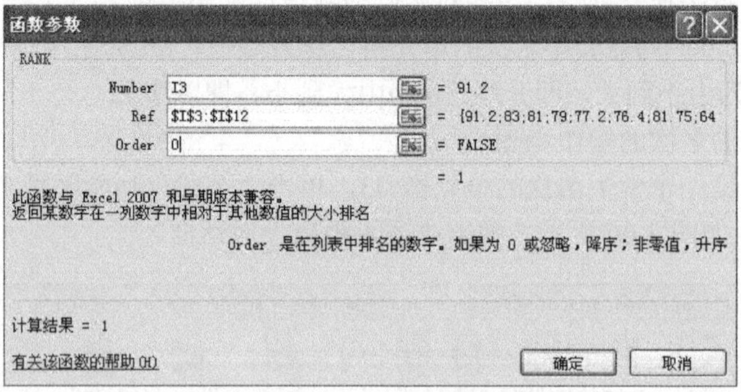

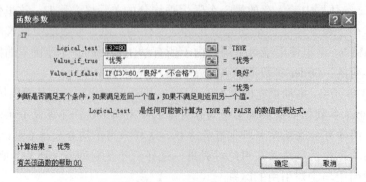

图 4-68   RANK 函数参数对话框

（4）计算等级。

函数名称：IF

语法：IF(logical_test,value_if_true,value_if_false)

功能：根据对指定条件的逻辑判断的真假结果返回相对应的内容。

参数说明：logical_test 代表逻辑判断表达式；value_if_true 表示当判断条件为逻辑真（TRUE）时的显示内容，如果忽略则返回 TRUE；value_if_false 表示当判断条件为逻辑假（FALSE）时的显示内容，如果忽略则返回 FALSE。

计算每位学生的等级的操作步骤：

● 选中存放第一个学生的等级的单元格 K3，单击"公式"功能区最左侧的"插入函数"按钮，如图 4-66 所示，弹出"插入函数"对话框。

● 单击"或选择类别"下拉按钮，在下拉列表中选择"全部"选项，在"选择函数"列表中选 IF，弹出"函数参数"对话框。

● 分别输入各参数，如图 4-69 所示。Logical_test 参数框中输入第一个学生的平均分判断表达式：I3>=80；Value_if_true 参数框中输入满足该表达式赋予的等级，如"优秀"；Value_if_false 参数框输入不满足该表达式赋予的等级，这里由于"优秀"之后还有两个等级，因此需要进行二次判断，即嵌套一个 IF 函数到第三个参数框：IF(I3>=60,"良好","不合格")；最后单击"确定"按钮返回数据表区即可求出第一个学生的等级。

图 4-69   IF 函数参数对话框

- 选中 K3 单元格，拖动填充柄至 K12 单元格，即可复制函数分别计算出每个学生的等级。

（5）计算各科最高分。

函数名称：MAX

语法：MAX(number1,number2,…)

功能：返回一组数值中的最大值，忽略逻辑值及文本。

参数说明：number1、number2、…为需要求最大值的数值或引用单元格（区域），参数不超过 30 个。

计算每个科目的最高分的操作步骤：

- 选中存放第一个科目语文最高分结果的单元格 C15，单击"开始"功能区下的"编辑"组中的"自动求和"按钮右侧的下拉三角形按钮，在下拉列表中选择"最大值"选项。
- 选中单元格 C3:C12，按回车键，即可求出语文科目的最高分。
- 选中 C15 单元格，向右拖动填充柄至 G15 单元格，即可复制函数分别计算出每个科目的最高分。

（6）计算各科最低分。

函数名称：MIN

语法：MIN(number1,number2,…)

功能：返回一组数值中的最小值，忽略逻辑值及文本。

参数说明：number1、number2、…为需要求最小值的数值或引用单元格（区域），参数不超过 30 个。

计算每个科目的最低分的操作步骤：

- 选中存放第一个科目语文最低分结果的单元格 C16，单击"开始"功能区下的"编辑"组中的"自动求和"按钮右侧的下拉三角形按钮，在下拉列表中选择"最小值"选项。
- 选中单元格 C3:C12 单元格，按回车键，即可求出语文科目的最低分。
- 选中 C16 单元格，向右拖动填充柄至 G16 单元格，即可复制函数分别计算出每个科目的最低分。

（7）统计各科考试人数。

函数名称：COUNT

语法：COUNT(value1,value2,…)

功能：统计参数表中数字参数或包含数字的单元格数目。

参数说明：value1、value2、…为需要统计的数字参数或引用的单元格（参数总数目不得超过 30 个）。

注意：如果参数为文本格式或引用的单元格中的内容是非数字格式，COUNT 函数一律不统计；若需要统计文本参数或包含文本的单元格数目，请使用 COUNTA 函数。

计算每个科目的考试人数的操作步骤：

- 选中存放第一个科目语文考试人数的单元格 C17，单击"开始"功能区下的"编辑"组中的"自动求和"按钮右侧的下拉三角形按钮，在下拉列表中选择"计数"选项。
- 选中单元格 C3:C12 单元格，按回车键，即可统计出语文科目的考试人数。
- 选中 C17 单元格，向右拖动填充柄至 G17 单元格，即可复制函数分别计算出每个科目的考试人数。

（8）统计各分数段人数。

函数名称：COUNTIF

功能：统计某单元格区域中符合指定条件的单元格数目。

格式：COUNTIF(range,criteria)

参数说明：range 代表要统计的单元格区域；criteria 表示指定的条件表达式。

特别提醒：允许引用的单元格区域中有空白单元格出现。

统计每个科目的各分数段的人数的操作步骤：

- 选中用于存放语文科目 80 分以上人数的单元格 C18，单击"公式"功能区最左侧的"插入函数"按钮，弹出"插入函数"对话框。

- 单击"或选择类别"下拉按钮，在下拉列表中选择"全部"选项，在"选择函数"列表中选择 COUNTIF，弹出"函数参数"对话框。

- 分别输入各参数，如图 4-70 所示。Range 参数框中输入语文成绩的单元格区域 C3:C12；Criteria 参数框中输入指定的条件表达式：">=80"；最后单击"确定"按钮返回数据表区，即可统计出语文科目大于等于 80 分的人数。

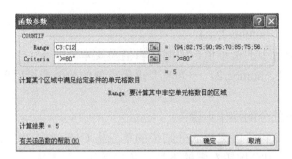

图 4-70   COUNTIF 函数参数对话框

- 选中 C18 单元格，拖动填充柄至 G18 单元格，即可复制函数分别统计出其余科目大于等于 80 分的人数。

- 选中 C20 单元格，输入公式"=COUNTIF(C3:C12,">=60") - COUNTIF(C3:C12,">=80")"按回车键，即可统计出语文科目介于 60 至 79 分之间的人数。

- 选中 C20 单元格，拖动填充柄至 G20 单元格，即可统计出其余科目介于 60 至 79 分之间的人数。

- 同理，选中 C22 单元格，输入公式"=COUNTIF(C3:C12,"<60")"，按回车键，即可统计出语文科目小于 60 分的人数。

- 选中 C22 单元格，拖动填充柄至 G22 单元格，即可统计出其余科目小于 60 分的人数。

（9）计算优秀率、良好率、及格率。

1）计算优秀率的操作方法：

- 选中用于存放语文科目优秀率的单元格 C19，输入公式"=C18/C17"，按回车键，即可算出语文科目的优秀率。

- 选中 C19 单元格，单击"开始"功能区下的"数字"组中的"百分比样式"按钮，如图 4-71 所示，即可轻松地将小数格式转换为百分比格式；通过单击"开始"功能区下的"数字"组中的"增加小数位数"或"减少小数位数"按钮，可以调整小数位数。

- 选中 C19 单元格,拖动填充柄至 G19 单元格,即可算出其余科目的优秀率。

图 4-71　"百分比样式"按钮

2)计算良好率的操作方法:

- 选中 C19 单元格,将公式中 C17 的单元格引用修改为绝对引用$C$17,即 "=C18/$C$17",单击"开始"功能区下的"复制"按钮。
- 选中用于存放语文科目良好率的单元格 C21,单击"开始"功能区下的"粘贴"按钮下方的下拉三角按钮,在下拉列表选择第 1 行第 3 列的"公式和数字格式"选项,如图 4-72 所示,即可算出语文科目的良好率。
- 同理,选中 C21 单元格,拖动填充柄至 G21 单元格,即可算出其余科目的良好率。

3)计算不及格率的操作方法与计算良好率的方法类似,不再重复。

5.利用图表分析成绩

图表是一种很好的将对象属性数据直观、形象地进行"可视化"的手段。为了对各科的分数段以及每个学生的总分和平均分有一个较直观的认识,可以采用图表来分析。按照 Excel 对图表类型的分类,图表类型包括柱状图、折线图、饼图、条形图、散点图、面积图、圆环图、雷达图、气泡图、股价图等。不同类型的图表具有不同的构成要素,如折线图一般要有坐标轴,而饼图一般没有。归纳起来,图表的基本构成要素包括标题、刻度、图例和主体等。

(1)为语文科目各分数段的人数创建饼图图表。

1)单击"插入"功能区下"图表"组中的"饼图"按钮,在展出的下拉列表中选择"二维饼图"中的第一种类型"饼图",如图 4-73 所示。

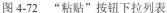

图 4-72　"粘贴"按钮下拉列表

图 4-73　"饼图"下拉列表

2)将图表区拖动到空白的区域,在"图表工具/设计"功能区下选择图表布局和图表样式,如图 4-74 所示。

3)单击"图表工具/设计"功能区下的"数据"组的"选择数据"按钮,弹出"选择数据源"对话框,如图 4-75 所示。

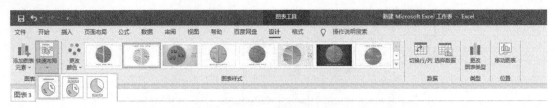

图 4-74   选择布局和样式

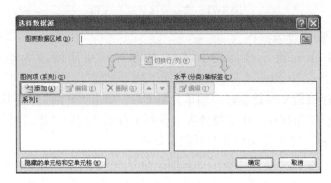

图 4-75   "选择数据源"对话框 1

4）将光标定位到"图表数据区域"文本框，移动鼠标指针至数据表区，按住 Ctrl 键的同时选中 B18:C18，B20:C20 和 B22:C22 单元格，返回"选择数据源"对话框。

5）单击"选择数据源"对话框中部的"切换行/列"按钮，将各分数段的名称添加到"水平（分类）轴标签"的列表框中。

6）选中左侧"图例项（系列）"列表中的"系列 1"，单击"编辑"按钮，弹出"编辑数据系列"对话框，如图 4-76 所示。

图 4-76   "编辑数据系列"对话框

7）将鼠标指针定位到"系列名称"框中，输入相应的系列名称，移动鼠标指针到数据区选择 C2 单元格，单击"编辑数据系列"对话框中的"确定"按钮返回"选择数据源"对话框，效果如图 4-77 所示。

8）单击"确定"按钮，关闭"选择数据源"对话框，一个语文科目各分数段的饼型图表显示在数据区。

9）在图表区的"图例"处右击，弹出快捷菜单，如图 4-78 所示，选择"设置图例格式"选项，弹出"设置图例格式"对话框，如图 4-79 所示，可将图例设置到不同的位置，例如，选择"靠左"选项，单击"关闭"按钮，返回数据区，图例即在左侧显示。

10）选中图表中"80 以上人数"区域，右击，在弹出的快捷菜单中选择"设置数据点格式"命令，在右侧出现的对话框中单击"填充与线条"选项，在"填充"选项卡下选择"图案填充"选项，在列出的图案中选择"对角线：宽下对角格式"；选中图表中"60～79 人数"区域，右击，在弹出的快捷菜单中选择"设置数据点格式"命令，在右侧出现的对话框中单击"填充与线条"选项，在"填充"选项卡下选择"图案填充"选项，在列出的图案中选择"竖条：深色格式"；选中图表中"60 以下人数"区域，右击，在弹出的快捷菜单中选择"设置数据点格式"命令，在右侧出现的对话框中单击"填充与线条"选项，选择"图案填充"选项，在列出的图案中选择"空心：菱形"格式。在图表区空白处右击，在弹出的快捷菜单中选择"设置图表区域格式"命令，弹出"设置图表区格式"对话框，如图 4-80 所示，在左侧窗格选择"填充"选项，在右侧窗格中选择某一种填充方式，如"渐变填充"，即可设置图表的底纹效果。最终效果如图 4-81 所示。

图 4-77 "选择数据源"对话框 2

图 4-78 "图例"下拉菜单

图 4-79 "设置图例格式"对话框

图 4-80 "设置图表区格式"对话框

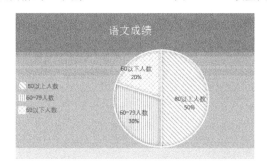

图 4-81 "语文成绩"饼图最终效果

（2）为每个学生的总分和平均分创建柱形图表。

1）将鼠标定位到工作表中任意一个单元格，选择"插入"功能区。

2）在"图表"组中单击"柱形图"按钮，在展出的下拉列表中选择第一种类型"二维柱形图"中的"簇状柱形图"样式，如图 4-82 所示。

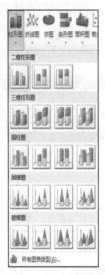

图 4-82　"柱形图"下拉菜单

3）将图表区拖动到空白的区域，在"图表工具/设计"功能区下选择图表布局和样式（例如选择布局 3、样式 2），如图 4-83 所示。

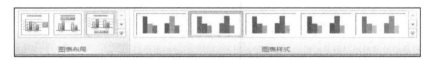

图 4-83　图表布局和样式

4）单击"图表工具/设计"功能区下的"数据"组的"选择数据"按钮，弹出"选择数据源"对话框。

5）将光标定位到"图表数据区域"文本框，移动鼠标至数据表区，按住 Ctrl 键的同时选中 B3:B12、H3:I12 单元格，返回"选择数据源"对话框，如图 4-84 所示，（注意，务必将字段名称"姓名""总分""平均分"单元格一起选中）。

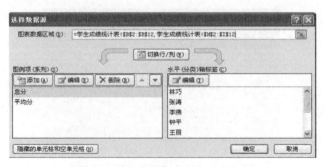

图 4-84　"选择数据源"对话框 3

6）单击"确定"按钮，关闭"选择数据源"对话框，一个每位学生总分、平均分的柱形图表显示在数据区。

7）在图表区空白处右击，在弹出的快捷菜单中选择"设置图表区域格式"选项，弹出"设置图表区格式"对话框，可设置图表的底纹效果。

8）在图表的刻度区右击，在弹出的快捷菜单中选择"设置坐标轴格式"选项，弹出"设置坐标轴格式"对话框，如图 4-85 所示。将坐标轴选项中的"主要刻度单位"设置为"固定"，输入 20.0，即可将图标区纵坐标刻度的间隔设置为 20。

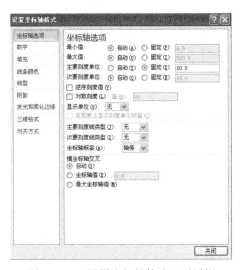

图 4-85 "设置坐标轴格式"对话框

9）单击设置坐标轴格式对话框的"关闭"按钮返回数据表，右击刻度区，在弹出的快捷菜单中选择"字体"命令，在弹出的"字体"对话框中，将刻度的字号设置为 8 磅。选中"总分"的区域，右击，在弹出的快捷菜单中选择"设置数据点格式"命令，在右侧出现的对话框中单击"填充与线条"选项，在"填充"选项卡下选择"图案填充"选项，在列出的图案中选择"对角线：宽下对角"格式；选中"平均分"的区域，右击选择"设置数据点格式"命令，在右侧出现的对话框中单击"填充与线条"选项，在"填充"选项卡下选择"图案填充"选项，在列出的图案中选择"空心：菱形网络"格式；最终效果如图 4-86 所示。

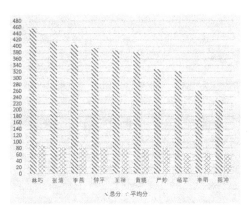

图 4-86 "总分和平均分"柱形图表效果图

6．将成绩表保存为模板

为了今后的成绩处理不再重复上述烦琐的工作，可以把上述工作表另存为一个模板。具体操作方法是，将工作表复制一份到另一个工作簿中，然后删除所有学生的单科成绩（即表中C3:G12 部分），执行"文件"选项卡下的"另存为"命令，出现"另存为"对话框，在"保存类型"下拉列表框中选"模板（*.xlsx）"，把它保存为一个模板文件，下次就可以利用此模板新建工作簿了。

7．保护成绩统计表

如果不想让别人有意或无意修改成绩表中的数据或格式，可以将工作表保护起来。Excel 2016 提供了安全保护功能，可以将工作表和工作簿进行保护。保护工作表的具体操作方法如下：

（1）单击"审阅"功能区下"更改"组中的"保护工作表"按钮，如图 4-87 所示。

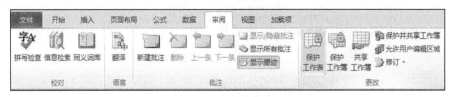

图 4-87　"保护工作表"按钮

（2）在弹出的"保护工作表"对话框中保留默认的设置，在"取消工作表保护时使用的密码"的文本框中输入保护密码（例如：123），如图 4-88 所示。

（3）单击"确定"按钮，弹出"确认密码"对话框，如图 4-89 所示，重新输入保护密码，单击"确认密码"对话框中的"确定"按钮，返回数据表。至此，工作表保护密码就已经设置好了。如果修改工作表则会弹出如图 4-90 所示的对话框，需要输入保护密码才可以进行修改。

图 4-88　"保护工作表"对话框

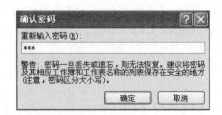

图 4-89　"确认密码"对话框

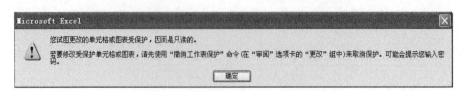

图 4-90　修改工作表的提示对话框

4.8.3　实例小结

用 Excel 进行学生成绩统计时，需要特别注意以下几个问题：

（1）利用 COUNTIF(range,criteria)函数统计不同分数段的学生人数，其中有两个参数：第一个参数 range 为统计的范围，为了便于公式的复制，最好采用绝对引用；第二个参数 criteria 为统计条件，需要加引号。如在 C18 单元格中输入公式"=COUNTIF($C$3:$C$12,">=80")"；对于在两个分数之间的分数段的人数统计问题，需要用两个 COUNTIF 函数相减，如在 C20 单元格中统计出 60～79 分之间的人数，需要输入公式"=COUNTIF(C3:C12,">=60") - COUNTIF(C3:C12,">=80")"，即用大于等于 60 的人数减去大于等于 80 的人数；如果要统计 60 分以下的人数，只要将 C18 单元格的公式复制到 C22 单元格，再把">=80"修改为"<60"，就可以得到正确的结果。

（2）在计算学生的等级时，一般使用 IF(logical_test,value_if_true,value_if_false)函数。其中有三个参数：第一个参数 logical_test 为条件，不能加双引号；第二个参数为条件成立时的结果，如果是显示某个值，则要加双引号；第三个参数为条件不成立时的结果，如果是显示某个值，同样要加双引号。该函数可以嵌套，即在第三个参数处可以再写一个 IF 函数。例如，为了得到"等级"列所要的等级结果，可以在 K3 单元格中输入公式"IF(I3>=80,"优秀", IF(I3>=60,"良好","不合格"))"，然后，利用填充柄将其复制到下方的几个单元格。

运用 Excel 制作完成的学生成绩统计表还可以进行多次考试成绩套用的操作，可谓是"一表成，终年用，一劳永逸"。实践证明，该项工作既可以解决教学工作者成绩统计过程中工作量大的问题，又可以避免出现不必要的错误。

4.9　实战演练——销售记录表数据分析

学习目标

- 掌握 Excel 的基本数据排序方法。
- 掌握数据筛选基本方法。
- 掌握分类汇总操作方法。
- 掌握数据透视表、数据透视视图的使用。
- 掌握图表基础内容。

4.9.1　实例简介

××数码销售公司主要经营电脑配件等数码产品的零售业务，该公司销售部使用 Excel 软件对销售情况进行管理，每个季度将销售数据记录在销售记录表中，请你按照要求帮助公司销售部对各类数码产品的销售记录进行统计和分析，最终结果如图 4-91 所示。

要求：

（1）对数据列表的格式进行修改，使表格更加美观。可以更改列宽、单元格格式等。

（2）将"数量"不低于 20 的销售记录所在的单元格以"浅红填充色深红色文本"标出，

“单价”中高于平均值的单元格以“黄填充色深黄色文本”标出。

（3）使用 MID 函数、LOOKUP 函数按照表 4-1 填充“所属公司”列。

（4）通过“分类汇总”功能求出各分公司的平均销售情况，并将每组结果分页显示。

（5）以分类汇总结果为基础，创建一个簇状柱形图，对各个分公司的平均销售金额进行比较，并将该图表放置在一个名为“柱状分析图”的新工作表中。

（6）增加“迷你图”列，利用“数量”“金额”“单价”，在“迷你图”列中插入折线迷你图。

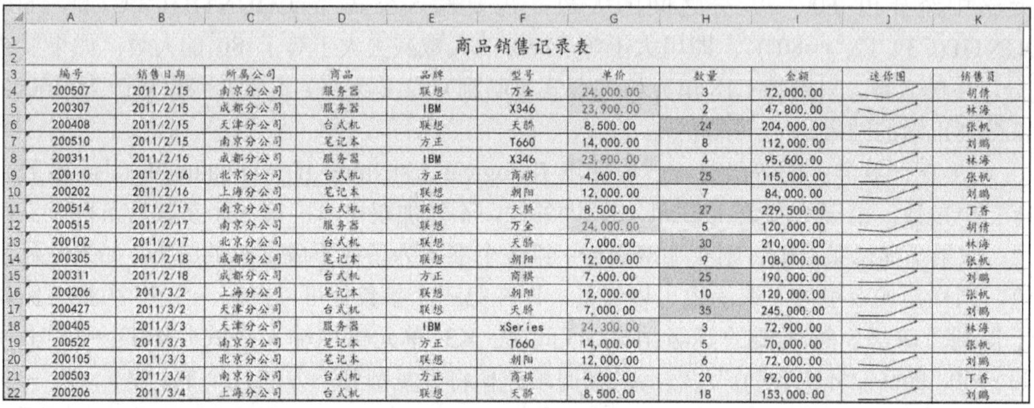

商品销售记录表

编号	销售日期	所属公司	商品	品牌	型号	单价	数量	金额	迷你图	销售员
200507	2011/2/15	南京分公司	服务器	联想	万全	24,000.00	3	72,000.00		胡倩
200307	2011/2/15	成都分公司	服务器	IBM	X346	23,900.00	2	47,800.00		林海
200408	2011/2/15	天津分公司	台式机	联想	天骄	8,500.00	24	204,000.00		张帆
200510	2011/2/15	南京分公司	笔记本	方正	T660	14,000.00	8	112,000.00		刘鹏
200311	2011/2/16	成都分公司	服务器	IBM	X346	23,900.00	4	95,600.00		林海
200110	2011/2/16	北京分公司	台式机	方正	商祺	4,600.00	25	115,000.00		张帆
200202	2011/2/16	上海分公司	笔记本	联想	朝阳	12,000.00	7	84,000.00		刘鹏
200514	2011/2/17	南京分公司	台式机	联想	天骄	8,500.00	27	229,500.00		丁香
200515	2011/2/17	南京分公司	服务器	联想	万全	24,000.00	5	120,000.00		胡倩
200102	2011/2/17	北京分公司	台式机	联想	天骄	7,000.00	30	210,000.00		林海
200305	2011/2/18	成都分公司	笔记本	联想	朝阳	12,000.00	9	108,000.00		张帆
200311	2011/2/18	成都分公司	台式机	方正	商祺	7,600.00	25	190,000.00		刘鹏
200206	2011/3/2	上海分公司	笔记本	联想	朝阳	12,000.00	10	120,000.00		张帆
200427	2011/3/2	天津分公司	台式机	联想	天骄	7,000.00	35	245,000.00		刘鹏
200405	2011/3/3	天津分公司	服务器	IBM	xSeries	24,300.00	3	72,900.00		林海
200522	2011/3/3	南京分公司	笔记本	方正	T660	14,000.00	5	70,000.00		张帆
200105	2011/3/3	北京分公司	笔记本	联想	朝阳	12,000.00	6	72,000.00		刘鹏
200503	2011/3/4	南京分公司	台式机	方正	商祺	4,600.00	20	92,000.00		丁香
200206	2011/3/4	上海分公司	台式机	联想	天骄	8,500.00	18	153,000.00		刘鹏

图 4-91　最终效果图

4.9.2　实例制作

本章以××数码销售公司第一季度销售记录作为案例，统计和分析员工的销售记录。打开“D:\OFFICE\素材\第 4 章”文件夹中的“第一季度销售记录.xlsx”，完成如下操作。

1. 表格数据初始化

对工作表“第一季度销售清单”中的数据列表进行格式化操作：将第一列“编号”列设为文本，适当加大行高、列宽，改变字体、字号，设置对齐方式，增加适当的边框和底纹以使工作表更加美观。

操作步骤如下：

（1）按住鼠标左键拖选 A4:A30 单元格，右击并在弹出的快捷菜单中选择“设置单元格格式”命令，在“数字”选项卡“分类”栏中选择“文本”。

（2）按住鼠标左键拖选 A:I 列，右击并在弹出的快捷菜单中选择“列宽”命令，在“列宽”对话框中输入 10，用同样的方法选中 1:30 行，设置“行高”为 15。

（3）按住鼠标左键拖选 A1:L30 单元格，设置字体为“楷体”“11 号”“垂直居中”“水平居中”，表格底纹为“金色，个性色 4，淡色 80%”，边框为“所有框线”。

2. 设置单元格条件格式

利用“条件格式”功能进行下列设置：将销售数量不低于 20 的销售记录所在的单元格以“浅红填充色深红色文本”标出，单价中高于平均值的单元格以“黄填充色深黄色文本”标出。

操作步骤如下：

（1）按住鼠标左键拖选 H3:H33 单元格，单击"开始"→"样式"→"条件格式"，如图 4-92 所示。

图 4-92　"条件格式"列表

（2）在下拉列表中选择"突出显示单元格规则"→"大于"命令，在弹出的"大于"对话框的编辑框中输入 20，在"设置为"的下拉列表中选择"浅红填充色深红色文本"，设置好后单击"确定"按钮，如图 4-93 所示。

图 4-93　"大于"对话框

（3）按住鼠标左键拖选 G3:G33 单元格，单击"开始"→"样式"→"条件格式"→"最前/最后规则"→"高于平均值"，在弹出的"高于平均值"对话框中选择"黄填充色深黄色文本"，如图 4-94 所示。

注意：对于单元格区域，如果满足条件格式（规则为真），它将优先于手动调整的单元格格式，如果删除条件格式规则，单元格区域的手动格式将保留。

3. 取位函数 LEFT、MID、RIGHT 的使用

编号第 3、4 位代表员工所在的分公司，例如：200102 中的 01 代表北京分公司。请通过函数提取每个员工所在的分公司并按表 4-1 中的对应关系填写在"所属公司"列中。

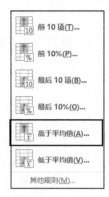
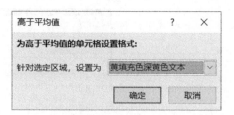

图 4-94　"高于平均值"对话框

表 4-1　编号第 3、4 位代表的分公司

编号的第 3、4 位	对应分公司
01	北京分公司
02	上海分公司
03	成都分公司
04	天津分公司
05	南京分公司

操作步骤如下：

（1）要判断员工属于哪个分公司，首先必须把编号中代表分公司编号的数字提取出来。例如，计算第一个员工的分公司，选中 C4 单元格，单击"公式"→"插入函数"，在弹出的"插入函数"对话框的"搜索函数"文本框中输入 MID，单击"转到"按钮，选择好后单击"确定"按钮，如图 4-95 所示。

图 4-95　插入 MID 函数

（2）图 4-96 为弹出的"函数参数"对话框。MID 是一个字符串函数，作用是从一个字符串中截取指定数量的字符。

本例当中要截取编号的第 3、4 位，将光标置于第一个参数的编辑栏内，单击或者输入 A4（单元格），在第二个参数的编辑栏内输入 3，表示从左边的第 3 位开始截取，在第三个参数的编辑栏内输入 2，表示从第 3 位开始向右截取 2 位，如图 4-90 所示。

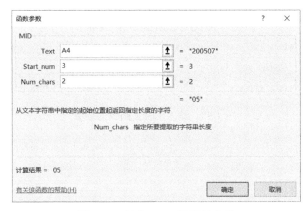

图 4-96　输入 MID 函数的参数

（3）输入完毕单击"确定"按钮，向下填充公式，所有员工的分公司编号都显示在"所属公司"列，如图 4-97 所示。

	A	B	C	D	E	F	G	H	I	J
1					商品销售记录表					
3	编号	销售日期	所属公司	商品	品牌	型号	单价	数量	金额	销售员
4	200507	2011/2/15	05	服务器	联想	万全	24,000.00	3	72,000.00	胡倩
5	200307	2011/2/15	03	服务器	IBM	X346	23,900.00	2	47,800.00	林海
6	200408	2011/2/15	04	台式机	联想	天骄	8,500.00	24	204,000.00	张帆
7	200510	2011/2/15	05	笔记本	方正	T660	14,000.00	8	112,000.00	刘鹏
8	200311	2011/2/16	03	服务器	IBM	X346	23,900.00	4	95,600.00	林海
9	200110	2011/2/16	01	台式机	方正	商祺	4,600.00	25	115,000.00	张帆
10	200202	2011/2/16	02	笔记本	朝阳		12,000.00	7	84,000.00	刘鹏
11	200514	2011/2/17	05	台式机	联想	天骄	8,500.00	27	229,500.00	丁香
12	200515	2011/2/17	05	服务器	联想	万全	24,000.00	5	120,000.00	胡倩
13	200102	2011/2/17	01	台式机	联想	天骄	7,000.00	30	210,000.00	林海
14	200305	2011/2/18	03	笔记本	联想	朝阳	12,000.00	9	108,000.00	张帆
15	200311	2011/2/18	03	台式机	方正	商祺	7,600.00	25	190,000.00	刘鹏
16	200206	2011/3/2	02	笔记本	朝阳		12,000.00	10	120,000.00	张帆
17	200427	2011/3/2	04	台式机	联想	锋行	7,000.00	35	245,000.00	刘鹏
18	200405	2011/3/3	04	服务器	IBM	xSeries	24,300.00	3	72,900.00	林海
19	200522	2011/3/3	05	笔记本	方正	T660	14,000.00	5	70,000.00	张帆
20	200105	2011/3/3	01	笔记本	联想	朝阳	12,000.00	6	72,000.00	刘鹏
21	200503	2011/3/4	05	台式机	方正	商祺	4,600.00	20	92,000.00	丁香
22	200206	2011/3/4	02	台式机	联想	天骄	8,500.00	18	153,000.00	刘鹏
23	200414	2011/3/20	04	服务器	联想	万全	32,200.00	2	64,400.00	胡倩
24	200207	2011/3/20	02	笔记本	方正	T660	14,000.00	8	112,000.00	胡倩
25	200309	2011/3/20	03	台式机	方正	商祺	7,600.00	20	152,000.00	张帆
26	200307	2011/3/20	03	台式机	联想	锋行	7,600.00	22	167,200.00	林海
27	200130	2011/3/21	01	服务器	IBM	xSeries	24,300.00	4	97,200.00	张帆
28	200331	2011/3/21	03	服务器	联想	万全	32,200.00	6	193,200.00	丁香
29	200208	2011/3/21	02	台式机	方正	商祺	7,600.00	26	197,600.00	胡倩
30	200503	2011/3/28	05	笔记本	联想	朝阳	12,000.00	4	48,000.00	林海
31	200409	2011/3/28	04	台式机	联想	锋行	7,600.00	30	228,000.00	丁香
32	200503	2011/3/28	05	服务器	IBM	x225	47,100.00	5	235,500.00	胡倩
33	200108	2011/3/28	01	笔记本	方正	E400	9,100.00	6	54,600.00	刘鹏

图 4-97　取编号第 3、4 位所得的结果

注意：还有另外两个与 MID 函数相类似的取位函数：LEFT 和 RIGHT。

（1）LEFT 函数。LEFT 函数用于从一个文本字符串左边的第一个字符开始返回指定个数的字符。

例如：截取编号的前 4 位，就是将光标置于第一个参数的编辑栏内，单击或者输入 A4（单元格），在第二个参数的编辑栏内输入 4，表示截取编号的前 4 位，如图 4-98 所示。输入完毕后单击"确定"按钮，向下填充公式，所有员工编号的前 4 位将会在表中显示出来，如图 4-99 所示。

图 4-98　输入 LEFT 函数的参数

	编号	销售日期	所属公司	商品	品牌	型号	单价	数量	金额	销售员
				商品销售记录表						
	200507	2011/2/15	2005	服务器	联想	万全	24,000.00	3	72,000.00	胡倩
	200307	2011/2/15	2003	服务器	IBM	X346	23,900.00	2	47,800.00	林海
	200408	2011/2/15	2004	台式机	联想	天麟	8,500.00	24	204,000.00	张帆
	200510	2011/2/15	2005	笔记本	方正	T660	14,000.00	8	112,000.00	刘鹏
	200311	2011/2/16	2003	服务器	IBM	X346	23,900.00	4	95,600.00	林海
	200110	2011/2/16	2001	台式机	方正	商祺	4,600.00	25	115,000.00	张帆
	200202	2011/2/16	2002	笔记本	联想	朝阳	12,000.00	7	84,000.00	刘鹏
	200514	2011/2/17	2005	台式机	联想	天麟	8,500.00	27	229,500.00	丁冬
	200515	2011/2/17	2005	服务器	联想	万全	24,000.00	5	120,000.00	胡倩
	200102	2011/2/17	2001	台式机	联想	天麟	7,000.00	30	210,000.00	林海
	200305	2011/2/18	2003	笔记本	联想	朝阳	12,000.00	9	108,000.00	张帆
	200311	2011/2/18	2003	台式机	方正	商祺	7,600.00	25	190,000.00	刘鹏
	200206	2011/3/2	2002	笔记本	联想	朝阳	12,000.00	10	120,000.00	刘鹏
	200427	2011/3/2	2004	台式机	联想	天麟	7,000.00	35	245,000.00	刘鹏
	200405	2011/3/3	2004	服务器	IBM	xSeries	24,300.00	3	72,900.00	张帆
	200522	2011/3/3	2005	笔记本	方正	T660	14,000.00	5	70,000.00	张帆
	200105	2011/3/3	2001	笔记本	联想	朝阳	12,000.00	6	72,000.00	刘鹏
	200503	2011/3/4	2005	台式机	方正	商祺	4,600.00	20	92,000.00	丁冬
	200206	2011/3/4	2002	台式机	联想	天麟	8,500.00	18	153,000.00	刘鹏
	200414	2011/3/20	2004	服务器	联想	万全	32,200.00	2	64,400.00	胡倩
	200207	2011/3/20	2002	笔记本	方正	T660	14,000.00	8	112,000.00	林海
	200309	2011/3/20	2003	台式机	方正	商祺	7,600.00	20	152,000.00	张帆
	200307	2011/3/21	2003	台式机	联想	锋行	7,600.00	22	167,200.00	刘鹏
	200130	2011/3/21	2001	服务器	IBM	xSeries	24,300.00	4	97,200.00	张帆
	200331	2011/3/21	2003	台式机	联想	万全	32,200.00	6	193,200.00	丁冬
	200208	2011/3/21	2002	台式机	方正	商祺	7,600.00	26	197,600.00	胡倩
	200503	2011/3/28	2005	笔记本	联想	朝阳	12,000.00	4	48,000.00	林海
	200409	2011/3/28	2004	台式机	联想	锋行	7,600.00	30	228,000.00	丁冬
	200503	2011/3/28	2005	服务器	IBM	x225	47,100.00	5	235,500.00	胡倩
	200108	2011/3/28	2001	笔记本	方正	E400	9,100.00	6	54,600.00	刘鹏

图 4-99　取编号的前 4 位所得的结果

（2）RIGHT 函数。RIGHT 函数用于从一个文本字符串的最后一个字符开始，从后往前截取用户指定长度的内容。

例如：截取编号的后 4 位，就是将光标置于第一个参数的编辑框内，单击或者输入 A4（单元格），在第二个参数的编辑栏内输入 4，表示截取编号的后 4 位，如图 4-100 所示。输入完毕后单击"确定"按钮，向下填充公式，所有员工编号的后 4 位将会在表中显示出来，如图 4-101 所示。

图 4-100　输入 RIGHT 函数的参数

	A	B	C	D	E	F	G	H	I	J
1										
2					商品销售记录表					
3	编号	销售日期	所属公司	商品	品牌	型号	单价	数量	金额	销售员
4	200507	2011/2/15	0507	服务器	联想	万全	24,000.00	3	72,000.00	胡倩
5	200307	2011/2/15	0307	服务器	IBM	X346	23,900.00	2	47,800.00	林海
6	200408	2011/2/15	0408	台式机	联想	天骄	8,500.00	24	204,000.00	张帆
7	200510	2011/2/15	0510	笔记本	方正	T660	14,000.00	8	112,000.00	刘鹏
8	200311	2011/2/16	0311	服务器	IBM	X346	23,900.00	4	95,600.00	林海
9	200110	2011/2/16	0110	台式机	方正	商祺	4,600.00	25	115,000.00	张帆
10	200202	2011/2/16	0202	笔记本	联想	朝阳	12,000.00	7	84,000.00	刘鹏
11	200514	2011/2/17	0514	台式机	联想	天骄	8,500.00	27	229,500.00	丁香
12	200515	2011/2/17	0515	服务器	联想	万全	24,000.00	5	120,000.00	胡倩
13	200102	2011/2/17	0102	台式机	联想	天骄	7,000.00	30	210,000.00	林海
14	200305	2011/2/18	0305	笔记本	联想	朝阳	12,000.00	9	108,000.00	张帆
15	200311	2011/2/18	0311	台式机	方正	商祺	7,600.00	25	190,000.00	刘鹏
16	200206	2011/3/2	0206	笔记本	联想	朝阳	12,000.00	10	120,000.00	张帆
17	200427	2011/3/2	0427	台式机	联想	天骄	7,000.00	35	245,000.00	刘鹏
18	200405	2011/3/3	0405	服务器	IBM	xSeries	24,300.00	3	72,900.00	林海
19	200522	2011/3/3	0522	笔记本	方正	T660	14,000.00	5	70,000.00	张帆
20	200105	2011/3/3	0105	笔记本	联想	朝阳	12,000.00	6	72,000.00	刘鹏
21	200503	2011/3/4	0503	台式机	方正	商祺	4,600.00	20	92,000.00	丁香
22	200206	2011/3/4	0206	台式机	联想	天骄	8,500.00	18	153,000.00	刘鹏
23	200414	2011/3/20	0414	服务器	联想	万全	32,200.00	2	64,400.00	胡倩
24	200207	2011/3/20	0207	笔记本	方正	T660	14,000.00	8	112,000.00	林海
25	200309	2011/3/20	0309	台式机	方正	商祺	7,600.00	20	152,000.00	张帆
26	200307	2011/3/21	0307	台式机	联想	锋行	7,600.00	22	167,200.00	刘鹏
27	200130	2011/3/21	0130	服务器	IBM	xSeries	24,300.00	4	97,200.00	张帆
28	200331	2011/3/21	0331	服务器	联想	万全	32,200.00	6	193,200.00	丁香
29	200208	2011/3/21	0208	台式机	方正	商祺	7,600.00	26	197,600.00	胡倩
30	200503	2011/3/28	0503	笔记本	联想	朝阳	12,000.00	4	48,000.00	林海
31	200409	2011/3/28	0409	台式机	联想	锋行	7,600.00	30	228,000.00	丁香
32	200503	2011/3/28	0503	服务器	IBM	x225	47,100.00	5	235,500.00	胡倩
33	200108	2011/3/28	0108	笔记本	方正	E400	9,100.00	6	54,600.00	刘鹏

图 4-101　取编号的后 4 位所得的结果

4．LOOKUP 函数的使用

将员工的第 3、4 位分公司的编号取出后，接下来就需要将编号转换成分公司名称。操作步骤如下：

（1）将光标置于编辑栏公式的 "=" 与 MID 之间，输入 "LOOKUP("，在输入的同时系统也会提示公式，如图 4-102 所示。

（2）输入完公式后，将光标置于 LOOKUP 中，单击 "插入函数" 图标，弹出 "选定参数" 对话框，如图 4-103 所示。

=LOOKUP(MID(A4,3,2))

图 4-102　插入 LOOKUP 函数

图 4-103　"选定参数" 对话框

（3）选定参数后单击 "确定" 按钮，弹出 "函数参数" 对话框，在第一个参数的编辑栏中默认填入了 MID 公式（也就是获取到的分公司编号），第二个参数的编辑栏中填入数组 {"01","02","03","04","05"}，第三个参数返回与第二个参数相对应的数值，填入数组 {"北京分公司","天津分公司","成都分公司","天津分公司","南京分公司"}，如图 4-104 所示。

（4）单击 "确定" 按钮后，完整公式为 "=LOOKUP(MID(A2,3,2), {"01","02","03","04","05"},{"北京分公司","天津分公司","成都分公司","天津分公司","南京分公司"})"，然后向下填充将所有员编号对应的分公司名称计算出来，如图 4-105 所示。

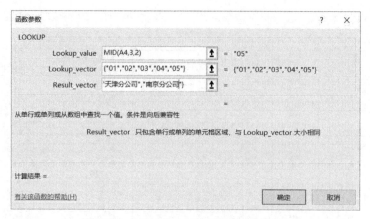

图 4-104　LOOKUP "函数参数" 对话框

图 4-105　计算分公司名称的最终结果

5. 数据分类汇总

复制工作表"销售清单"，将副本放置到原表之后；改变该副本表标签的颜色，并重新命名，新表命名为"分类汇总"。通过"分类汇总"功能求出各分公司的平均销售情况，并将每组结果分页显示。

操作步骤如下：

（1）将光标移动到"销售清单"工作表标签位置右击，在弹出的快捷菜单中选择"移动或复制工作表"命令，打开"移动或复制工作表"对话框。在"下列选定工作表之前"的下拉列表中选择"销售清单"，并勾选"建立副本"复选框，单击"确定"按钮。在"销售清单"工作表后插入一个新的工作表"销售清单（2）"。右击新工作表标签，在弹出的快捷菜单中选择"重命名"命令，输入"分类汇总"。再次右击"分类汇总"工作表标签，在弹出的快捷菜单中选择"工作表标签颜色"命令，设置为标准色"红色"。

（2）要汇总各分公司的数据，就要先对分公司进行排序，单击"数据"→"排序和筛选"

→"排序"，主要关键字选择"所属公司"，然后单击"确定"按钮进行排序。

（3）单击"数据"→"分级显示"→"分类汇总"，在弹出的"分类汇总"对话框中设置"分类字段"为"所属公司"，设置"汇总方式"为"平均值"，在"选定汇总项"区域选中单价、数量、金额，并勾选"每组数据分页"复选框，如图 4-106 所示。

（4）单击"确定"按钮，得到分类汇总结果，并以虚线进行分页显示。

6. 创建图表

制作图表的方法有两种：一种是先选择创建的图表类型并插入，再选择数据源生成图表；另一种是先选择数据源再选择创建的图表类型插入生成图表。本例选择第二种方法创建。

操作步骤如下：

（1）确定数据源区域，根据要求，创建图表需要用到各个分公司的平均销售情况，也就是"分类汇总"工作表中的分类名称 G1:I1，其次要选中五个分公司在分类汇总工作表中的单价、数量、金额属性，由于这些属性所在位置不是连续的单元格区域，所以选择时要按住 Ctrl 键再依次拖选。

（2）选择好数据区域后，单击"插入"功能区，在"图表"组中选择"柱形图"按钮，在下拉列表中选择"二维柱形图"中的"簇状柱形图"，如图 4-107 所示。

图 4-106　"分类汇总"对话框

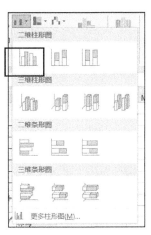

图 4-107　插入图表菜单

（3）选择结束后在工作表中会出现一个绘制好的图表，如图 4-108 所示。

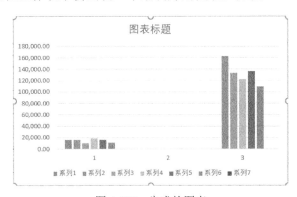

图 4-108　生成的图表

（4）若需要修改图例中的文字，则选择图表，单击"设计"→"数据"→"选择数据"，弹出"选择数据源"对话框，如图 4-109 所示。

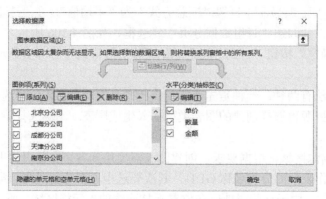

图 4-109 "选择数据源"对话框

（5）在"图例项（系列）"列表中选择下拉栏的选项，单击"编辑"按钮，在弹出的"编辑数据系列"对话框中，将"系列名称"文本框的值修改为所属公司，然后单击"确定"按钮即可，如图 4-110 所示，接着按同样的方法继续修改其他名称。

图 4-110 "编辑数据系列"对话框

（6）修改完成后，要让图表独立地在一个工作表中显示。选择图表，右击，在弹出的快捷菜单中选择"剪切"命令，或按快捷键 Ctrl+X 切换到 Sheet2 工作表，右击，在弹出的快捷菜单中选择"粘贴选项"→"使用目标主题"命令，或按快捷键 Ctrl+V，最后将工作表名称修改为"柱状分析图"。

7. 创建迷你图

复制工作表"销售清单"，将副本放置到原表之前，命名为"迷你图"。在工作表"迷你图"的"金额"列后面增加一列，设置列宽为"15"，设置列标题为"迷你图"。利用"数量""金额""单价"在"迷你图"列中插入折线迷你图，将折线图的线条设为"1.5 磅"，颜色改为"黄色"。设置"高点"颜色为"红色"，"低点"颜色为"绿色"。

操作步骤如下：

（1）在"销售清单"表标签上右击，在弹出的快捷菜单中选择"移动或复制工作表"命令，在"销售清单"表前建立一个副本"销售清单（2）"，并重命名为"迷你图"。

（2）单击列标题，选择"销售员"列，右击，在弹出的快捷菜单中选择"插入"命令，在"金额"列后插入一个空列，在新插入的列输入"迷你图"，设置列宽为 15。

（3）选中 J4 单元格，单击"插入"功能区，在"迷你图"组中选择"折线图"按钮，如图 4-111 所示。

（4）在打开的"创建迷你图"对话框中，"数据范围"选择 J4 单元格所对应的单价、数量、金额，"位置范围"默认填入当前选中的单元格 J4，如图 4-112 所示。

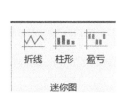

图 4-111　插入迷你图　　　　　　　　　　图 4-112　创建迷你图

（5）单击"确定"按钮，在 J4 单元格生成一个迷你折线图，单击"表格工具/设计"功能区设置迷你图格式。在"显示"组中勾选"高点"和"低点"复选框。

（6）在"样式"分组中选择"迷你图颜色"，设置颜色为"黑色"。

（7）选择"标记颜色"，设置"高点"颜色为"红色"，"低点"颜色为"绿色"，如图 4-113 所示。

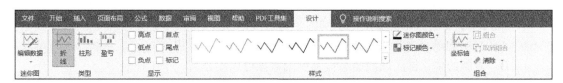

图 4-113　迷你图"设计"选项卡

4.9.3　实例小结

本节通过对销售表的数据分析，介绍了 Excel 数据分析的基本功能。

（1）排序。Excel 对要升序排序的数字从最小的负数到最大的正数进行排序，反之则为降序排序。字符按字母先后顺序排序。在对文本进行排序时，Excel 对要排序的文本中的字符从左到右逐个地进行比较，首次出现的两个不同字符的比较结果即为两个文本的排序结果。Excel 可以设置多个字段进行排序。

（2）筛选。Excel 通过筛选功能可以在数据表中选出符合条件的数据。在筛选过程中，条件的选择如果是某一个具体的值，则只需在筛选下拉列表中选择该值即可，如果筛选的条件是某一个范围，则在筛选下拉列表中选择自定义，自定义框中有多种可选的关系表达式，此外 Excel 还可以通过通配符进行内容筛选。

（3）分类汇总。分类汇总是 Excel 常用的汇总功能。Excel 进行分类汇总前务必对分类的字段进行排序，然后再分类汇总。在分类汇总过程中，务必弄清楚分类的字段及汇总的方式、汇总的字段等相关内容。进行分类汇总后的 Excel 数据表有 3 层内容，第 3 层是数据项与汇总项，第 2 层是分类汇总项，第 1 层是总汇总项。复制汇总数据时，务必注意用 F5 键定位可见单元格进行复制。

（4）数据透视表。分类汇总适合在分类的字段少、汇总的方式不多的情况下进行，倘若分类的字段较多则需使用数据透视表进行汇总。使用数据透视表前，务必清晰知道想要得到的汇总表格框架，根据框架的模式把相应的数据字段拖曳到合适的位置即可得到符合条件的数据透视表

（5）图表。Excel 的图表让人一目了然地了解数据之间的关系。在进行图表创建时，要注意图表的源数据，数据选择范围不合适将无法得到正确的图表展示。图表初步创建完毕后，还可以通过设置不同对象的格式来设置图表格式，以使得图表美观大方。

习题

一、选择题

1. 启动 Excel 2016 后自动建立的工作簿文件的名称为（　　）。
　　A．Book1　　　　　B．工作簿文件　　C．工作薄 1　　　　D．BookFile1

2. 在 Excel 2016 主界面窗口中不包含（　　）选项卡。
　　A．输出　　　　　B．插入　　　　　C．开始　　　　　D．数据

3. Excel 2016 中的工作表具有（　　）。
　　A．一维结构　　　B．二维结构　　　C．三维结构　　　D．树结构

4. 下列关于复制操作说法中不正确的是（　　）。
　　A．复制的单元格区域数据不一定与被复制的数据完全相同。
　　B．复制的单元格区域数据与被复制的数据可以不在同一个工作表中。
　　C．复制的单元格区域数据与被复制的数据可能不在同一个工作表中
　　D．复制的单元格区域数据一定与被复制的数据完全相同

5. 在 Excel 2016 中，关闭窗口的快捷键为（　　）。
　　A．Alt+F4　　　　B．Ctrl+X　　　　C．Ctrl+C　　　　D．Shift+F10

6. 启动 Excel 2016 后，在自动建立的工作簿文件中，工作表的初始数量为（　　）。
　　A．4 个　　　　　B．3 个　　　　　C．2 个　　　　　D．1 个

7. 若一个单元格的地址为 F5，则其右边紧邻的一个单元格的地址为（　　）。
　　A．F6　　　　　　B．G5　　　　　　C．E5　　　　　　D．F4

8. 在 Excel 2016 中，日期数据的数据类型属于（　　）。
　　A．数字型　　　　B．文字型　　　　C．逻辑型　　　　D．时间型

9. Excel 2016 的每个工作表中，最小操作单元是（　　）。
　　A．单元格　　　　B．一行　　　　　C．一列　　　　　D．一张表

10. 在具有常规格式的单元格中输入数值后，其显示方式是（　　）。
　　A．左对齐　　　　B．右对齐　　　　C．居中　　　　　D．随机

11. Excel 2016 中，"合并单元格"可在"设置单元格格式"对话框中的（　　）选项卡中设置。
　　A．保存　　　　　B．字体　　　　　C．数字　　　　　D．对齐

12. 在一个单元格引用的行地址或列地址前，若表示为绝对地址则添加的字符是（　　）。
　　A．@　　　　　　B．#　　　　　　　C．$　　　　　　　D．%

13. 假定一个单元格的地址为$D$25，则此地址的表示方式是（　　）。

　　　A．相对地址　　　　B．绝对地址　　　　C．混合地址　　　　D．三维地址

14. 假定单元格 D3 中保存的公式为"=B3+C3"，若把它移动到 E4 中，则 E4 中保存的公式为（　　）。

　　　A．=B3+C3　　　　B．=C3+D3　　　　C．=B4+C4　　　　D．=C4+D4

15. 在 Excel 2016 中，求一组数值中的最大值的函数为（　　）。

　　　A．AVERAGE　　B．MAX　　　　C．MIN　　　　D．SUM

16. 在 Excel 2016 的高级筛选中，条件区域中同一行的条件是（　　）。

　　　A．或的关系　　　B．与的关系　　　C．非的关系　　　D．异或的关系

17. Excel 2016 中所包含的图表类型共有（　　）。

　　　A．10 种　　　　B．11 种　　　　C．20 种　　　　D．30 种

18. 在 Excel 2016 中，创建图表时要打开（　　）选项卡。

　　　A．开始　　　　B．插入　　　　C．公式　　　　D．数据

19. 在 Excel 2016 中，从工作表中删除所定的一列，则需要使用"开始"选项卡中的（　　）。

　　　A．"删除"按钮　B．"清除"按钮　C．"剪切"按钮　D．"复制"按钮

20. 在 Excel 2016 中，如果只需要删除所选区域的内容，则应执行的操作是（　　）。

　　　A．"清除"→"清除批注"　　　　B．"清除"→"全部清除"

　　　C．"清除"→"清除内容"　　　　D．"清除"→"清除格式"

21. 在 Excel 2016 中，利用"查找和替换"功能（　　）。

　　　A．只能进行替换　　　　　　　B．只能进行查找

　　　C．既能进行查找又能进行替换　D．只能进行一次查找和替换

22. 在 Excel 2016 的工作表中，（　　）。

　　　A．行和列都不可以被隐藏　　　B．只能隐藏行

　　　C．只能隐藏列　　　　　　　　D．行和列都可以被隐藏

23. 在 Excel 2016 中，若要选择一个工作表的所有单元格，则应单击（　　）。

　　　A．表标签　　　　　　　　　　B．列标行与行号列相交的单元格

　　　C．左下角单元格　　　　　　　D．右上角单元格

24. 在一个 Excel 2016 的工作表中，第 6 列的列标为（　　）。

　　　A．C　　　　　B．D　　　　　C．E　　　　　D．F

25. 在 Excel 2016 中，若要删除一个工作表，则右击它的工作表标签后，应从弹出的快捷菜单中选择（　　）。

　　　A．"重命名"选项　　　　　　　B．"插入"选项

　　　C．"删除"选项　　　　　　　　D．"工作表标签颜色"选项

26. 在 Excel 2016 中，"页眉/页脚"的设置在（　　）中进行。

　　　A．"单元格格式"对话框　　　　B．"打印"对话框

　　　C．"插入函数"对话框　　　　　D．"页面设置"对话框

27. 在 Excel 2016 中，若要表示"数据表 1"上的 B2 到 G8 的整个单元格区域，则应书写为（　　）。

　　　A．数据表 1#B2:G8　　　　　　B．数据表 1$B2:G8

C．数据表 1!B2:G8   D．数据表 1:B2:G8

28．在 Excel 2016 的一个工作表上的某一个单元格中，若要计算 2015×4-55，则正确的输入为（   ）。

A．2015×4-55   B．=2015×4-55   C．'2015×4-55   D．"2015×4-55"

二、操作题

新建一个工作簿，然后建立学生成绩表数据表（图 4-114），按要求完成如下操作：

1．输入表格内容（其中学号用自动填充方式输入）。

2．用公式计算总分和平均分。用函数求出最高分和最低分。

3．按"总分"降序排序，并用自动填充将名次填上。

4．表头合并单元格，字体为黑体，字号为 30、加粗、居中。

5．表格边框设置为细实线，表格内的文字设置为宋体、20 号、居中。

7．设置条件格式：0~59 分红色显示、60~79 分紫色显示、80~100 分蓝色显示。

8．纸张大小的设置为 A4 纸，上、下边距为 2，左、右边距为 2。

9．打印预览此表格，页面如果不合理可调整行间距和列间距。

	A	B	C	D	E	F	G	H
1	计算机应用专业学生成绩表							
2	学号	姓名	性别	大外	高数	计算机基础	体育	C语言程序设计
3	20180001	王新	男	76	84	72	90	83
4	20180002	李丽	女	87	67	89	65	76
5	20180003	张强	男	66	88	95	56	92
6	20180004	王强	男	45	86	85	78	77
7	20180005	高新	男	80	71	63	86	80
8	20180006	廉丽	女	92	85	96	76	75
9	20180007	李浩	男	68	78	86	80	87
10	20180008	董灵	女	85	92	79	85	55

图 4-114   题图 1

三、简答题

1．Excel 2016 有哪些主要功能？

2．与之前的版本相比，Excel 2016 在哪些方面进行了新增和改进？

3．Excel 2016 的操作界面由哪些部分组成？

4．什么是 Excel 2016 中的工作簿、工作表及单元格？

5．Excel 2016 中的数据类型有哪些？

6．Excel 2016 中的常用函数有哪些？

7．Excel 2016 中的图表有哪些主要类型？

8．什么是 Excel 2016 中的数据透视表？

9．Excel 2016 中的公式和函数怎样使用？

第 5 章　PowerPoint 2016 演示文稿制作

PowerPoint 2016 演示文稿制作软件是 Microsoft Office 2016 办公软件的组成成员之一，是一款基于 Windows 下的界面简洁、功能全面的演示文稿软件。其丰富的动画效果以及简洁的界面，使得它可以胜任公司报告、教学、项目展示等多项工作。由于它可以将我们所做出的成果进行直观、具体的讲解以及展示，因此被广泛用于新媒体、动画、新闻等领域。

本章将对 PowerPoint 2016 软件的功能与基本操作进行介绍，内容主要包括 PowerPoint 2016 的基本操作、操作界面的介绍、演示文稿的设置与编辑、设置动态效果、文档的打印与打包等。通过这些内容的学习，能够基本掌握 PowerPoint 2016 的基本操作，同时能够利用 PowerPoint 2016 进行各种文稿的制作以及应用。

学习目标

- 了解：PowerPoint 2016 的功能以及新增功能。
- 理解：PowerPoint 2016 中的基本概念以及各项工具的使用方法。
- 应用：PowerPoint 2016 中的演示文稿基本操作、动画的编辑、图形图片的处理方法等。

5.1　PowerPoint 2016 概述

5.1.1　新增及改进功能

1. 图表类型

可视化对于有效的数据分析以及具有吸引力的故事分享至关重要。与之前的版本相比，PowerPoint 2016 中添加了六种新图表，以帮助创建财务或分层信息的一些最常用的数据可视化，以及显示数据中的统计属性。具体新增的图表为雷达图、树状图、旭日图、直方图、箱型图和瀑布图。

2. 操作说明搜索框

在 PowerPoint 2016 功能区上有一个搜索框"告诉我您想要做什么"，这是一个文本字段，可以在其中输入想要执行的功能或操作。这样用户能够更加方便地寻找到想要的功能以及发现 PowerPoint 的其他功能。

3. 墨迹公式

在插入功能区中单击公式选项，可以发现"墨迹公式"区域，在这里可以手动输入复杂的数学公式。如果拥有触摸设备，则可以使用手指或触摸笔手动输入数学公式，PowerPoint 会将其转换为文本。（如果没有触摸设备，也可以使用鼠标进行输入）。还可以在进行过程中擦除、选择以及更正所输入的内容。

4. 屏幕录制

PowerPoint 2016 中提供了屏幕录制的功能，只需设置想要在屏幕上录制的任何内容，然后执行"插入"功能区下的"屏幕录制"命令即可实现，并且用户将能够通过一个无缝过程选择要录制的屏幕部分、捕获所需内容，并将其直接插入演示文稿中。同时，屏幕录制功能还支持用户对报告进行掐算时间的练习。

5. Office 新主题

有四个可应用于 PowerPoint 2016 的 Office 主题：彩色、深灰色、黑色和白色。若要访问这些主题，单击"文件"选项卡的"账户"选项，然后单击"Office 主题"旁边的下拉菜单按钮，就可以切换 Office 内置的主题了。

6. 智能查找

当选择某个字词或短语，右键选中并单击它，然后选择"智能查找"命令，PowerPoint 2016 就会打开定义，该定义来源于网络上搜索的结果。

7. 变形切换效果

PowerPoint 2016 附带全新的切换效果类型"变形"，可帮助使用者在幻灯片上执行平滑的动画切换和对象移动。此功能至少包含一个对象的两张幻灯片，最简单的方法是复制幻灯片，然后将第二张幻灯片上的对象移动到其他位置，或者复制并粘贴一张幻灯片中的对象并将其添加到下一张幻灯片，然后，选中第二张幻灯片，转到"切换"功能区下的"变形"。

5.1.2　工作界面

启动 PowerPoint 2016 后，即打开 PowerPoint 2016 的操作界面。PowerPoint 2016 的窗口由标题栏、快速访问工具栏、功能区、编辑窗口和状态栏等组成，如图 5-1 所示。

图 5-1　PowerPoint 2016 操作界面

1. 标题栏和快速访问工具栏

标题栏显示软件名称以及演示文稿名称。快速访问工具栏位于标题栏左边，由一些最常用的工具按钮组成，如"保存"按钮、"撤消"按钮、"恢复"按钮等，如图 5-2 所示。

2. 各功能区及其功能

（1）"文件"功能区。单击"文件"功能区即可打开如图 5-3 所示的界面。

图 5-2　快速访问工具栏　　　　　　　　　　　　　图 5-3　"文件"功能区

在"文件"功能区中可以执行保存、打开、新建、关闭、打印、退出演示文稿等操作，并且可以查看当前演示文稿的基本信息和最近使用的所有文件。

在 PowerPoint 2016 中，除"文件"功能区以外，其他功能区取代了 PowerPoint 2003 及更早版本中的菜单栏和工具栏上的命令。

（2）"开始"功能区。"开始"功能区包含常用的"剪贴板""幻灯片""字体""段落""绘图""编辑"6 个组，如图 5-4 所示。使用"开始"功能区可以进行插入新幻灯片、绘制基本图形以及设置幻灯片上文本的字体格式和段落格式等操作。

图 5-4　"开始"功能区

（3）"插入"功能区。"插入"功能区主要包括"幻灯片""表格""图像""插图""加载项""链接""批注""文本""符号""媒体"10 个组，如图 5-5 所示。通过"插入"功能区可以实现将图片以及文本和公式等对象插入到演示文稿中。

图 5-5　"插入"功能区

（4）"设计"功能区。"设计"功能区主要包括"主题""变体""自定义"3 个组，如图 5-6 所示。通过"设计"功能区可以对演示文稿的页面、颜色进行设置以及自定义演示文稿的背景和主题。

图 5-6　"设计"功能区

（5）"切换"功能区。"切换"功能区主要包括"预览""切换到此幻灯片""计时"3 个组，如图 5-7 所示。通过"切换"功能区可以对当前幻灯片进行相应切换设置，使幻灯片播放更流畅。

图 5-7　切换功能区

（6）"动画"功能区。"动画"功能区主要包括"预览""动画""高级动画""计时"4 个组，如图 5-8 所示。通过"动画"功能区可以对幻灯片上的对象进行动画设置的相关操作。

图 5-8　"动画"功能区

（7）"幻灯片放映"功能区。"幻灯片放映"功能区主要包括"开始放映幻灯片""设置"和"监视器"3 个组，如图 5-9 所示。

图 5-9　"幻灯片放映"功能区

（8）"审阅"功能区。"审阅"功能区主要包括"校对""辅助功能""见解""语言""中文简繁转换""批注""比较""墨迹"8 个组，如图 5-10 所示。通过"审阅"功能区可以进行拼写检查、校对文章等操作，同时也能够书写公式。

图 5-10　"审阅"功能区

（9）"视图"功能区。"视图"功能区主要包括"演示文稿视图""母版视图""显示""缩放""颜色/灰度""窗口""宏"7 个组，如图 5-11 所示。通过"视图"功能区可以查看幻灯片视图和母版，进行幻灯片浏览，打开或关闭标尺、网格线和参考线，可以对显示比例、颜色/灰度等进行设置。

图 5-11　"视图"功能区

（10）"PDF 工具集"功能区。"PDF 工具集"功能区包括"导出为 PDF"和"设置"两个组，主要是实现对完成的 Excel 表格进行 PDF 转化方面的功能，如图 5-12 所示。

图 5-12　"PDF 工具集"功能区

3. "幻灯片/大纲"编辑窗口

"幻灯片/大纲"编辑窗口位于工作区的左侧，包括"幻灯片"和"大纲"两个功能区，主要用于编辑演示文稿的大纲以及显示当前演示文稿的幻灯片数量和位置。

4. "幻灯片"编辑窗口

"幻灯片"编辑窗口位于 PowerPoint 2016 工作区的中间，用于完成幻灯片的编辑工作，如，修改幻灯片的外观，添加图形、影片、声音，创建超链接或者添加动画等。

5. "备注"窗口

"备注"窗口位于"幻灯片"编辑窗口下方，是在普通视图中显示的用于输入当前幻灯片的备注，可以将这些备注打印为备注页或在将演示文稿保存为网页时显示它们，如图 5-13 所示。

图 5-13　PowerPoint 2016 的工作区

5.1.3　视图

PowerPoint 2016 的视图包括普通视图、幻灯片浏览视图、备注页视图、阅读视图和幻灯片放映视图。

在 PowerPoint 2016 中，有两种方法用于设置和选择演示文稿视图。

（1）单击状态栏右侧的 4 个"视图切换"按钮进行切换，包括普通视图、幻灯片浏览视图、阅读视图和幻灯片放映视图，如图 5-14 所示。

（2）单击"视图"功能区，选择"演示文稿视图"组，在该组中可以选择或切换不同的视图，如图 5-15 所示。

图 5-14　视图切换按钮

图 5-15　"视图"功能区中的"演示文稿视图"组

1. 普通视图

普通视图为系统默认显示方式。普通视图主要包括"幻灯片/大纲"窗格"幻灯片"窗格"备注"窗格 3 个工作区域，用于编辑演示文稿，如图 5-16 所示。

2. 幻灯片浏览视图

通过幻灯片浏览视图可以在整体上对所有幻灯片进行浏览，而且可以方便地进行幻灯片的复制、移动和删除等基本操作，但不能直接对幻灯片的内容进行编辑或修改，如图 5-17 所示。

图 5-16　普通视图　　　　　　　　　　　　图 5-17　幻灯片浏览视图

3. 备注页视图

在备注页视图下可以在页面下方对页面上方的幻灯片添加备注，如图 5-18 所示。

4. 阅读视图

阅读视图可以在不占用整个屏幕的方式下通过大屏幕放映演示文稿。若要从阅读视图切换到其他视图模式，则需要单击状态栏上的"视图"按钮，或直接按 Esc 键退出阅读视图模式，如图 5-19 所示。

图 5-18　备注页视图　　　　　　　　　　　　图 5-19　阅读视图

5.2　演示文稿的基本操作

在 PowerPoint 2016 中，幻灯片是最基本的操作对象。一个 PowerPoint 演示文稿由一张或多张幻灯片组成，幻灯片又由多种多媒体元素组成。使用 PowerPoint 2016 创建的演示文稿默认扩展名为.pptx。

5.2.1　启动与退出

1. PowerPoint 2016 的启动

启动 PowerPoint 2016 常用的方法有以下几种：

（1）双击桌面上的 Microsoft PowerPoint 2016 的快捷方式。

（2）双击已有的 PowerPoint 演示文稿（扩展名为.pptx）。

（3）启动 PowerPoint 2016 后，单击快速访问工具栏中的"打开"按钮，然后在"打开"对话框中选择要打开的幻灯片，最后单击"打开"按钮即可实现幻灯片的打开操作。

2. PowerPoint 2016 的退出

退出 PowerPoint 常用的方法有以下几种：

（1）单击 PowerPoint 窗口标题栏右端的 ✕ 按钮。

（2）单击 PowerPoint 窗口"文件"功能区，选择"关闭"命令。

（3）按快捷键 Alt+F4。

5.2.2　创建新的演示文稿

当启动 PowerPoint 2016 应用程序时，系统会默认创建一个新的演示文稿，命名为"演示文稿 1"。创建新的演示文稿的具体操作步骤如下：

（1）启动 PowerPoint 2016，单击"文件"功能区，并在左侧的列表中选择"新建"选项，弹出"新建"界面如图 5-20 所示。

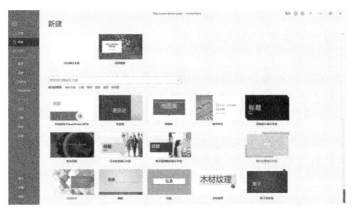

图 5-20　新建界面

（2）在右侧"新建"界面当中找到"空白演示文稿"选项，单击即可创建。

5.2.3　保存演示文稿

保存演示文稿的操作步骤如下：

（1）单击"文件"功能区，在左侧的列表中选择"保存"或"另存为"选项，即可打开"保存"或"另存为"对话框。

（2）选择演示文稿的保存位置，输入文件名并确定"保存类型"，如图 5-21 所示。

（3）单击"保存"按钮，即完成保存操作。

图 5-21　"另存为"对话框

5.2.4　幻灯片的基本操作

1．选择幻灯片

在对幻灯片进行操作之前，需要先选定幻灯片。选定幻灯片常用的方法有以下几种：

（1）选择单张幻灯片。单击相应幻灯片，可选定该幻灯片。

（2）选择多张幻灯片。

1）选定多张不连续的幻灯片可以在按住 Ctrl 键的同时单击其他幻灯片。

2）选定多张连续的幻灯片可以单击要选定的第一张幻灯片，在按住 Shift 键的同时单击要选定的最后一张幻灯片。

3）选定全部幻灯片可以按 Ctrl+A 快捷键。

2．新建与删除幻灯片

打开一个演示文稿后，添加新幻灯片的操作步骤如下：

（1）将光标定位在要插入新幻灯片的位置。

（2）单击"开始"功能区，选择"幻灯片"组中的"新建幻灯片"命令，如图 5-22 所示。单击"新建幻灯片"按钮下方的下三角，可以选择不同版式的幻灯片，如图 5-23 所示。

（3）选择一种幻灯片版式，即可插入幻灯片。

图 5-22　"新建幻灯片"命令

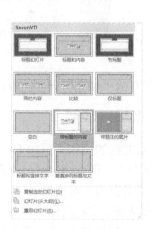

图 5-23　幻灯片版式

3．删除幻灯片

删除幻灯片的具体方法如下：

（1）选定要删除的幻灯片，按 Delete 键。

（2）在幻灯片上右击，在弹出的快捷菜单中选择"删除幻灯片"命令。

4．移动幻灯片

移动幻灯片的方法如下：

（1）在"大纲"编辑窗口中使用鼠标直接拖动幻灯片到指定位置即可。

（2）可以使用"剪切/粘贴"的方法移动幻灯片。

5．复制幻灯片

在普通视图中选择需要复制的幻灯片，然后右击，在弹出的快捷菜单中单击"复制幻灯片"选项即可将其制，然后再使用"粘贴"选项，将选中幻灯片粘贴到指定位置。

5.3　设置演示文稿

5.3.1　设置与编辑幻灯片版式

1．设置幻灯片版式

在 PowerPoint 2016 中包含 11 种内置幻灯片版式，如标题幻灯片、标题和内容、节标题等，可以选择需要的版式应用于当前幻灯片中，如图 5-23 所示。

2．插入页眉/页脚

在幻灯片中可以通过添加页眉/页脚来为幻灯片添加幻灯片编号以及日期时间等。具体方法是是选择"插入"功能区，单击"文本"组中的"幻灯片编号"按钮或者"日期和时间"按钮，在弹出的"页眉和页脚"对话框内勾选对应的复选框，如图 5-24 所示。然后单击"全部应用"按钮即可。

图 5-24　"页眉和页脚"对话框

5.3.2　设置演示文稿的模板主题

在演示文稿设计中除了设计幻灯片版式之外还可以设计模板主题等。

1. 选择主题样式

与早期版本相比，PowerPoint 2016 提供了更多的主题样式。选择主题的具体方法如下：选择"设计"功能区，单击"主题"组的 按钮，弹出所有主题列表，选择所需主题即可，如图 5-25 所示。

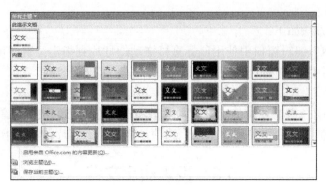

图 5-25　主题列表

2. 更改主题颜色

幻灯片的主题颜色可以根据需要进行更改，更改方法是，单击"设计"功能区右侧"变体"窗口的下拉菜单，单击其中的"颜色"选项，即可在弹出的配色方案列表中选择一组颜色方案或编辑颜色，如图 5-26 所示。

3. 更改主题效果

单击"设计"功能区右侧"变体"组的下拉菜单，单击其中的"效果"选项，即可弹出主题效果列表，如图 5-27 所示。使用主题效果库中的主题可以快速更改幻灯片中不同对象的外观，使幻灯片效果更好。

图 5-26　主题配色方案列表

图 5-27　主题效果列表

4. 自定义幻灯片背景

在 PowerPoint 2016 中可以根据需要自定义幻灯片背景，具体操作方法是，选择"设计"功能区，单击右侧"变体"组的下拉菜单，单击其中的"背景样式"选项即可弹出主题效果列表，如图 5-28 所示。

在"自定义"组中选择"设置背景格式"命令，则弹出"设置背景格式"对话框，如图5-29 所示。在该对话框中可以设置背景的填充样式、图片效果和背景的艺术效果。

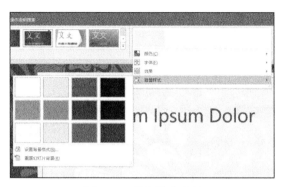

图 5-28　背景样式列表　　　　　　　　图 5-29　"设置背景格式"对话框

5.3.3　设置幻灯片的自动切换效果

切换效果主要决定以何种效果从一张幻灯片切换到另一张幻灯片，使幻灯片的展示效果得到增强。具体操作步骤如下所述。

1. 添加切换效果

（1）选定要设置切换效果的幻灯片。

（2）单击"切换"功能区中的"切换到此幻灯片"组，在弹出的切换效果列表中选择切换效果，如图 5-30 所示。在该列表中切换效果分为 3 类：细微、华丽和动态内容。

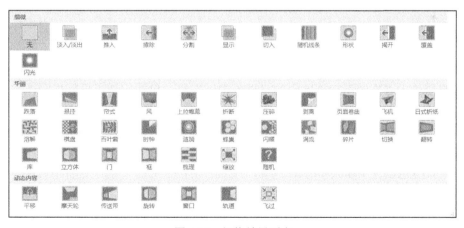

图 5-30　切换效果列表

2. 设置"效果选项"

单击"效果选项"按钮，则弹出效果列表，如图 5-31 所示，在这里可以为每种切换效果设置更丰富的动态效果。

3. 设置"计时"组选项

单击"切换"功能区中的"计时"组，该组包含 4 项操作，如图 5-32 所示。

图 5-31　效果列表

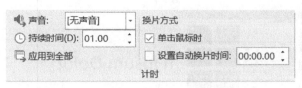

图 5-32　计时组

（1）"声音"列表：在该列表中可以选择 PowerPoint 2016 内置的或来自磁盘的声音文件为幻灯片切换效果设置声音。

（2）"持续时间"选项：用来调整幻灯片的切换速度。

（3）"应用到全部"按钮：单击该按钮，可以将设置好的切换效果应用到整个演示文稿中的所有幻灯片。

（4）"换片方式"选项：用来设置触发幻灯片切换的方式。

1）"单击鼠标时"复选框：选中该项表示单击时切换幻灯片。

2）"设置自动换片时间"复选框：选中该项并设置一个时间，则表示等待相应时间后，幻灯片自动切换。

4. 预览切换效果

预览切换效果的方法：单击"切换"功能区中的"预览"按钮，则可以预览当前一张幻灯片的切换效果。

5.3.4　设置母版

母版视图位于"视图"功能区中的"母版视图"组，包括幻灯片母版视图、讲义母版视图和备注母版视图 3 种。

1. 幻灯片母版视图

幻灯片母版视图可以快速统一制作出多张具有同一特色的幻灯片，包括设计母版的占位符大小、背景颜色以及字体大小等。

设计幻灯片母版的具体操作步骤如下：

（1）在"视图"功能区中的"母版视图"组中单击"幻灯片母版"按钮，即进入幻灯片母版编辑界面，如图 5-33 所示。

（2）在幻灯片母版编辑界面中，可以设置占位符的位置、占位符中文字的字体格式、段落格式或插入图片、设计背景等。

（3）退出幻灯片母版视图：单击"关闭母版视图"按钮即可。

2. 讲义母版视图

讲义母版视图可以将多张幻灯片显示在一张幻灯片中，用于打印输出。

具体操作方法如下：

（1）在"视图"功能区中的"母版视图"组中单击"讲义母版"按钮，即可进入讲义母版视图编辑界面，如图 5-34 所示。

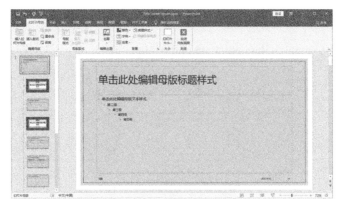

图 5-33　幻灯片母版编辑界面

图 5-34　讲义母版编辑界面

（2）单击功能区中的"讲义方向"下面的下三角按钮，则弹出设置讲义方向的下拉列表，包括纵向和横向。

（3）单击功能区中的"幻灯片大小"下面的下三角按钮，则弹出设置幻灯片方向的下拉列表，包括标准和宽屏。

（4）单击功能区中的"每页幻灯片数量"右侧的下三角按钮，则弹出设置幻灯片页数的下拉列表。

（5）单击"关闭母版视图"按钮即可退出。

3. 备注母版视图

备注母版视图主要用于显示幻灯片的备注信息。设置备注母版的具体操作步骤如下：

（1）在"视图"功能区中的"母版视图"组中单击"备注母版"按钮，即可进入备注母版视图编辑界面，如图 5-35 所示。

（2）选择备注文本区中的文本，单击"开始"功能区，在此设置选中文本的大小、字体、颜色等。

（3）设置完成后，单击"备注母版"功能区，并在其中单击"关闭母版视图"按钮即可退出。

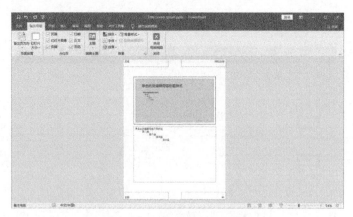

图 5-35　备注母版编辑界面

5.4　编辑演示文稿

5.4.1　输入、编辑及格式化文本

在 PowerPoint 2016 中，编辑演示文稿的第一步就是向演示文稿中输入文本，其中包括文字、符号以及公式等。

1. 文本的输入

在 PowerPoint 2016 中输入文本的方法如下：

（1）在"文本占位符"中输入文本。"文本占位符"在普通视图中由虚线围成，它们会显示一些提示内容。在"文本占位符"上单击即可输入文字，同时输入的文字会自动替换"文本占位符"中的提示文字。幻灯片中"文字占位符"的位置是固定的，如图 5-36 所示。

（2）在新建文本框中输入文本。若需要在幻灯片的其他位置输入文本，则可以通过插入文本框来实现，如图 5-37 所示。

图 5-36　在"文本占位符"中输入文本　　　　　　图 5-37　插入文本框

在幻灯片中添加文本框的操作步骤如下：

1）在"插入"功能区的"文本"组中选择"文本框"选项，在下拉列表中选择"横排文本框/垂直文本框"命令。

2）在幻灯片上拖动鼠标添加文本框。

3）单击文本框，输入文本即可。

（3）输入符号和公式。在"文本占位符"和"文本框"中除了可以输入文字，还可以输入专业的符号和公式。输入符号和公式的方法是，在"插入"功能区的"符号"组中单击"符号"按钮或"公式"按钮。

2．文本的格式化

文本格式化包括字体、字形、字号、颜色及效果等的设置。

选择需要设置的文本，在"开始"功能区中的"字体"组中进行"字体""字形""字号""颜色"等的设置，也可以单击"字体"组右下方的 按钮，打开"字体"对话框，如图 5-38 所示，在此进行相应设置。

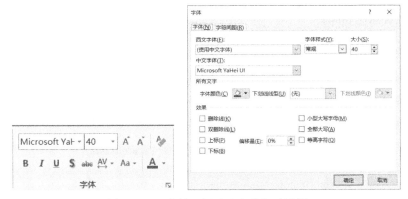

图 5-38　"字体"组及"字体"对话框

3．段落的格式化

在 PowerPoint 2016 中单击"开始"功能区的"段落"组可以设置段落的对齐方式、缩进、行间距等，也可以单击"段落"组右下方的 按钮，打开"段落"对话框，如图 5-39 所示，在此进行设置。

图 5-39　"段落"组及"段落"对话框

4．增加或删除项目符号和编号

默认情况下，在幻灯片上各层次小标题的开头位置会显示项目符号（如"·"），以突出小标题层次。

"项目符号"和"编号"命令分别对应于"段落"组中的第 1、2 个按钮。单击"项目符号"按钮 或"编号"按钮 右侧向下三角形，则展开"项目符号"或"编号"下拉列表，可以根据需要选择合适的项目符号或编号。若需要对编号进行编辑或需要将一个图片设置为项目符号，可以选择列表下方的"项目符号和编号"命令，完成设置，如图 5-40 所示。

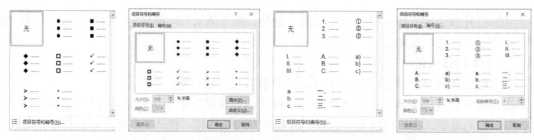

图 5-40   项目符号和编号下拉列表及"项目符号和编号"对话框

5.4.2   插入与编辑图片

1. 插入图片

在"插入"功能区的"图像"组中单击"图片"按钮，在弹出的界面中选择插入的图片，如图 5-41 所示。

图 5-41   插入图片

2. 调整图片的大小

调整图片大小的操作方法如下：

（1）选中需要调整大小的图片，将鼠标放置在图片四周的尺寸控制点上，拖动鼠标即可调整图片大小，如图 5-42（a）所示。

（2）选中需要调整大小的图片，在"图片工具/格式"功能区中的"大小"组中通过设置图片的"高度"和"宽度"即可调整图片大小，如图 5-42（b）所示。

（a）   （b）

图 5-42   调整图片大小的两种方法

3. 裁剪图片

（1）直接进行裁剪。选中需要裁剪的图片，选择"图片工具/格式"功能区，在"大小"

组中单击"裁剪"按钮，则打开裁剪下拉列表，选择"裁剪"命令。

1）裁剪某一侧：将某侧的中心裁剪控制点向里拖动。

2）同时均匀裁剪两侧：按住 Ctrl 键的同时，拖动任一侧裁剪控制点。

3）同时均匀裁剪四侧：按住 Ctrl 键的同时，将一个角的裁剪控制点向里拖动。

4）结束裁剪：裁剪完成后，按 Esc 键或在幻灯片空白处单击即可退出裁剪操作。

（2）裁剪为特定形状。将图片裁剪为特定形状可以快速更改图片的形状，具体操作步骤如下：

1）选中需要裁剪的图片。

2）单击"裁剪"按钮，在其下拉列表中单击"裁剪为形状"选项，弹出"形状"列表。

3）选择"心形"选项，效果如图 5-43 所示。

（3）裁剪为通用纵横比。将图片裁剪为通用的照片或纵横比，可以使其轻松适应于通用图片框。具体操作步骤如下：

1）选中需要裁剪的图片。

2）单击"裁剪"按钮，在其下拉列表中单击"纵横比"选项，此时弹出"纵横比"列表。

3）选择 3:5 选项，如图 5-44 所示。

图 5-43　裁剪图片形状为心形

图 5-44　剪裁为 3:5 纵横比

4．旋转图片

旋转图片的操作步骤如下：

（1）选择需要旋转的图片。

（2）选择"图片工具/格式"功能区，在"排列"组中单击"旋转"按钮，则打开旋转下拉列表，若要设置旋转图片的角度，则单击"其他旋转选项"，打开"设置图片格式"对话框，如图 5-45 所示。

5．为图片设置艺术效果

为图片设置艺术效果可对幻灯片进行美化。

（1）为图片设置样式。为图片设置样式的操作步骤如下：

1）选择图片。

2）在"图片工具/格式"功能区选择"图片样式"组，如图 5-46 所示，单击 按钮，则打开"图片样式"列表，如图 5-47 所示。选择所需图片样式完成设置。还可以通过"图片样

图 5-45　"设置图片格式"
对话框

式"组右侧的"图片边框""图片效果""图片版式"按钮对图片样式进行进一步编辑。

图 5-46　"图片样式"组

图 5-47　"图片样式"列表

（2）为图片设置颜色效果。为图片设置颜色效果的操作步骤如下：

1）选择图片。

2）在"图片工具/格式"功能区选择"调整"组，单击"颜色"按钮，则弹出图片颜色下拉列表，如图 5-48 所示。选择所需颜色即可完成设置。

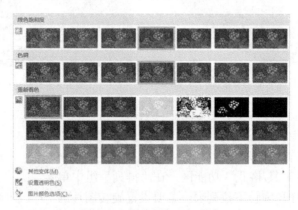

图 5-48　图片颜色下拉列表

5.4.3　插入 SmartArt 图形、图表及形状

1. 插入 SmartArt 图形

SmartArt 图形是数据的可视化表示形式，使用 SmartArt 图形可以有效地传达信息或观点。在 PowerPoint 2016 中插入 SmartArt 图形的具体操作步骤如下：

（1）选择需要插入 SmartArt 图形的幻灯片。

（2）选择"插入"功能区，单击"插图"组中的"SmartArt"按钮打开"选择 SmartArt 图形"对话框，如图 5-49 所示。

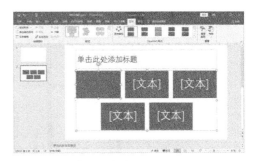

图 5-49　"选择 SmartArt 图形"对话框及输入文本效果

（3）在"选择 SmartArt 图形"对话框中单击"层次结构"中的"组织结构图"选项，单击"确定"按钮即可。

（4）创建组织结构图后，可以直接单击幻灯片组织结构图中的"文本"输入文字内容（图 5-49）。

2. 编辑 SmartArt 图形

（1）在已有的图形中添加形状。

具体操作步骤如下：

1）在幻灯片中选中 SmartArt 图形。

2）选择"SmartArt 工具/设计"功能区，单击"创建图形"组中的"现有形状"按钮，在弹出的下拉列表中选择"在后面添加形状"选项即可完成添加操作。

（2）从已有的图形中删除形状。

1）若要从 SmartArt 图形中删除形状，首先选择要删除的形状，然后按 Delete 键即可。

2）若要删除整个 SmartArt 图形，则在单击 SmartArt 图形的边框后，按 Delete 键即可。

3. 插入图表

在 PowerPoint 2016 中插入图表的具体操作步骤如下：

（1）选择需要插入图表的幻灯片。

（2）选择"插入"功能区，单击"插图"组中的"图表"按钮，则打开"插入图表"对话框，如图 5-50 所示。

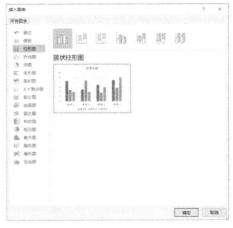

图 5-50　"插入图表"对话框

（3）选择相应的图表类型，单击"确定"按钮。

（4）在打开的 Excel 工作表中编辑数据即可，如图 5-51 所示。

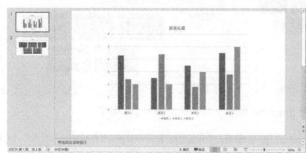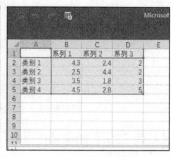

图 5-51　打开的 Excel 工作表

4．插入形状

在 PowerPoint 2016 中插入形状的具体操作步骤如下：

（1）选择需要插入形状的幻灯片。

（2）选择"插入"功能区，单击"插图"组中的"形状"按钮，则打开"形状"选择列表，如图 5-52 所示。

图 5-52　"形状"选择列表

（3）选择相应的形状样式，单击"确定"按钮。

（4）如果想在形状中插入文本或设置形状格式，可选中插入的形状，然后右击进行相应操作。

5.4.4　插入与编辑艺术字

1．插入艺术字

插入艺术字的操作步骤如下：

（1）选择"插入"功能区中"文本"组，单击"艺术字"按钮，在弹出的艺术字下拉列表中选择一种艺术字样式，如图 5-53 所示。

（2）输入艺术字文本内容。

2．编辑艺术字的样式

编辑艺术字的操作步骤如下：

（1）选择艺术字文本框。

（2）选择"绘图工具/格式"功能区，在该功能区中选择"艺术字样式"组，如图 5-54 所示，在这里可以设置艺术字的填充效果、文本轮廓和文本效果。

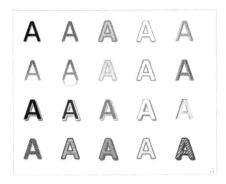

图 5-53　艺术字下拉列表图　　　　　　　图 5-54　艺术字的格式设置

5.4.5　插入 Excel 中的表格

PowerPoint 与 Excel 之间存在的共享与调用关系可以使用户在 PPT 放映讲解过程中直接将 Excel 工作表调用到 PowerPoint 软件中进行展示。具体操作步骤如下：

（1）打开已制作好的 Excel 工作表文件。

（2）在 Excel 工作表中选择需要的数据，在选定的数据区域中右击，在弹出的快捷菜单中选择"复制"命令。

（3）切换到 PowerPoint 操作界面，选择"开始"功能区，单击"剪贴板"组中的"粘贴"按钮，即可将 Excel 工作表中选择的数据粘贴到幻灯片中。

5.4.6　插入与编辑音频

1．插入音频

插入音频的具体方法如下：

选择"插入"功能区，单击"媒体"组中的"音频"按钮，则弹出下拉列表，如图 5-55 所示。

（1）PC 上的音频：单击该项打开"插入音频"对话框，可以将磁盘上存放的音频插入幻灯片中。

（2）录制音频：单击该项打开"录音"对话框，在该对话框中单击按钮，开始录音。

图 5-55　音频窗格

2．设置播放选项

在幻灯片中插入音频文件之后，用户可以根据自己的需求对音频进行设置。具体操作方法如下：

（1）在幻灯片中选择已经插入的音频文件的图标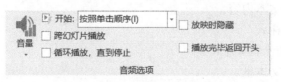。

（2）选择"音频工具/播放"功能区中的"音频选项"组，如图 5-56 所示。

图 5-56　"音频选项"组

1）"音量"按钮：单击该按钮，弹出音量下拉列表，用来设置音量。

2）"开始"选项：单击该选项，弹出开始下拉列表，用来设置音频文件如何开始播放。

3）"放映时隐藏"复选框：选中该项表示放映演示文稿时不显示音频图标。

4）"循环播放，直到停止"复选框：选中该项表示直到演示文稿放映结束时音频播放才结束，否则循环播放。

5）"播放完毕返回开头"复选框：选中该项表示音频播放结束返回到开头，与"循环播放，直到停止"复选框同时选中可以设置音频文件循环播放。

3. 剪裁音频

在 PowerPoint 2016 中，用户可以对音频文件进行剪辑，使音频更符合幻灯片。剪裁音频的操作方法如下：

（1）选择幻灯片中要进行剪裁的音频文件图标。

（2）选择"音频工具/播放"功能区，单击"编辑"组中"剪裁音频"按钮，即打开"剪裁音频"对话框，如图 5-57 所示。在该对话框中移动绿色（左侧）和红色（右侧）滑块，用来设定音频开始和结束的位置，也可以通过输入精确的值完成设置。

图 5-57　"剪裁音频"对话框

（3）单击播放按钮▶进行试听，若效果满意，单击"确定"按钮即可。

4. 删除音频

在幻灯片中删除不需要的或不满足要求的音频文件的具体操作方法如下：

（1）在普通视图状态下，选中幻灯片中的音频文件图标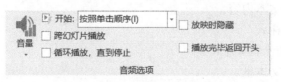。

（2）按 Delete 键即可删除。

5.4.7　插入与编辑视频

1. 插入视频

在 PowerPoint 中插入视频的具体操作步骤如下：

（1）创建或选择一个幻灯片。

（2）选择"插入"功能区，单击"媒体"组中的"视频"按钮，则弹出插入视频下拉列表，如图 5-58 所示。

（3）选择"此设备"项，则打开"插入视频文件"对话框。

（4）选择所需要的视频文件后，单击"插入"按钮即可插入。

2. 设置播放选项

用户可以对插入的视频文件进行设置，具体操作步骤如下：

（1）选中幻灯片中已经插入的视频文件图标。

（2）选择"视频工具/播放"功能区中的"视频选项"组，如图 5-59 所示。

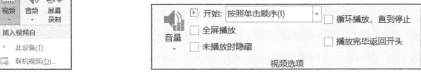

图 5-58　插入视频下拉列表　　　　　　图 5-59　"视频选项"组

1）"音量"按钮：用来设置视频的音量。

2）"开始"选项：用来设置音频文件如何开始播放。

3）"全屏播放"复选框：勾选该复选框设置视频文件全屏播放。

4）"未播放时隐藏"复选框：勾选该复选框表示未播放视频文件时隐藏视频图标。

5）"循环播放，直到停止"复选框：勾选该复选框表示循环播放视频，直到视频播放结束。

6）"播放完毕返回开头"复选框：勾选该复选框表示播放结束返回到开头。

3. 设置视频样式

设置视频样式主要包括对插入到演示文稿中的视频形状、视频边框及视频效果等进行设置，具体设置方法如下：

（1）选中幻灯片中已经插入的视频文件图标。

（2）选择"视频工具/播放"功能区中的"视频样式"组。

（3）单击"视频样式"组中按钮，则弹出视频样式列表，如图 5-60 所示，根据需要具体设置即可。

图 5-60　视频样式列表图

4．删除视频

删除幻灯片视频文件的方法如下：

（1）在普通视图状态下，选中幻灯片中的视频文件图标。

（2）按 Delete 键即可。

5.5　设置演示文稿动态效果

5.5.1　设置动画效果

在演示文稿中使用动画效果可以使演示文稿在放映时更加生动、有趣味性并提高展示性。

1．添加动画效果

为幻灯片中对象添加动画效果的操作步骤如下：

（1）选择需要添加动画的对象，如图片、文本框等。

（2）选择"动画"功能区，单击"动画"组中的其他选项按钮，则弹出动画样式列表，如图 5-61 所示，在该列表中存在以下几类动画效果。

1）无：用来取消已经设置的动画效果。

2）进入：用来设置对象进入幻灯片的动画效果。

3）强调：用来设置强调对象的动画效果。

4）退出：用来设置退出幻灯片的动画效果。

5）动作路径：用来设置对象按某个路径进行运动的动画效果。

图 5-61　动画样式列表

（3）若列表中没有用户所需要的动画样式，可以单击列表下方的选项，打开所对应的对话框进行设置，如图 5-62 所示。

1）单击"更改进入效果"，打开"更改进入效果"对话框。

2）单击"更改强调效果"，打开"更改强调效果"对话框。

3）单击"更改退出效果"，打开"更改退出效果"对话框。

4）单击"更改动作路径"，打开"更改动作路径"对话框。

图 5-62　更改动画样式

2. 设置动画效果

（1）设置效果选项。首先选择已经添加的动画效果，然后单击"动画"选项卡，在功能区中"高级动画"组中单击"效果选项"按钮，则弹出效果选项下拉列表，在该列表中可以选择动画运动的方向和运动对象的序列。使用不同的动画效果，弹出的效果选项也不相同。

（2）调整动画播放顺序。调整动画播放顺序的方法有以下两种：

1）在"动画"功能区的"高级动画"组中单击"动画窗格"按钮，打开动画窗格，在动画窗格中通过单击向上按钮 ▲ 和向下按钮 ▼ 调整动画的播放顺序。

2）单击"动画"功能区"计时"组，在"对动画重新排序"区域中单击"向前移动"或"向后移动"按钮。

（3）设置动画时间。添加动画后，用户可以在"动画"功能区中为动画效果指定开始时间、持续时间和延迟时间，具体操作方法可以在"动画"功能区"计时"组中完成，如图 5-63 所示。

图 5-63　计时组

1）开始：用来设置动画效果何时开始运行，单击该选项，则弹出下拉列表。

2）持续时间：用来设置动画效果持续的时间。

3）延迟：用来设置动画效果的延迟的时间。

（4）复制动画效果。在 PowerPoint 2016 中，可以使用动画刷复制一个对象的动画效果，并将其应用到其他对象中。使用动画格式刷的方法如下：

1）选择一个动画效果。

2）在"动画"功能区"高级动画"组中单击"动画刷"按钮，则可将选中的动画效果进行复制，此时光标形状变为 ▷▲ 。

3）在幻灯片中选择一个对象，然后用动画刷单击一下即可将复制的动画效果应用到该对象上。

（5）删除动画效果。删除动画效果的方法有以下几种：

1）单击"动画"功能区"动画"组中的其他选项按钮 ，在动画样式列表中选择"无"即可。

2）在"动画"功能区"高级动画"组中单击"动画窗格"按钮，打开动画窗格，选择要删除的动画选项，单击该项右侧按钮 ，则弹出下拉列表，在该列表中选择"删除"命令即可。

3）在幻灯片中选择对象的动画编号按钮，然后按 Delete 键即可。

5.5.2　设置动作

在 PowerPoint 2016 中，除了可以为幻灯片中的对象设置动画效果，也可以在幻灯片中添加动作。

1. 绘制动作按钮

在幻灯片中绘制动作按钮的操作步骤如下：

（1）新建一个演示文稿，选择幻灯片。

（2）在"插入"功能区"插图"组中单击"形状"按钮，弹出形状下拉列表，在"动作按钮"区域选择一个动作图标，如图 5-64 所示。

（3）在幻灯片的适当位置处拖拽出所选择的图标，即弹出"操作设置"对话框，如图 5-65 所示。

图 5-64　形状列表

图 5-65　"操作设置"对话框

（4）在"操作设置"对话框的"单击鼠标"选项卡中选择"超链接到"单选按钮，并在下拉列表中选择要链接到的位置。

（5）单击"确定"按钮即可完成动作按钮的创建。

2．为文本或图形添加单击动作

在演示文稿中，可以为文本或图形添加动作按钮，具体操作步骤如下：

（1）在幻灯片中选择要添加动作的文本或图形。

（2）在"插入"功能区的"链接"组中单击"动作"按钮，也可以弹出如图 5-65 所示"操作设置"对话框。

（3）在"操作设置"对话框的"单击鼠标"功能区中选择"超链接到"单选按钮，并在下拉列表中选择所需要的设置即可。

（4）单击"确定"按钮，完成动作设置。

1）"无动作"单选按钮：选择此单选按钮表示在幻灯片中不添加任何动作。

2）"超链接到"单选按钮：选择此单选按钮可以从下拉列表中选择要链接到的对象。

3）"运行程序"单选按钮：用于设置要运行的程序。

4）"播放声音"复选框：勾选此复选框可以为创建的单击动作添加播放声音。

3．为文本或图形添加鼠标经过动作

在"操作设置"对话框中除了可以创建单击动作以外，还可以设置鼠标经过时的动作。具体方法如下：

在"操作设置"对话框中选择"鼠标悬停"选项卡，其余的设置方法同上。

5.5.3　设置超链接

在演示文稿中还可以给文本对象或图形、图片等对象添加链接，从而链接到演示文稿中的其他位置。

1．插入超链接

插入超链接的操作步骤如下：

（1）在普通视图下选择需要设置超链接的文本或图形等对象。

（2）选择"插入"功能区"链接"组，单击"链接"按钮，则打开"插入超链接"对话框，如图 5-66 所示。

图 5-66　"插入超链接"对话框

（3）在地址栏中输入 https://www.baidu.com/。

（4）单击"确定"按钮即可。

注意： 放映演示文稿过程中，当光标经过超链接的文本或图形、图片时，光标的形状变为小手形状。

2．更改超链接地址

创建超链接后，用户可以根据需要重新设置超链接。具体操作步骤如下：

（1）选择需要更改超链接的对象。

（2）在该对象上右击，在弹出的快捷菜单中选择"编辑超链接"菜单项，打开"编辑超链接"对话框，在该对话框中完成更改操作。

3．删除超链接

选择要删除的超链接对象，并在其上单击右键，在弹出的快捷菜单中选择"删除超链接"菜单项即可。

5.5.4　演示文稿的放映

1．放映演示文稿

在 PowerPoint 2016 中放映演示文稿的方式有下面几种：

（1）从头开始放映。从头开始放映演示文稿就是从第 1 页幻灯片开始放映，具体操作步骤如下：

1）打开演示文稿。

2）选择"幻灯片放映"功能区"开始放映幻灯片"组，单击"从头开始"按钮即可。

（2）从当前幻灯片开始放映。放映演示文稿时也可以从任意一页幻灯片开始，首先选择一页幻灯片为当前幻灯片，然后单击"幻灯片放映"功能区"开始放映幻灯片"组中的"开始放映幻灯片"按钮即可。

（3）自定义多种放映方式。利用 PowerPoint 2016 的"自定义幻灯片放映"功能可以为演示文稿设置多种自定义放映方式。具体操作步骤如下：

1）打开演示文稿。

2）选择"幻灯片放映"功能区的"开始放映幻灯片"组，单击"自定义幻灯片放映"按钮，在弹出的下拉菜单中选择"自定义放映"命令，则打开"自定义放映"对话框，如图 5-67 所示。

3）在"自定义放映"对话框中单击"新建"按钮，则打开"定义自定义放映"对话框。

4）在"定义自定义放映"对话框中将需要放映的幻灯片添加到右侧列表框中，如图 5-68 所示。

图 5-67　"自定义放映"对话框

图 5-68　"定义自定义放映"对话框

5）单击"确定"按钮，返回到"自定义放映"对话框，此时该对话框中出现一个"自定义放映 1",单击"放映"按钮预览自定义放映效果。

6）单击"关闭"按钮即完成设置。

（4）放映时隐藏指定幻灯片。在 PowerPoint 2016 中,用户可以将一张或多张幻灯片隐藏,当全屏放映演示文稿时,这些被隐藏的幻灯片就不被放映。具体操作方法如下:

1）打开要放映的演示文稿并选择要隐藏的幻灯片。

2）选择"幻灯片放映"功能区"设置"组,单击"隐藏幻灯片"按钮。此时被隐藏的幻灯片编号显示为隐藏状态■。

2. 设置显示分辨率

在 PowerPoint 2016 中,用户可以通过"幻灯片放映"功能区"监视器"组中"分辨率"选项设置新的分辨率,这样可以保证演示文稿在不同计算机上不会发生演示内容不在预定的屏幕中央显示或显示不清晰等状况。

5.6　演示文稿的打印与打包

5.6.1　打印演示文稿

演示文稿也可以打印成讲义。为了获得良好的打印效果,打印之前需要设置好被打印文稿的大小和打印方向。

改变幻灯片的页面设置的具体操作步骤如下:

（1）打开要打印的演示文稿。

（2）单击"文件"功能区,在左侧窗格中选择"打印"命令,则在窗口右侧列出打印设置与预览效果,如图 5-69 所示。

（3）设置"打印"区域,输入"份数"。

（4）单击"设置"区域中的"打印全部幻灯片"选项,则弹出下拉列表,如图 5-70 所示。在此列表中可以设置打印幻灯片的范围,若选择"自定义范围"选项,则需要在"幻灯片"后的文本框中输入打印的页码范围。

图 5-69　打印设置与预览窗口　　　　图 5-70　打印全部幻灯片列表

（5）单击"设置"区域中"整页幻灯片"选项,则弹出下拉列表,如图 5-71 所示。在该列表中可以设置幻灯片的打印版式和打印讲义的版式等。

图 5-71 "整页幻灯片"列表

5.6.2 打包演示文稿

在 PowerPoint 2016 中，用户可以将制作好的演示文稿打包，打包后的演示文稿可以在没有安装 PowerPoint 软件的计算机上播放。

打包演示文稿的操作步骤如下：

（1）打开要打包的演示文稿。

（2）选择"文件"功能区，在左侧窗格中单击"导出"选项，在右侧窗格中选择"将演示文稿打包成 CD"选项。

（3）单击"打包成 CD"按钮，打开"打包成 CD"对话框，如图 5-72 所示。

图 5-72 "打包成 CD"对话框

1）"添加"按钮：用于打开"添加文件"对话框，添加所需的文件。

2）"选项"按钮：用于打开"选项"对话框，可更改某些设置，还可设置密码保护，单击"确定"按钮返回。

3）"复制到文件夹"按钮：用于打开"复制到文件夹"对话框，可设置打包文件的"文件夹名称"和"位置"。

4）"复制到 CD"按钮：将打包文件复制到 CD 上。

（4）单击"复制到文件夹"按钮，输入文件夹名称并选择位置。

（5）单击"确定"按钮。

5.7　实战演练——会议演示文稿制作

学习目标

- 掌握添加艺术字的方法。
- 掌握在幻灯片中插入影片的方法。
- 掌握图表的制作方法。
- 掌握在幻灯片中插入组织结构图方法。
- 掌握在幻灯片中插入表格方法。
- 掌握各类对象的编辑技巧。
- 掌握页眉和页脚的设置方法。

5.7.1　实例简介

××计算机科技有限公司产品部主管李经理需要在最近的年终总结大会上进行产品部今年的工作汇报，李经理将制作幻灯片的任务分配给小文，现在小文要根据李经理所给的素材和要求制作一个关于《产品部年终总结》的演示文稿。

要求：

1）新建幻灯片，并且按照所给素材进行版式设计和内容填充。

2）在第 2 张幻灯片的 4 个文本框中添加超链接到相应的幻灯片。

3）在第 3～6 张幻灯片的右下角插入后退动作按钮。

4）在整个幻灯片中插入音乐，并且在其中一张幻灯片中插入产品部的年终总结视频。

5.7.2　实例制作

打开"D:\OFFICE\素材\第 5 章"文件夹中的"年终总结大会.pptx"，根据文件夹下的文件"PPT-素材"，按照下列要求完善此演示文稿并保存。

1．新增幻灯片

新建演示文稿时，文稿中默认只有一张幻灯片，往往需要自行添加幻灯片。在本案例中，需要在演示文稿中新增 7 张幻灯片，新增的方法有 3 种：

（1）在普通视图的左窗格中选中某张幻灯片后按 Enter 键或 Ctrl+M 快捷键，可在该张幻灯片后新建一张幻灯片。

（2）在普通视图的"幻灯片/大纲"窗格中右击，在弹出的快捷菜单中选择"新建幻灯片"命令，可在当前幻灯片后面新建一张幻灯片，如图 5-73 所示。

（3）选择一张幻灯片，在"开始"功能区下单击"新建幻灯片"按钮可在当前幻灯片的后面新建一张幻灯片，如图 5-74 所示。

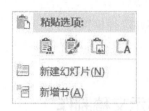

图 5-73　"新建幻灯片"命令

图 5-74　"新建幻灯片"按钮

2．幻灯片版式和模板的使用

设计第 1 张为"标题幻灯片"版式，第 2 张为"仅标题"版式，第 3～6 张为"两栏内容"版式，第 7～8 张为"空白"版式。可通过如下两种方法实现。

第一种方法是选中第 2 张幻灯片，单击"开始"功能区，在"幻灯片"组中选择"版式"按钮，在下拉菜单中选择"仅标题"版式，如图 5-75 所示。其余幻灯片版式设计方法相同。

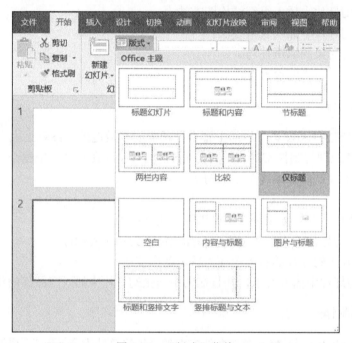

图 5-75　"版式"菜单

第二种方法是在选中的幻灯片上右击，在弹出的快捷菜单中选择"版式"命令，再选择"仅标题"版式，如图 5-76 所示。其余幻灯片版式设计方法相同

3．设置幻灯片的页面格式

设置幻灯片大小为"全屏显示(16:9)"，方向为"横向"。

操作步骤如下：

（1）选择"设计"功能区，单击"幻灯片大小"按钮，在下拉栏中选择"自定义幻灯片大小"选项，弹出"幻灯片大小"对话框，如图 5-77 所示。

图 5-76　"版式"菜单命令

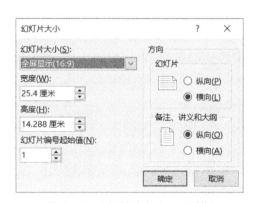

图 5-77　"幻灯片大小"对话框

（2）在"幻灯片大小"的下拉列表中选择"全屏显示(16:9)"，在"幻灯片"下选择"横向"单选按钮。单击"确定"按钮完成设置。

4. 幻灯片背景设置

操作步骤如下：

（1）单击"设计"功能区下的"设置背景格式"按钮，弹出"设置背景格式"对话框，如图 5-78 所示。

（2）设置预设颜色要选择"渐变填充"单选按钮，在出现的"预设渐变"下拉框中单击向下的箭头，在展开的面板中选择"顶部聚光灯-个性色 1"，如图 5-79 所示。这样可使样式应用于选定的幻灯片，单击"应用到全部"按钮，则样式应用于所有幻灯片。

5. 编辑幻灯片的内容

第 1 张幻灯片标题为"产品部年终总结"，副标题为"介绍人：李经理"。第 2 张幻灯片标题为"产品部工作内容"，在标题下面的空白处插入 SmartArt 的"基本流程"图形，要求含有 4 个文本框，更改图形颜色，适当调整字体、字号。

图 5-78　"设置背景格式"对话框

图 5-79　设置预设颜色

操作步骤如下：

（1）选择第 1 张幻灯片，在主标题文本框中输入"产品部年终总结"，并将其文字格式更改为"华文新魏"，字号为 60。之后选中输入的文字右击，在弹出的快捷菜单中单击"设置形状格式"选项，单击"文本选项"→"文字效果"→"阴影"→"预设"，在下拉列表中选择"外部"→"偏移：下"命令，如图 5-80 所示。同时在"发光"中进行同样的选择，最后选择"发光：5 磅；橙色，主题色 2"，如图 5-81 所示。

图 5-80　文字效果阴影选择栏

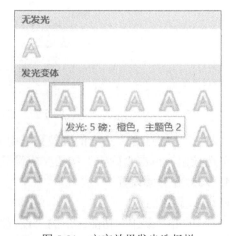

图 5-81　文字效果发光选择栏

（2）在副标题中输入"介绍人：李经理"，并将其文字格式更改为"华文新魏"，字号为 32。

（3）选择第 2 张幻灯片，在标题栏中输入"产品部工作内容"，并将其文字格式更改为"华文新魏"，字号为 32。接着插入 SmartArt 图形，单击"插入"功能区中的"SmartArt"按钮，在弹出的"选择 SmartArt 图形"对话框中选择"流程"选项卡，单击"基本流程"选项，如图 5-82 所示。

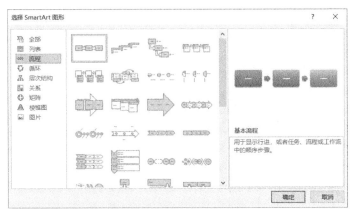

图 5-82　插入 SmartArt 图形

（4）若在实际应用中发现图形个数不足，可进行层数的添加和颜色的设置。选中 SmartArt 图形，单击"SmartArt 工具/设计"功能区，可以进行创建图形、布局、SmartArt 样式等设置，如图 5-83 所示。

图 5-83　"SmartArt 工具/设计"选项卡

（5）选择基本流程图的最后一个文本框，右击，在弹出的快捷菜单中单击"添加形状"→"在后面添加形状"，如图 5-84 所示，在末尾增加一个文本框。在 SmartArt 中的文本框中输入对应的文字内容，然后单击"SmartArt 样式"组中的"更改颜色"按钮，选择"彩色"分组中的"彩色-个性色 1"样式，如图 5-85 所示。其最终效果如图 5-86 所示。

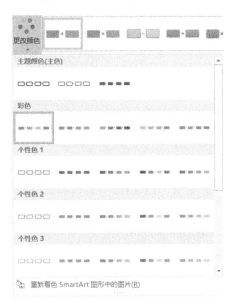

图 5-84　SmartArt 图形"设计"选项卡　　　　图 5-85　"彩色"分组

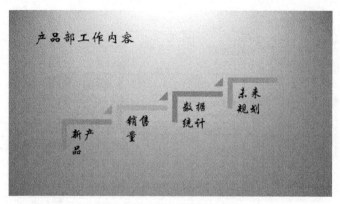

图 5-86   基本流程图形效果

第 3 张至第 6 张幻灯片的标题内容分别为素材中各段的标题。左侧内容为各段的文字介绍和项目符号，右侧为实例素材下存放的相应的图片。第 6 张幻灯片需插入两张图片。在第 8 张幻灯片中插入艺术字，内容为"谢谢!"。

操作步骤如下：

（1）将"ppt-素材.docx"的文档内容复制并粘贴到第 3 张至第 6 张幻灯片的标题和左侧文本框中。

（2）依次选择不同幻灯片的内容文字，单击"开始"→"段落"→"项目符号"，在列表框中选择■。

（3）在第 3 张幻灯片右侧的"添加文本区域"中单击"插入图片"选项，如图 5-87 所示，选择"D:\OFFICE\素材\第 5 章"中"新产品.JPG"图片插入。

图 5-87   插入图片

（4）重复上述操作，依次将对应的图片素材插入到第 4 张、第 5 张、第 6 张幻灯片中。

（5）切换到第 8 张幻灯片，单击"插入"→"艺术字"，选择艺术字样式后会在幻灯片中出现"请在此放置您的文字"提示框，单击提示框输入文字。本例中在插入艺术字时选择"渐变填充：金色，主题色 4；边框：金色，主题色 4"，然后输入"谢谢!"完成操作。

6. 插入超链接

为了让演示文稿在演示的过程中能按讲解内容切换，在第 2 张幻灯片的 4 个文本框中添加超链接，使其链接到相应的幻灯片。

操作步骤如下：

（1）选定第 2 张幻灯片的第 1 个文本框"新产品"，单击"插入"→"链接"，如图 5-88 所示。

图 5-88　插入超链接

（2）打开"插入超链接"对话框，因为本例中超链接需链接到演示文稿的其他页，故在"链接到"列表框中选择"本文档中的位置"选项卡，选定后在"请选择文档中的位置"列表框中选择"3．新产品"，单击"确定"按钮建立超链接，如图 5-89 所示。

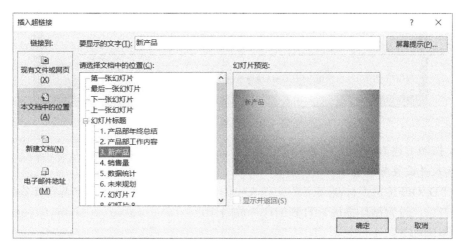

图 5-89　建立超链接

（3）重复上述操作，设置另外 3 个文本框的超链接。

7．插入动作按钮

在第 3 张至第 6 张幻灯片的右下角分别插入后退动作按钮。

操作步骤如下：

（1）切换到第 3 张幻灯片，单击"插入"→"形状"，在下拉列表的最下方是"动作按钮"组，系统为这些动作按钮设定了默认的超链接，有后退、前进、开始、结束、第一张等，如图 5-90 所示。

图 5-90　动作按钮

（2）单击"后退"按钮（图 5-90），在幻灯片的右下角单击鼠标左键拖动绘制一个矩形框，出现相应形状的动作按钮，同时会打开一个"操作设置"对话框，在"单击鼠标时的动作"

分组中选择"超链接到"单选按钮,在"超链接到"下拉列表中选择"幻灯片",在弹出的"超链接到幻灯片"对话框中选择"2. 产品部工作内容",如图 5-91 所示。设置完成后,单击"确定"按钮,即可在幻灯片中插入一个动作按钮,放映时单击该按钮则切换到设定的幻灯片。

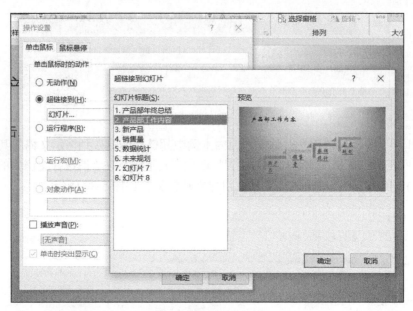

图 5-91　设置动作按钮

(3)按照上述方法,设置第 4 张至第 6 张幻灯片的动作按钮。

8．插入并设置背景音乐

使用"D:\OFFICE\素材\第 5 章"文件夹中的"背景音乐.MP3"为"产品部年终总结.pptx"添加背景音乐,设置循环播放,直到幻灯片放映停止。

操作步骤如下:

(1)选中第 1 张幻灯片,选择"插入"功能区,单击"媒体"组中的"音频"按钮,选择"PC 上的音频"命令(图 5-92),打开"插入音频"对话框,浏览找到"背景音乐.MP3"文件,单击"插入"按钮将音频插入到第 1 张幻灯片中。插入后在幻灯片中出现一个小喇叭标记,然后将此标记移动到幻灯片边缘位置。

图 5-92　插入音频文件

(2)选中小喇叭标记,在菜单栏会出现设置"音频工具/格式"功能区和"音频工具/播放"功能区。在"音频工具/格式"功能区设置小喇叭的外观;在"音频工具/播放"功能区设置音频的播放控制,如剪裁音频的长短、控制音频的开始时间等,如图 5-93 所示,勾选"循环播放,直到停止"复选框。

图 5-93　"音频工具/播放"功能区

9. 插入视频

在第 7 张幻灯片中插入视频，为了让视频播放效果更美观，插入"显示器.PNG"作为视频背景。

操作步骤如下：

（1）选中第 7 张幻灯片，单击"插入"→"图片"，选择"D:\OFFICE\素材\第 5 章"文件夹的图片"显示器.PNG"。

（2）单击"插入"功能区下"媒体"组中的"视频"按钮，在下拉列表中选择"PC 上的视频"，如图 5-94 所示，选择"D:\OFFICE\素材\第 5 章"中的"组会汇报.mp4"进行插入。

图 5-94　插入文件中的视频

（3）选中视频后单击"视频工具/格式"功能区，选择"大小"组中的"裁剪"按钮，出现如图 5-95 所示的控制柄，拖动控制柄修改视频的尺寸，根据显示器界面大小调整视频播放的"高度"和"宽度"，并设置其在显示器屏幕的位置。

图 5-95　修改插入的视频尺寸

（4）选中视频后单击"视频工具/播放"功能区，单击"编辑"组中的"裁剪视频"按钮可以剪辑视频的长度。在"视频选项"组中可以对播放的方式进行设置，如图 5-96 所示。

图 5-96　播放参数设置

5.7.3　实例小结

通过本例，读者需要掌握 PowerPoint 2016 中演示文稿的创建和保存、新增幻灯片、文本的编辑、项目符号和编号的添加、幻灯片版式和模板的设置、幻灯片中的图片插入和编辑、超链接的创建、动作按钮的添加、配色方案的应用、演示文稿放映方式的设置、演示文稿打印等操作方法。合理使用超链接和动作按钮可以增加演示文稿的交互性。在制作的过程中，特别要注意将模板、切换效果、配色方案等应用于单张幻灯片和全部幻灯片的操作方法，此外，还要注意制作摘要幻灯片时从 Internet 下载相应的加载项的方法。

习题

一、选择题

1. 通过（　　）功能区来设置幻灯片间的动画效果。
 A．设计　　　　　　B．动画　　　　　　C．切换　　　　　　D．幻灯片放映
2. 要在选定的幻灯片中输入文字，应（　　）。
 A．直接输入文字
 B．先单击占位符，然后输入文字
 C．先删除占位符中系统显示的文字，然后才可输入文字
 D．先删除占位符，然后再输入文字
3. 要在当前演示文稿中新增一张幻灯片，可采用（　　）方式。
 A．选择"文件"功能区中的"新建"命令
 B．通过"复制"和"粘贴"命令
 C．选择"开始"功能区中的"新建幻灯片"命令
 D．选择"插入"功能区中的"新幻灯片"命令
4. 下列各项中，（　　）不是控制幻灯片外观一致的方法。
 A．母版　　　　　　　　　　　　　B．模板
 C．背景　　　　　　　　　　　　　D．幻灯片视图
5. 在 PowerPoint 2016 中，可以进行幻灯片文字编辑的视图是（　　）视图。
 A．备注页　　　　　　　　　　　　B．大纲
 C．幻灯片　　　　　　　　　　　　D．幻灯片浏览

二、填空题

1．保存 Office 2016 演示文稿时，默认的扩展名是_____。

2．幻灯片内的动画效果通过_____来设置。

3．在 PowerPoint 2016 中打印幻灯片时，一张 A4 纸最多可打印_____张幻灯片。

三、操作题

1．假设一个演示文稿中有 5 张幻灯片，每张幻灯片上均有一个文本框。

（1）在第 1 张幻灯片中插入动作按钮"第一张幻灯片"，链接到第 4 张幻灯片。

（2）在新插入的动作按钮旁添加文本框，内容为"第二课时"。

（3）将第 2 张幻灯片中的文本字体设为"隶书"，字号为 60，动画效果设为"右侧飞入"。

（4）将第 3 张幻灯片的切换效果设为"溶解"，速度为"慢速"。

2．假设一个演示文稿中已有 3 张幻灯片。

（1）在第 1 张幻灯片前插入一张空白版式的幻灯片。将新插入的幻灯片的背景设为"单色：红色"，底纹式样设为"横向"。

（2）在新幻灯片的中间插入任意一种形式的艺术字，内容为"大学计算机"。

（3）将所有幻灯片的页面大小改为"宽度"：28 厘米，"高度"：20 厘米。

（4）将前两张幻灯片的切换效果设置为"水平百叶窗"，速度为"慢速"，切换声音为"打字机"。

3．假设一个演示文稿中已有 3 张幻灯片。

（1）调换 3 张幻灯片的次序，将第 1 张和第 3 张位置对调。

（2）插入第 4 张幻灯片，在上面插入剪贴画"狮子"，并加上一文本框"狮子"。

（3）设置图片"狮子"的动画效果为"从右方缓慢进入"，文本框的动画效果为"打字机"。

（4）给演示文稿设置"绿色大理石"模板，但刚创建的第 4 张新幻灯片不应用模板。

第 6 章　计算机网络基础

学习目标

- 了解：计算机网络的形成与发展。
- 理解：计算机网络的功能与应用、Internet 的地址和域名。
- 应用：IE 浏览器、邮箱、网络设备。

6.1　计算机网络概述

随着经济和计算机网络技术的发展，当今社会已经成为一个以网络为核心的信息时代，数字化、网络化和信息化是现代社会的三大特征。计算机网络成为人们生活中必不可少的部分，计算机网络技术已成为大多数人必须掌握的现代技术之一。

6.1.1　计算机网络的形成与发展

首先要明白什么是计算机网络。计算机网络就是把分布在不同地理位置上的具有独立功能的多台计算机、终端及其附属设备在物理上互联，按照网络协议相互通信，以共享硬件、软件和数据资源为目标的系统。

计算机网络从产生到发展，总体分为 4 个阶段。

第一阶段：20 世纪 60 年代中期以前，计算机主机昂贵，而通信设备的价格相对便宜，为了共享主机资源和进行信息的采集及综合处理，联机终端网络成为一种主要的系统结构形式。

在这种系统中，一端是由键盘和显示器构成的终端机，它们不具备处理数据能力，只能向另一端发出请求。另外一端是具有计算能力的主机，可以同时处理多个终端的请求，如图 6-1 所示。

第二阶段：20 世纪 60 年代末到 20 世纪 70 年代初，计算机网络处于发展的萌芽阶段。其主要特征是把小型计算机连接成实验型的网络，以达到增加系统的计算能力和资源共享的目的。在美国出现的第一个远程分组交换网 ARPANET 标志计算机网络的真正产生，是这一阶段的典型代表。

第三阶段：20 世纪 80 年代是计算机网络的发展时期。20 世纪 70 年代末，国际标准化组织（International Organization for Standardization，ISO）成立了专门的工作组

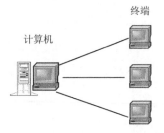

图 6-1　面向终端的计算机网络

来研究计算机网络的标准，最终制定了"开放系统互联参考模型"（Open System Interconnection Reference Model，OSI/RM 或 OSI），它的目的是将不同的计算机互联，构成网络。第三阶段的网络特征是遵循网络体系结构标准。计算机局域网及其互联产品的集成，使得局域网与局域网互联、局域网与各类主机互联以及局域网与广域网互联的技术越来越成熟。

第四阶段：20 世纪 90 年代初至现在是计算机网络飞速发展的阶段。其特征是计算机网络化，协同计算机能力发展以及全球互联网络（Internet）的盛行。计算机技术的发展已经完全与网络融为一体。

6.1.2　计算机网络的分类

根据不同的标准，计算机网络可以划分为不同的类别，下面说明几种常见的分类方式。

1. 按照网络的作用范围分类

（1）局域网（Local Area Network，LAN）：由分布在几百米内的计算机以及其他设备互联组成的网络。计算机的互联通过集线器或交换机等专用设备实现。

（2）广域网（Wide Area Network，WAN）：是覆盖范围很广的长距离网络（远远超过一个城市的范围），由一些节点交换机以及连接这些交换机的链路组成。

（3）城域网（Metropolitan Area Network，MAN）：城域网的作用范围在广域网和局域网之间，其范围可跨越几个街区甚至整个城市。城域网可以用来将多个局域网进行互联。

（4）接入网（Access Network，AN）：是近年来由于用户对高速上网需求的增加而出现的一种网络技术。它是局域网和城域网之间的桥接区。

以上四种网络的关系如图 6-2 所示。

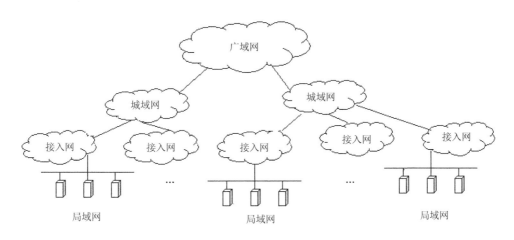

图 6-2　广域网、城域网、接入网、局域网的关系

2. 按照网络的使用者分类

（1）公用网（public network）：指国家的电信公司（国有或私有）出资建造的大型网络，所有愿意按照电信公司的规定缴纳费用的人都可以使用。

（2）专用网（private network）：某个部门为本单位的特殊业务的需要而建造的网络。这种网络不向本单位以外的人提供服务，如军队、电力、铁路等部门的专用网。

3. 按传输介质分类

根据网络的传输介质可以将计算机网络分为有线网络和无线网络两种。

（1）有线网络。有线网络指采用同轴电缆、双绞线、光纤等有线介质来连接的计算机网络。采用双绞线联网是目前最常见的局域网联网方式，如图 6-3 所示。它价格便宜，安装方便，但易受干扰，传输率较低，传输距离比采用同轴电缆作为传输介质的网要短。光纤网采用光导纤维作为传输介质，传输距离长，传输率高，抗干扰能力强，其正处于迅速发展阶段。局域网通常采用单一的传输介质（比如目前较流行采用双绞线），而城域网和广域网则可以同时采用多种传输介质，如光纤、同轴细缆、双绞线等。

（2）无线网络。无线网络采用微波、红外线、无线电等电磁波作为传输介质。由于无线网络的联网方式灵活方便，不受地理因素影响，因此是一种很有前途的组网方式，如图 6-4 所示。现在很多大学和公司正在使用无线网络。无线网络的发展依赖于无线通信技术的支持。

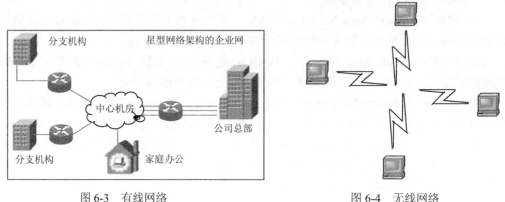

图 6-3   有线网络   图 6-4   无线网络

4. 按拓扑结构分类

网络的拓扑结构是指网络中通信线路和站点（计算机或设备）的相互连接的几何形式。根据拓扑结构的不同，常见的计算机网络拓扑结构分为总线型拓扑结构、星型拓扑结构、环型拓扑结构等。

（1）总线型拓扑结构。总线型结构是指各工作站和服务器均连接在一条总线上，各工作站地位平等，无中心节点控制，公用总线上的信息多以基带形式串行传递，其传递方向总是从发送信息的节点开始向两端扩散，如同广播电台发射的信息，因此又称广播式计算机网络，如图 6-5 所示。各节点在接收信息时都进行地址检查，核查是否与自己的工作站地址相符，若相符则接收网上的信息。

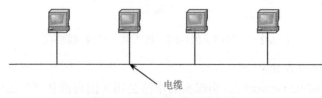

电缆

图 6-5   总线型拓扑结构网络

（2）星型拓扑结构。星型结构是指各工作站以星型方式连接成网。网络有中央节点，其他节点（工作站、服务器）都与中央节点直接相连，这种结构以中央节点为中心，因此又称为集中式网络，如图 6-6 所示。

（3）环型拓扑结构。环型结构指网络中若干节点通过点到点的链路首尾相连形成一个闭合的环。这种结构使公共传输电缆组成环型连接，数据在环路中沿着一个方向在各个节点间传输。当数据通过每台计算机时，该计算机的作用就像一个中继器，其增强该信号，并将该数据发到下一个计算机上，如图 6-7 所示。

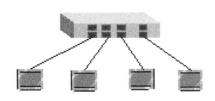

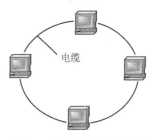

电缆

图 6-6　星型拓扑结构网络　　　　　图 6-7　环型拓扑结构网络

（4）网状拓扑结构。网状结构的控制功能分散在网络的各个节点，如图 6-8 所示。网上的每个节点都有几条路径与网络相连，即使一条线路出现故障，通过迂回线路，网络仍能正常工作，但是必须进行路由选择。这种结构可靠性高，但网络控制和路由选择比较复杂，一般用在广域网上。

（5）树型结构。在树型结构中，节点按照层次进行连接，信息交换主要在上下节点间进行。其形状像一棵倒置的树，顶端为根，从根向下分支，每个分支又可以延伸出多个子分支，一直到树叶，如图 6-9 所示。这种结构易于扩展，但是一个非叶子节点发生故障很容易导致网络分割。

图 6-8　网状拓扑结构网络　　　　　图 6-9　树型结构网络

6.1.3　计算机网络的组成

一个网络通常由网络服务器、网络工作站、通信线路和通信设备、通信协议 4 个部分组成。

1. 网络服务器

服务器是整个网络系统的核心，它为网络用户提供服务并管理整个网络，在其上运行的操作系统是网络操作系统。随着局域网络功能的不断增强，根据服务器在网络中所承担的任务和所提供功能的不同可把服务器分为文件服务器、打印服务器和通信服务器。其中文件服务器能将大量的磁盘存储区划分给网络上的合法用户使用，接收客户机提出的数据处理和文件存取请求；打印服务器接收客户机提出的打印要求，及时完成相应的打印服务；通信服务器负责局域网与局域网之间的通信连接功能。一般在局域网中最常用的是文件服务器。在整个网络中，服务器的工作量通常是普通工作站的几倍甚至几十倍。

2. 网络工作站

客户机又称工作站。当一台计算机连接到局域网上时，这台计算机就成为局域网的一个客户机。客户机与服务器不同，服务器是为网络上许多网络用户提供服务以便共享它的资源，而客户机仅对操作该客户机的用户提供服务。客户机是用户和网络的接口设备，用户通过它可以与网络交换信息，共享网络资源。客户机通过网卡、通信介质以及通信设备连接到网络服务器。例如有些被称为无盘工作站的计算机没有自己的磁盘驱动器，这样的客户机必须完全依赖于局域网来获得文件。客户机只是一个接入网络的设备，它的接入和离开对网络不会产生多大的影响，它不像服务器那样，一旦失效可能会造成网络的部分功能无法使用，而且正在使用这一功能的网络都会受到影响。现在的客户机都由具有一定处理能力的 PC 机（个人计算机）来承担。

3．通信线路和通信设备

通信线路和通信设备负责网络的物理连接和数据的发送与接收。通信线路指传输介质及其连接部件，包括光缆、同轴电缆、双绞线等。通信设备通常包括网络适配器、中继器、集线器、网桥、交换机、路由器等网络部件。

4．通信协议

为了完成两个计算机系统之间的数据交换而必须遵守的一系列规则和约定称为通信协议。在局域网络中一般使用的通信协议有 NetBEUI（用户扩展接口协议）、IPX/SPX（网际交换/顺序包交换协议）和 TCP/IP（传输控制协议/网际协议）。

6.1.4　计算机网络的主要功能与应用

1．数据通信

数据通信即数据传送，是计算机网络的最基本功能之一。从通信角度看，计算机网络其实是一种计算机通信系统。计算机通信就是将一台计算机产生的数字信息通过通信信道传送给另一台计算机。作为计算机通信系统，计算机网络能实现下列重要功能：

（1）传输文件。网络能快速地在计算机之间进行文件复制。

（2）使用电子邮件（E-mail）。用户可以将计算机网络作为"邮局"，向网络上的其他计算机用户发送备忘录、报告和报表等。虽然在办公室使用电话是非常方便的，但 E-mail 可以向不在办公室的人传送消息，而且还提供了一种无纸办公的环境。

2．资源共享

资源共享包括硬件、软件和数据资源的共享，是计算机网络最有吸引力的功能。资源共享指的是网上用户能够部分或全部地使用计算机网络资源，使计算机网络中的资源互通有无、分工协作，从而大大地提高各种硬件、软件和数据资源的利用率。

3．计算机系统可靠性和可用性的提高

计算机系统可靠性的提高主要表现在计算机网络中每台计算机都可以依赖计算机网络互相为后备机，一旦某台计算机出现故障，其他计算机马上可以承担起原先由该故障机所担负的任务，避免了系统的瘫痪，使得计算机的可靠性得到了大大的提高。

计算机可用性的提高是指当计算机网络中某一台计算机负载过重时，计算机网络能够进行智能判断，并将新的任务转交给计算机网络中较空闲的计算机去完成，这样能均衡每一台计算机的负载，提高每一台计算机的可用性。

4．易于进行分布处理

在计算机网络中，每个用户可根据情况合理地选择网络上的资源，以就近的原则快速地处理问题。对于较大型的综合问题，通过一定的算法将任务分交给不同的计算机，从而达到均衡网络资源，实现分布处理的目的。此外，利用网络技术能将多台计算机连成具有高性能的计算机系统，以并行的方式来处理复杂的问题。

6.1.5　计算机网络设备

计算机与计算机或工作站与服务器进行连接时，除了传输介质以外，还要安装一些通信设备以实现计算机之间的通信，这些通信设备包括网络适配器、中继器、集线器、网桥、交换机、路由器等网络部件。

1. 网络适配器

网络适配器 NIC（Network Interface Card）也称为网卡，如图 6-10 所示。网卡是构成计算机局域网络系统中最基本、最重要和必不可少的连接设备，计算机主要通过网卡接入局域网络。网卡除了起到物理接口作用外，还有控制数据传送的功能，网卡一方面负责接收网络上传过来的数据包，解包后将数据通过主板上的总线传输给本地计算机，另一方面将本地计算机上的数据打包后送入网络。网卡一般插在每台工作站和文件服务器主机板的扩展槽里。另外，由于计算机内部的数据是并行数据，而一般在网上传输的是串行比特流信息，故网卡还有串并转换功能。为防止数据在传输中出现丢失的情况，在网卡上还需要有数据缓冲器，以实现不同设备间的缓冲。在网卡的 ROM 上固化有控制通信软件，用来实现上述功能。

从应用的角度网卡被划分成不同的型号。

如果计算机采用的是 ISA 总线，那么仅能使用 ISA 总线的网卡。如果计算机采用的是 PCI 总线，那么就必须安装 PCI 总线的网卡。一般 PCI 总线的网卡的速度比 ISA 总线的网卡的速度要快。如没有特殊限制的话，推荐选用 PCI 总线的网卡，而且这种网卡在进行网络配置时也相对容易一些。

在购买网卡之前，还需要注意局域网的拓扑结构，因为对于不同位置的工作站可能所连接的传输介质是不一样的，在局域网中常使用的传输介质有双绞线、细缆和粗缆（光纤除外）。这样，网卡与网络传输介质的接口类型就不一样。根据所连接传输介质的不同，网卡的接口有三种不同类型的接头：粗缆 AUI 接头、细缆 BNC 接头和双绞线 RJ45 接头。为适应市场不同的需求，目前出现了单一接头的网卡和标明组合方式的（如 T 或 TC 等）两种组合接头的网卡。其中，T 表示双绞线，TC 表示这种网卡既有双绞线 RJ45 接头也有细同轴电缆的 BNC 接头。

另外，按照网卡的工作速度又可分为 10Mb/s、100Mb/s、10/100Mb/s 自适应和 1000Mb/s 几种网卡。

这里介绍一个常用的概念——带宽。带宽本来指某个信号具有的频带宽度，当通信线路用于传送数字信号时，带宽代表数字信号的发送速率，因此带宽有时也称为吞吐量。习惯上，人们愿意将带宽作为数字信号所能传送的最高数据量的同义语。网络或链路的带宽单位为比特每秒（b/s 或 bit/s），现在更常用的是兆比每秒 Mb/s、吉比每秒 Gb/s，人们现在经常不严格地描述网络带宽 10M 或 10G 就是省略了后面的 b/s，它的意思就是代表 10Mb/s 或 10Gb/s。

上面讲述的都是一般的工作站或服务器所使用的网卡，其实还有专门为笔记本电脑设计的专用网卡 PCMCIA，以及随着近几年来无线局域网技术的发展而产生的无线局域网网卡。

2. 中继器

由于局域网通信介质的长度都有一定的限制，例如，双绞线的最大长度是 100 米，细同轴电缆的长度是 185 米。因此，当主机之间的距离大于一定长度时，就需要用中继器对接收到的信号进行再生放大，以达到延长通信介质距离的目的，如图 6-11 所示。

 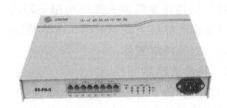

图 6-10　Intel 82540 千兆网卡　　　　　　　　图 6-11　中继器

有的中继器在实现中继功能的同时，还能进行通信介质类型的转换，即该中继器可以连接两种通信介质。例如，一个接口连接双绞线，另一个接口连接同轴电缆，这种设备称为收发器（transceiver）。

3．集线器

集线器又称集中器，俗称 HUB。集线器是一种特殊的中继器，但中继器的主要作用是对接收到的信号进行再生放大，以扩大网络的传输距离。集线器则是把来自不同计算机网络设备的电缆集中配置于一体，它是多个网络电缆的中间转接设备，像树的主干一样，集线器是各分枝的汇集点，是对网络进行集中管理的主要设备。在传统的总线型网络中如果使用了 HUB，那么这个网络就变成了混合型网络。集线器有利于故障的检测和提高网络的可靠性。另外，集线器能自动指示有故障的工作站，并切除其与网络的通信。

集线器在网络中的作用是组建共享网络。一个端口接收到数据信号后，HUB 将该信号放大，转发到其他所有处于工作状态的端口，每一个端口相连的计算机都能收到数据，但仅有与目的地址相符的工作站才接收该数据。与集线器相连的计算机如有信息要发送给另一个与集线器端口相连的计算机时，要等待集线器选中这个端口，一旦这个端口被选中，集线器会让该端口完全独占带宽，且与连接到集线器其他端口的计算机或上联设备进行通信，这时与该集线器其他端口相连的计算机即使有信息要传输也必须要等待。

4．网桥

网桥的作用是互联两个局域网，如图 6-12 和图 6-13 所示，它的工作方式是桥接方式。网桥从端口接收来自端口相连的局域网主机发送的信号，进行解码和拆装得到局域网数据，然后把它们存放在数据存储器的接收缓冲区内。网桥对数据进行合法性检查，当出现差错时就将其丢弃。如果数据的目的地址位于原主机所在的局域网上，则将数据丢弃；如果目的地址不在原主机所在的局域网上，则查阅网桥中所存储的站表（站表中记录网络地址与网桥端口的对应关系），以确定目的地址所对应的网桥端口，如果找到端口，则把帧从缓冲中读出，转发给该端口，如果找不到端口，则向所有端口广播该数据。

图 6-12　10M 网桥

图 6-13　SX-2500CG 无线网桥

除了转发功能，网桥还能通过学习建立站表。当网桥接收到数据帧时，它读取源主机的地址，然后在站表中登记地址与端口的关联，同时记录生存期。

5. 交换机

交换机是从网桥演变而来的，相当于一个多端口的网桥。交换机的作用是将多个局域网连接在一起，扩大局域网的网络规模。此外，交换机还具有提高局域网性能的作用。

交换机的每个端口的带宽都是总线的带宽，即 10Mb/s 交换机的每个端口都是 10Mb/s 的，而 10Mb/s 的集线器端口的带宽是(10/端口数)Mb/s。这是交换机和集线器最大的不同。

交换机根据应用环境不同，主要分为桌面交换机、工作组交换机、部门交换机、园区交换机和企业交换机。图 6-14 所示为桌面级快速以太网交换机。

6. 路由器

在局域网通过广域网连接到远程的局域网时通常需要使用路由器作为互联设备，相较于交换机,路由器功能更强大是因为它是在网络层上工作,而普通交换机是在数据链路层上工作。

路由器（图 6-15）具有路由选择的功能，当数据在网络上传送到路由器上的时候，路由器会为它选择一条能够到达目的地的合理路径。

图 6-14　桌面级快速以太网交换机

图 6-15　D-LINK soho 路由器 DI-504

7. 网关

在一个计算机网络中，当连接不同类型且协议差别较大的网络时，要选用网关设备。网关属于应用层互联设备，它将协议进行转换，将数据重新分组，以便在两个不同类型的网络系统之间进行通信。

因为协议转换是一件复杂的工作，所以一般来说，网关只进行一对一转换，或是少数几种特定应用协议的转换。

6.2　Internet 技术

6.2.1　Internet 概述

Internet 即国际计算机互联网，又叫国际计算机信息资源网，它是位于世界各地并且彼此相互通信的一个大型计算机网络。组成 Internet 的计算机网络包括小规模的局域网（LAN）、城市规模的城域网（MAN）以及大规模的广域网（WAN）。这些网络通过普通电话线、高速率专用线路、卫星、微波和光缆把不同国家的大学、公司、科研部门以及军事和政府组织连接起来。Internet 网络互联采用的协议是 TCP/IP 协议。Internet 具有将不同的网络互联起来，构成一个统一的整体的能力，所以较准确的解释是"Internet 是网络的网络"，它将各种各样的网络连在一起，而不论其网络规模的大小、主机数量的多少、地理位置的异同。所以把网络互联起来，也就是把网络的资源组合起来，这就是 Internet 的精华及其迅速发展的原因。

1. Internet 发展简史

自美国的 ARPANET 在 1969 年问世以来，其连接的计算机数目增长得非常迅速。到 1983 年就已连接了 300 多台计算机，供美国各研究机构和政府部门使用。

1984 年 ARPANET 分解成两个网络，一个网络仍称为 ARPANET，是民用科研网，另一个网络是军用计算机网络 MILNET。

1985 年起，美国国家科学基金会围绕其六个大型计算机中心建设计算机网络。

1986 年，NSF 建立了国家科学基金网 NSFNET，它是一个三级计算机网络，分为主干网、地区网和校园网，覆盖了全美国主要的大学和研究所。NSFNET 后来接管了 ARPANET，并将网络改名为 Internet。

1991 年，Internet 的容量满足不了需要，于是美国政府决定将 Internet 主干网转交给私人公司来经营，并开始对接入 Internet 的单位收费。

1993 年，Internet 主干网的速率提高到 45Mb/s，到 1996 年，速率为 155Mb/s 的主干网建成，1999 年主干网速率达到 622Mb/s。欧洲原子核研究组织（CERN）开发的万维网（WWW）被广泛应用于 Internet，大大方便了非网络专业人员对网络的使用，成为 Internet 规模指数级增长的主要动力。

1998 年，据统计有 60 多万个网络连在 Internet 上，上网计算机超过 2000 万台。

在 20 世纪 90 年代，Internet 以极为迅猛的速度发展着，席卷了全世界几乎所有的国家，一个全球性的信息高速公路已经初步形成。

2. 中国的 Internet 发展史

早在 1986 年，中国的有关学术部门就开始努力将 Internet 引入中国，但是最早建成的学术网络只是和国际 Internet 做电子邮件交换，并不能算真正的 Internet 的一部分。1994 年 5 月 19 日，中国科学院高能物理所成为第一个正式接入 Internet 的中国大陆机构，随后在高能所的基础上建成了中科院系统的 Internet 网。

中国教育科研网是清华大学、北京大学牵头的由国家教委投资建设的国家教育网，随后国家教委和各部委的高校都陆续连入了这个网络。

由邮电部建设的 Internet 接入网叫作 ChinaNet。ChinaNet 是邮电部门经营管理的基于 Internet 网络技术的中国公用 Internet 网，是中国 Internet 的骨干网，通过接入国际 Internet，而使 ChinaNet 成为国际 Internet 的一部分。通过 ChinaNet 的灵活接入方式和遍布全国各个城市的接入点，用户可以方便地接入国际 Internet，享用 Internet 上的丰富资源和各种服务。

中国在 Internet 方面的发展速度十分惊人。1998 年年底，我国上网人数仅为 210 万；1999 年年底，我国上网人数已达 890 万；2002 年底已超过 5000 万户，跃居世界第二位，国内网上中文站点超过 3.5 万个。

网上的交易额也有大幅度的增加。网上银行业务发展迅速，服务范围包括企业银行、个人银行、网上证券、网上商城、网上支付等业务。网络中介服务正在健康起步，在租赁设备、代建电子商务系统和网站（网页）、系统代管与维护、技术支撑等方面，以公开、公平的竞争方式健康发展，受到企业和消费者的欢迎。

6.2.2　Internet 地址和域名

1．IP 地址

IP 地址是 Internet 上主机在网络中的地址的数字形式，是一个 32 位无符号的二进制数，例如：11011110 11010010 11101010 10011010。IP 地址是具有层次结构的地址，它由两级结构组成：第一级是网络号，即网络在互联网中的编号；第二级是主机号，即主机在网络中的编号。IP 地址通常分为 A、B、C、D、E 五类，这种分类方式与 IP 地址中字节的使用方法相关。IP 地址的结构和类型如图 6-16 所示，在实际应用中可以根据具体情况选择使用 IP 地址的类型格式。A、B、C 三类 IP 地址表示的范围如下：

A 类：0.0.0.0～127.255.255.255。

B 类：128.0.0.0～191.255.255.255。

C 类：192.0.0.0～223.255.255.255。

为了便于记忆和识别，IP 地址通常写成被英文句点分开的 4 个十进制数的形式，如上面的二进制地址用十进制数表示为 222.210.234.154。

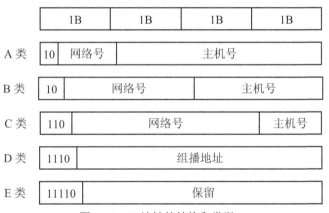

图 6-16　IP 地址的结构和类型

2．域名系统

在用户与 Internet 上的某个主机通信时，IP 地址的"点—分"十进制表示法比较简单，但当要与多个 Internet 上的主机进行通信时，单纯数字表示的 IP 地址非常难以记忆，人们希望能够用一个有意义、便于记忆的名字来代替 IP 地址。于是就产生了"名称—IP 地址"的转换方案，只要用户输入一个主机名，计算机会很快地将其转换成机器能识别的二进制 IP 地址。例如：Internet 或 Intranet 的某一个主机，其 IP 地址为 136.243.242.98，按照这种方式可用一个有意义的名字 www.webdomain.com 来代替，这种最具有代表性的名字称作域名。

域名系统（DNS）是一种分布式数据库系统，采用客户/服务器模式进行主机名称与 IP 地址之间的转换。通过建立 DNS 数据库，记录主机名称与 IP 地址的对应关系，并将其驻留在服务器端为处于客户端的主机提供 IP 地址的解析服务。这种主机名到 IP 地址的映射是由若干个 DNS 服务器程序完成的。DNS 服务器程序在专设的节点上运行，因此，人们也把运行 DNS 服务器程序的计算机称为域名服务器。

3. DNS 域名结构

Internet 网络采用了层次树状结构的命名方法——DNS 域名服务，其结构类似于全球邮政系统和电信系统。例如，一个电话号码是 086-0431-884455××，在这个电话中包含着几个层次：086 表示中国，区号 0431 表示长春市，884455×× 又表示该市某一个电话分局的某一个电话号码。同样，Internet 网络也采用类似的命名方法，这样任何一个连接在 Internet 网络上的主机或路由器，都有一个唯一的层次结构名字，即域名。这里的"域"（Domain）是名字空间中一个可被管理的划分。域名只是个逻辑上的概念，并不反映计算机所在的物理地点。

DNS 数据库的结构如同一棵倒过来的树，它的根位于最顶部，紧接着在根的下面是一些主域，每个主域又进一步划分为不同的子域。整个 Internet 的域名服务都是由 DNS 来实现的。与文件系统的结构类似，每个域都可以用相对的或绝对的域名来标识。相对于父域来表示一个域可以用相对域名，绝对域名指完整的域名，主机名为每台主机指定的主机名称，带有域名的主机名叫全称域名。

域名是由父子标号组成的串，子域的标号在左，父域的标号在右，标号间用"."号分隔。常见的顶级域名有以下两类：

- 国家级顶级域名。如 cn 代表中国，jp 代表日本，us 代表美国，fr 代表法国。
- 通用的顶级域名。如 com 代表商业组织，edu 代表教育机构，gov 代表政府，int 代表国际组织，net 代表网络支持中心，org 代表非营利组织，mil 代表军事组织。

6.3　Internet 的应用

6.3.1　使用 IE 浏览器

1. 启动 IE 浏览器

Windows 的默认浏览器是 IE（Internet Explorer）浏览器，这里以 IE 6.0 版为例进行介绍。安装完 IE 6.0 后，计算机的桌面和底部的任务栏中会出现 IE 浏览器图标。启动 Internet 浏览器的方法通常有以下几种：

（1）双击桌面上的 Internet Explorer 快捷方式图标。

（2）单击任务栏中的 Internet Explorer 快捷方式图标。

（3）通过"开始"菜单启动 Internet 浏览器。

2. IE 浏览器的窗口组成

Internet Explorer 浏览器的窗口由标题栏、菜单栏、工具栏、地址栏、链接栏、浏览窗口以及状态栏组成，如图 6-17 所示。下面介绍窗口中的各组成部分。

（1）标题栏：位于窗口的顶部，用于显示当前网页的名称。

（2）菜单栏：位于标题栏的下方，提供了 Internet Explorer 的各操作命令。

图 6-17 Internet Explorer 浏览器的窗口

（3）工具栏：位于菜单栏的下方，包含了各种标准按钮。

● "后退"按钮 ⇐后退▾：单击该按钮，回到上一个浏览过的网页。

● "前进"按钮 ⇒▾：单击该按钮，转到下一个打开的网页。

● "停止"按钮 ⊗：单击该按钮，停止对当前网页的访问。

● "刷新"按钮 ⊡：单击该按钮，重新打开当前网页。

● "主页"按钮 ⌂：单击该按钮，将打开默认的主页。

● "搜索"按钮 ⊙搜索：单击该按钮，打开搜索任务窗格，可以在搜索栏中输入描述搜索内容的单词或短语。当搜索结果出现时，可以在不丢失搜索结果列表的同时查看每个网页。

● "收藏夹"按钮 ⊞收藏夹：单击该按钮，打开收藏任务窗格，可以在其中添加网址或者查看保存在收藏夹中的网页。

● "媒体"按钮 ♪媒体：单击该按钮，打开"媒体"任务窗格，可以在该窗格中接收媒体文件及收听 Internet 电台，可从各种各样的音乐和谈话电台中进行选择。

● "历史"按钮 ⊛：单击该按钮，打开"历史"任务窗格，可以在其中浏览最近访问过的网页列表，另外，也可以重新安排或搜索"历史记录"列表。

（4）地址栏：用于输入需要查看的网址。单击地址栏右侧的箭头，可以查看以前输入的所有 Internet 地址链接，然后从中选择要打开的地址。

（5）链接栏：链接栏中已经保存了几个比较常用的链接，单击其中的某个链接，可以打开相应的网页。

（6）浏览窗口：用于显示当前打开网页的内容。

（7）状态栏：位于窗口的最底端，用于显示当前链接、网页下载的进度等信息。

3．通过 IE 浏览网页

打开需要浏览的网页时，可以通过以下方法进行操作。

（1）在地址栏中输入网址。在地址栏中输入网址是最基本的方法，输入要查看的网页的网址后，按 Enter 键即可打开想要查看的网页。

（2）从地址栏下拉列表中选择网址。单击地址栏右侧的下三角▾按钮，将打开一个地址列表，如图 6-18 所示。在地址列表中选择需要打开的网页地址，单击即可打开相应的网页。

图 6-18　地址列表

（3）从收藏夹中选择网址。对于一些常用的网址，通常将其保存在收藏夹中。如果需要调用这些网址，只需单击工具栏中的"收藏夹"按钮，弹出"收藏夹"任务窗格，如图 6-19 所示，在任务窗格中选择网址单击，即可打开该网页。或者单击菜单栏中的"收藏"命令，在弹出的下拉菜单中选择相应的网址，如图 6-20 所示，也可以打开需要的网页或网站。

图 6-19　"收藏夹"任务窗格

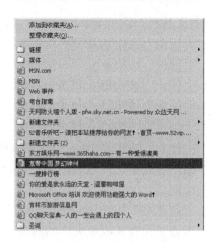

图 6-20　在弹出的下拉菜单中选择网址

（4）从历史记录中选择网址。单击工具栏中的"历史"按钮，打开"历史记录"任务窗格，其中显示了一些时间列表，如图 6-21 所示。单击任务窗格中的任一时间选项，可显示在这段时间内打开的若干个网址，如图 6-22 所示。如果需要打开某个网页，只需在其网址上单击即可。

图 6-21　"历史记录"任务窗格

图 6-22　显示所选时间内打开的网址

单击任务窗格中的"查看"按钮，弹出如图 6-23 所示的下拉菜单，可以在其中设置网址的查看顺序。单击"搜索"按钮，弹出"搜索"文本框，如图 6-24 所示，在文本框中输入需要搜索的网址，然后单击"立即搜索"按钮，即可搜索最近打开过的与其有关的网页地址，如图 6-25 所示。

图 6-23　网址的查看顺序　　　　图 6-24　"搜索"文本框　　　　图 6-25　搜索到的网址

4. 保存网址及网页中的内容

（1）保存网址。在浏览 Internet 时，对于经常要打开的网页，如果每次打开时都需要输入网址，就显得比较麻烦。另外，在浏览网页时，可能会遇到一些不错的网站，此时，可以对网页或网站的网址进行保存，以备下一次直接调用。

保存网址的具体操作步骤如下：

1）打开一个网页，选取地址栏中的网址（通常单击网址即可选取）。

2）选择菜单栏中的"收藏"→"添加到收藏夹"命令，或者单击工具栏中的"收藏夹"按钮，在弹出的任务窗格中单击"添加..."按钮，弹出"添加到收藏夹"对话框，如图 6-26 所示。

图 6-26　"添加到收藏夹"对话框

3）在"名称"选项文本框中输入保存的网址名称（也可以应用默认名称），这里输入"免费邮箱"命令。

4）单击"确定"按钮，该网址将被保存到收藏夹中。此时选择菜单栏中的"收藏"命令，在弹出的下拉菜单中将看到刚才保存的网址的名称。当保存的网址过多时，可以运用"整理收藏夹"命令对保存的网址进行分类、整理。

5）再次执行菜单栏中的"收藏"→"整理收藏夹"命令，或者在"收藏夹"任务窗格中单击"整理..."按钮，弹出"整理收藏夹"对话框，如图 6-27 所示。

6）单击对话框中的"创建文件夹"按钮，新建一个文件夹，如图 6-28 所示，将文件夹命名为"祝福"。

7）文件夹创建好以后，选择要分类的网址，单击"移至文件夹"按钮，弹出"浏览文件夹"对话框，如图 6-29 所示。

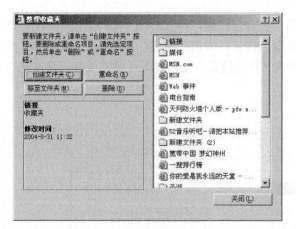

图 6-27　"整理收藏夹"对话框

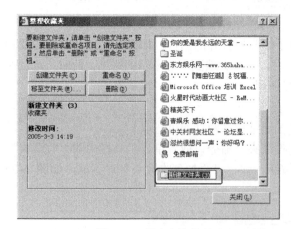

图 6-28　新建文件夹

图 6-29　"浏览文件夹"对话框

8）选择要存放的"祝福"文件夹，然后单击"确定"按钮，该网址将存放到选定的文件夹中，如图 6-30 所示。

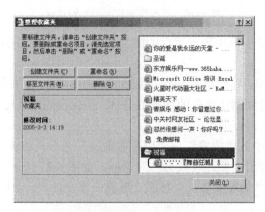

图 6-30　添加到新文件夹中的网址

9）单击"重命名"按钮，可对选取的网址或文件夹重新命名。单击"删除"按钮，删除选择的网址或文件夹。

（2）保存网页的内容。当单击某一个保存的网址时，会发现该网页不再显示。为了避免这样的情况发生，可以将某些极具收藏价值的网页内容保存到电脑的硬盘上。网页中的内容通常包括文字、图片、动画、声音等，可以将其全部保存，也可以部分保存。

- 将当前网页保存为 Web 页。打开一个网页后，执行菜单栏中的"文件"→"另存为"命令，将弹出"保存网页"对话框，如图 6-31 所示。在该对话框中设置网页要保存到的位置、网页的名称及保存的类型，单击"保存"按钮，即可完成对网页的保存。

图 6-31　"保存网页"对话框

- 对网页中的文本进行保存。如果只是想保存网页中的文字信息，方法是选择要保存的文字并进行复制，打开要保存到的应用软件，新建一个文件（如 Word 文件），执行"粘贴"命令，将网页中的文字复制到新建的文件中，对复制的文字进行保存。
- 对网页中的图像或动画进行保存。网页中通常有一些生动的图片或动画，也可将其保存到计算机硬盘上，以备将来使用或欣赏。具体操作如下：将光标置于要保存的图像或动画上，此时将显示一个图像工具栏，如图 6-32 所示。单击工具栏中的"保存"按钮 ，弹出"保存图片"对话框，如图 6-33 所示。在图片或动画上右击，在弹出的快捷菜单中选择"图片另存为"命令，也可以打开"保存图片"对话框。在对话框中设置图片要保存的位置、名称及类型，然后单击"确认"按钮即可。
- 对网页背景进行保存。对网页背景的保存步骤与保存图片相同，只需在网页的任一位置右击，在弹出的快捷菜单中选择"背景另存为"命令，然后在弹出的"保存图片"对话框中设置保存的位置、名称和类型即可。

图 6-32　图像工具栏　　　　　　　　　图 6-33　"保存图片"对话框

6.3.2 文件的下载

文件下载是指把 Internet 上的文件复制到计算机上。Internet 上可以下载的文件包括软件、图片、文本、音乐、电影等。

因为 Windows 自身所带的下载工具软件的功能不够强大，所以通常使用如影音传送带、网络蚂蚁、网际快车等下载软件来下载文件。

1. 网际快车软件

下载的最大问题是速度，其次是下载后的管理。网际快车（FlashGet）就是为解决这两个问题所写的程序。它通过把一个文件分成几个部分同时下载可以成倍地提高速度，其下载速度可以提高 100%～500%。网际快车可以创建不限数目的类别，每个类别指定单独的文件目录，不同的类别保存到不同的目录中，它的管理功能包括支持文件的拖拽、更名、添加描述、查找及文件名重复时可自动重命名等，而且下载前后均可轻松管理文件。

2. 下载网际快车软件

下面以下载网际快车软件为例介绍下载文件的一般方法。具体操作如下：

（1）进入 IE 窗口，首先在地址栏中输入"网际快车"，然后按 Enter 键进行搜索。

（2）稍停片刻，将打开一个含有多个下载网际快车软件网址的网站，如图 6-34 所示。可以根据自己的需要任意选择一个下载网际快车软件的网址。

图 6-34 在网站中选择要下载的软件

（3）单击选取的下载软件，打开一个链接网页，该网页中介绍了网际快车软件的性能、安装和使用方法等，如图 6-35 所示。

（4）单击网页中的"点此下载"，弹出"文件下载"提示框，提示是打开文件还是将文件保存，如图 6-36 所示。

（5）单击提示框中的"保存"按钮，弹出"另存为"对话框，在该对话框中设置文件下载后保存的位置及名称、类型。

（6）设置完毕，单击"保存"按钮，弹出"显示文件下载进度"提示框，如图 6-37 所示。

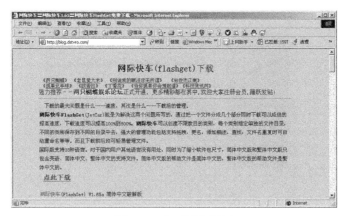

图 6-35　打开链接网页

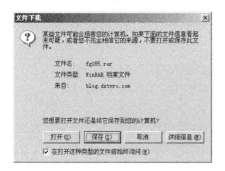

图 6-36　"文件下载"提示框

图 6-37　"显示文件下载进度"提示框

（7）下载完毕单击"关闭"按钮，完成下载操作。

3．安装网际快车软件

网际快车软件下载后，保存成为一个如图 6-38 所示的压缩文件。在安装时，首先要对其解压缩。具体操作步骤如下：

（1）选取网际快车压缩文件。

（2）右击，在弹出的快捷菜单中选择"WinRAR"→"释放到这里"命令，如图 6-39 所示。

图 6-38　网际快车软件的压缩文件

图 6-39　弹出的右键菜单

（3）双击解压缩后的文件开始安装，首先进入"欢迎"界面，如图 6-40 所示。

图 6-40　欢迎界面

（4）单击 Next 按钮，进入下一个界面，通常情况下采用默认选择。

（5）继续单击 Next 按钮，弹出"安装协议"界面，如图 6-41 所示，在该界面中单击"I Agree"按钮。

图 6-41　"安装协议"界面

（6）此时进入"设置程序的安装目录"界面，在该界面中，系统默认的安装目录为 C:\Program Files\FlashGet（图 6-42）。单击右侧的 Browse 按钮，可以重新选择该软件安装的路径。

图 6-42　"设置程序的安装目录"界面

（7）连续单击界面中的 Next 按钮进行安装，在最后一个界面中单击 Finish 按钮，完成安装。程序安装后，将在"开始"菜单和桌面上建立相应的快捷启动方式。

4. 使用网际快车软件下载文件

（1）使用网际快车软件下载单首 MP3 歌曲的具体步骤如下：

1）选择要下载的歌曲，右击。

2）在弹出的快捷菜单中选择"使用网际快车下载"命令，将弹出"添加新的下载任务"对话框，如图 6-43 所示。

图 6-43　"添加新的下载任务"对话框

3）单击"类别"选项右侧的下三角按钮，选择下载文件的类别。

4）单击"另存到"选项右侧的下三角按钮，选择下载文件要存放的文件夹。如果文件夹还没有设置，可单击右侧的按钮，在弹出的"文件夹选择"对话框中选择文件要存放的文件夹，如图 6-44 所示，选择完毕确认即可。

图 6-44　"文件夹选择"对话框

5）在"重命名"选项文本栏中输入下载文件的名称，也可以采用默认名称。

6）在"文件分成"选项文本栏中设置将文件分成几份下载，网际快车建议将文件分成 4 份，可以根据实际情况，少分一些或者多分一些。

7）各选项设置完毕后，如图 6-45 所示，单击"确定"按钮，开始下载所选歌曲。

图 6-45 在"添加新的下载任务"对话框中设置各选项

（2）也可以运用网际快车下载多首歌曲或多个文件，具体操作步骤如下：

1）在网页的空白位置右击，在弹出的快捷菜单中选择"使用网际快车下载全部链接"命令，打开"选择要下载的 URL"对话框。

2）在该对话框中将不需要下载的内容勾选取消，如图 6-46 所示。

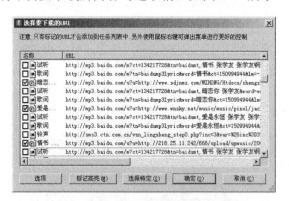

图 6-46 "选择要下载的 URL"对话框

3）单击"确定"按钮，弹出"添加新的下载任务"对话框，在该对话框中设置各选项，具体步骤与下载单首歌曲相同。

4）设置完毕后单击"确定"按钮，弹出一个提示框，询问其他下载文件是否应用相同的设置，如图 6-47 所示。

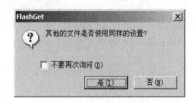

图 6-47 弹出的提示框

5）单击"是"按钮，即可进行多个文件的下载，同时将弹出网际快车软件的下载主界面，如图 6-48 所示，主界面中将显示下载文件的详细信息及进度。

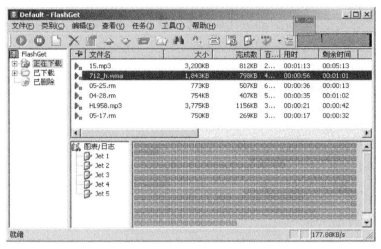

图 6-48　网际快车软件的下载主界面

6.3.3　使用免费邮箱

随着网络的发展，现在很多网站都给用户提供了免费信箱。除了可以应用 Outlook 软件收发电子邮件外，还可以通过网站设置自己的免费信箱来收发邮件。

本节以 163 免费信箱为例，介绍申请和使用电子邮箱的方法。

1. 申请免费电子邮箱

申请免费电子邮箱的步骤如下：

（1）在 IE 地址栏中输入 http://www.163.com，进入网易首页。

（2）单击"免费邮箱"链接，打开如图 6-49 所示的网页。

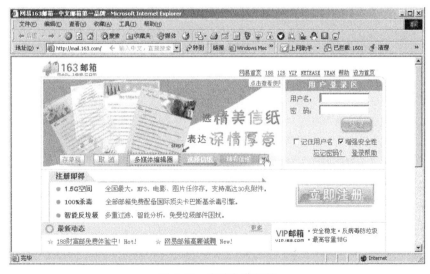

图 6-49　申请免费邮箱

（3）单击"立即注册"按钮，开始进行邮箱的注册。

（4）首先打开的是"确认服务条款"网页，在该网页中仔细阅读并接受"网易通行证服务条款"。

（5）单击"我接受"按钮，进入注册邮箱的第二步——选择用户名（图 6-50），在该页面中根据提示输入用户名及密码等。

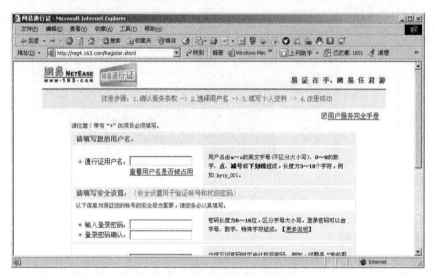

图 6-50　选择用户名

（6）输入完毕，单击"提交表单"按钮，进入注册邮箱的第三步——填写个人资料，在网页中根据系统提示，输入用户的详细信息。

（7）单击"提交表单"按钮，弹出如图 6-51 所示的网页，显示免费邮箱已经注册成功。

（8）当邮箱注册成功后，单击"开通免费邮箱"按钮或者单击"立即开通"按钮将邮箱激活。至此，一个免费的电子邮箱注册完毕。

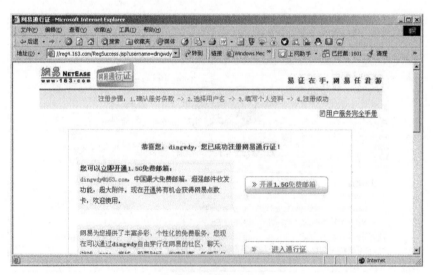

图 6-51　邮箱注册成功

2. 用免费的电子邮箱收发邮件

申请了免费的电子邮箱后，就可以用该邮箱进行邮件的发送了。具体操作步骤如下：

（1）在网易首页上单击"免费邮箱"链接。

（2）在弹出的网页的"用户登录区"处输入用户名和密码。

（3）单击"登录"按钮，进入电子邮箱，如图 6-52 所示。

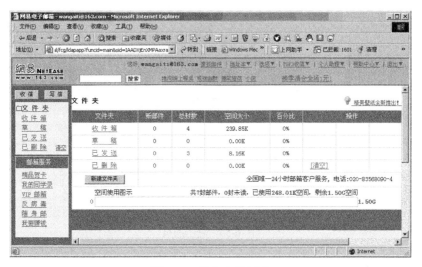

图 6-52　进入电子邮箱

（4）网页的左侧列出了邮箱中的所有文件夹和功能选项，网页的右上部显示了邮箱中的文件夹信息，下部是空间使用情况图示及详细资料。

（5）单击"写信"按钮，打开撰写邮件页面（图 6-53），在该页面中可以输入邮件的内容。

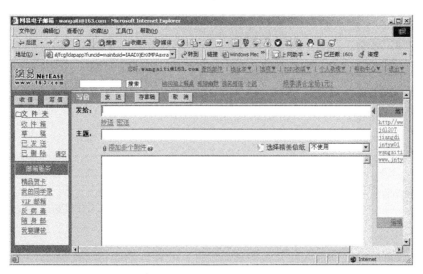

图 6-53　撰写邮件的页面

（6）内容输入完毕，单击"发送"按钮，即可发送撰写的邮件。

3. 在免费的电子邮箱中发送精品贺卡

下面介绍怎样在免费的电子邮箱中发送精品贺卡。

（1）在免费电子邮箱中单击"精品贺卡"选项，弹出如图 6-54 所示的贺卡网页。

图 6-54 贺卡网页

（2）选择要发送的贺卡并单击，进入发送贺卡邮件窗口，如图 6-55 所示。

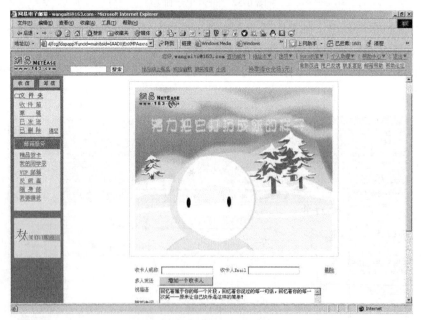

图 6-55 发送贺卡邮件窗口

（3）在该窗口的底部输入收件人的邮箱地址、收件人的昵称等信息。

（4）单击"发送"按钮，即可将贺卡发至收件人的邮箱。

习题

一、单项选择题

1. OSI 的中文含义是（　　）。

    A．网络通信协议   B．国家信息基础设施

    C．开放系统互联参考模型   D．公共数据通信网

2. 为了能在网络上正确地传送信息，制定了一套关于传输顺序、格式、内容和方式的约定，称之为（　　）。

    A．OSI 参考模型   B．网络操作系统

    C．通信协议   D．网络通信软件

3. 衡量网络上数据传输速率的单位是每秒传输多少个二进制位，记为（　　）。

    A．bps   B．OSI   C．modem   D．TCP/IP

4. 局域网常用的基本拓扑结构有（　　）、环型和星型。

    A．层次型   B．总线型   C．交换型   D．分组型

5. 目前，局域网的传输介质（媒体）主要是（　　）、同轴电缆和光纤。

    A．电话线   B．双绞线   C．公共数据网   D．通信卫星

6. 在局域网中的各个节点，计算机都应在主机扩展槽中插有网卡，网卡的正式名称是（　　）。

    A．集线器   B．T 型接头（连接器）

    C．终端匹配器   D．网络适配器

7. 调制解调器用于完成计算机数字信号与（　　）之间的转换。

    A．电话线上的数字信号   B．同轴电线上的音频信号

    C．同轴电缆上的数字信号   D．电话线上的音频信号

8. 以下关于 OSI 的叙述中，错误的是（　　）。

    A．OSI 是由 ISO 制定的

    B．物理层负责数据的传送

    C．网络层负责将数据打包后再传送

    D．最下面两层为物理层和数据链路层

9. 将两个同类局域网（即使用相同的网络操作系统）互联应使用的设备是（　　）。

    A．网卡   B．网关   C．网桥   D．路由器

10. 计算机网络最突出的优点是（　　）。

    A．计算速度快   B．运算精度高   C．存储量大   D．资源共享

11. 和广域网相比，局域网（　　）。

    A．有效性、可靠性均好   B．有效性、可靠性均差

    C．有效性好、但可靠性差   D．有效性差、但可靠性好

12. 计算机通信就是将一台计算机产生的数字信息通过（　　）传送给另一台计算机。

    A．数字信道   B．通信信道   C．模拟信道   D．传送信道

13. 分组交换比电路交换（　　）。

 A. 实时性好线路利用率高   B. 实时性好但线路利用率低

 C. 实时性差而线路利用率高   D. 实时性和线路利用率均差

14. 国际标准化组织制定的 OSI 模型的最底层是（　　）。

 A. 数据链路层   B. 逻辑链接

 C. 物理层   D. 介质访问控制方法

15. 一座办公大楼内各个办公室中的微机进行联网，这个网络属于（　　）。

 A. WAN   B. LAN   C. MAN   D. GAN

16. 常用的有线通信介质包括双绞线、同轴电缆和（　　）。

 A. 微波   B. 红外线   C. 光缆   D. 激光

17. （　　）多用于同类局域网之间的互联。

 A. 中继器   B. 网桥   C. 路由器   D. 网关

18. 开放系统互联参考模型的基本结构分为（　　）层。

 A. 4   B. 5   C. 6   D. 7

19. 在 OSI 参考模型中，在（　　）把传输的比特流分为帧。

 A. 传输层   B. 网络层   C. 会话层   D. 数据链路层

20. 为了顺利实现 OSI 模型中的同一层次的功能，在网络的各个点上必须共同遵守的规则，叫作（　　）。

 A. 协议   B. TCP/IP 协议   C. Internet   D. 以太

21. 目前，局域网的传输介质（媒体）主要是同轴电线、双绞线和（　　）。

 A. 通信卫星   B. 公共数据网   C. 电话线   D. 光纤

22. 组建以太网时，通常都是用双绞线把若干个计算机连到一个"中心"的设备上，这个设备为（　　）。

 A. 网络适配器   B. 服务器   C. 集线器   D. 总线型

23. 实现计算机网络需要硬件和软件，其中负责管理整个网络各种资源，协调各种操作的软件叫（　　）。

 A. 网络应用软件   B. 通信协议软件

 C. OSI   D. 网络操作系统

24. 路由选择是 OSI 模型中（　　）层的主要功能。

 A. 物理   B. 数据链路   C. 网络   D. 传输

25. A 类地址的子网掩码的 255 项数是（　　）。

 A. 1 项   B. 2 项   C. 3 项   D. 4 项

26. 计算机网络最主要的功能是（　　）。

 A. 扩充存储容量   B. 提高运算速度

 C. 传输文件   D. 共享资源

27. 在计算机网络技术中，WAN 的中文意义是（　　）。

 A. 以太网   B. 广域网   C. 互联网   D. 局域网

28. 目前在计算机广域网中主要采用（　　）技术。

 A. 编码解码   B. 电路交换   C. 报文分组交换   D. 令牌总线

29．为了利用邮电系统公用电话网的线路来传输计算机数字信号，必须配置（　　）。
　　A．编码解码器　　　　　　　　B．调制解调器
　　C．集线器　　　　　　　　　　D．网卡

30．下列四项里，（　　）不是因特网的最高层域名。
　　A．edu　　　　　B．www　　　　　C．gov　　　　　D．net

31．所谓互联网，指的是（　　）。
　　A．同种类型的网络及其产品相互连接起来
　　B．同种或异种类型的网络及其产品相互连接起来
　　C．大型主机与远程终端相互连接起来
　　D．若干台大型主机相互连接起来

32．一个用户想使用电子信函（电子邮件）功能，应当（　　）。
　　A．向附近的一个邮局申请，办理建立一个自己专用的信箱
　　B．把自己的计算机通过网络与附近的一个邮局连起来
　　C．通过电话得到一个电子邮局的服务支持
　　D．使自己的计算机通过网络得到网上一个 E-mail 服务器的服务支持

33．文件传输和远程登录都是互联网上的主要功能之一，它们都需要双方计算机之间建立通信联系，两者的区别是（　　）。
　　A．文件传输只能传输计算机上已存有的文件，远程登录则还可以直接在登录的主机上进行创建目录、创建文件、删除文件等其他操作
　　B．文件传输只能传输文件，远程登录则不能传输文件
　　C．文件传输不必经过对方计算机的验证许可，远程登录则必须经过对方计算机的验证许可
　　D．文件传输只能传输字符文件，不能传输图像、声音文件；而远程登录则可以

34．HTTP 是一种（　　）。
　　A．高级程序语言　　　　　　　B．域名
　　C．超文本传输协议　　　　　　D．网址

35．因特网上许多复杂网络和许多不同类型的计算机之间能够相互通信的基础是（　　）。
　　A．X.25　　　　B．ATM　　　　C．Novell　　　　D．TCP/IP

36．从 www.uste.edu.cn 可以看出，此网站是一个（　　）的站点。
　　A．政府部门　　B．军事部门　　C．工商部门　　D．教育部门

37．互联网络上的服务都是基于一种协议，WWW 服务基于（　　）协议。
　　A．SMIP　　　　　　　　　　B．HTTP
　　C．SNMP　　　　　　　　　　D．TELNET

38．Internet 的通信协议是（　　）。
　　A．X.25　　　　　　　　　　B．CSMA/CD
　　C．TCP/IP　　　　　　　　　D．CSMA

39．最早出现的计算机网是（　　）。
　　A．Internet　　　　　　　　B．BITNET
　　C．ARPANET　　　　　　　　D．EtherNet

40. 为了保证全网的正确通信，EtherNet 为联网的每个网络和每台主机都分配了唯一的地址，该地址由纯数字并用小数点分隔，将它称为（　　）。

    A．TCP 地址   B．IP 地址

    C．WWW 服务器地址   D．WWW 客户机地址

41. 下列叙述中，错误的是（　　）。

    A．发送电子邮件时，一次发送操作只能发给一个接收者

    B．收发电子邮件时，接收方无需了解对方的电子邮件地址就能发回函

    C．向对方发送电子邮件时并不要求对方一定处于开机状态

    D．使用电子邮件的首要条件是拥有一个电子邮箱

42. 电子邮件的特点之一是（　　）。

    A．采用存储转发方式在网络上逐步传递信息，不像电话那样直接、即时，但费用较低

    B．在通信双方的计算机都开机工作的情况下方可快速传递数字信息

    C．比邮政信函、电报、电话、传真都更快

    D．只要在通信双方的计算机之间建立起直接的通信线路后，便可快速传递数字信息

43. 互联网的主要硬件设备有中继器、网桥、网关和（　　）。

    A．集线器   B．网卡   C．网络适配器   D．路由器

44. 下列选项中，合法的 C 类 IP 地址是（　　）。

    A．190.220.5   B．206.53.3.78   C．206.53.312.78   D．123.43.82.220

45. 每个 C 类 IP 地址包含（　　）个主机号。

    A．256   B．1024   C．24   D．2

46. 因特网上一台主机的域名由（　　）部分组成。

    A．3   B．4   C．5   D．若干（不限）

47. 目前，因特网上最主要的服务方式是（　　）。

    A．E-mail   B．WWW   C．FTP   D．CHAT

48. 表示数据传输有效性的指标是（　　）。

    A．误码率   B．传输速率   C．信道容量   D．频带利用率

49. 用户要想在网上查询 WWW 信息，必须安装并运行一个被称为（　　）的软件。

    A．HTTP   B．YAHOO   C．浏览器   D．万维网

50. 搜狐搜索引擎的 URL（地址）是（　　）。

    A．http://www.163.com   B．http://www.263.com

    C．http://www.sohu.com   D．http://www.cc163.com

51. TCP/IP 是一组（　　）。

    A．局域网技术

    B．广域网技术

    C．支持同一种计算机（网络）互联的通信协议

    D．支持同异种计算机（网络）互联的通信协议

52. Internet 是（　　）。

    A．一种网络软件   B．CPU 的一种型号

    C．因特网   D．电子信箱

53. 保存网页的方法是通过（　　）命令。
　　A. "文件" → "另存为"　　　　　　B. "编辑"
　　C. "粘贴"　　　　　　　　　　　　D. "复制"

二、判断题

（　　）1. 在 IE 浏览器中可以设置默认网页。
（　　）2. 在电子邮件的正文中可以添加照片。
（　　）3. 世界很大，Internet 上主机的 IP 地址可能相同。
（　　）4. 用 Modem 上网，电话线传输的是模拟信号。
（　　）5. 互联网络上的 "交通规则" 是 TCP/IP 协议。
（　　）6. 调制解调器主要是用来进行模拟信号与数字信号的相互转换。

第7章 信息安全基础

学习目标

- 了解：信息安全及网络安全基本概念、计算机病毒、信息存储。
- 理解：信息安全技术、常见的安全威胁。
- 应用：计算机网络端口。

信息网络面临的威胁来自电磁泄露、雷击等环境安全构成的威胁，软硬件故障和工作人员误操作等人为或偶然事故构成的威胁，利用计算机实施盗窃、诈骗等违法犯罪活动的威胁，网络攻击和计算机病毒构成的威胁，以及信息战的威胁等。

国家间的电子信息对抗也称为"信息战"，因为信息安全具有特别重要的战略地位，各国都给以极大的关注与投入。

信息网络自身的脆弱性主要包括：在信息输入、处理、传输、存储、输出过程中存在的信息容易被篡改、伪造、破坏、窃取、泄漏等不安全因素；信息网络自身在操作系统、数据库以及通信协议等存在安全漏洞和隐蔽信道等不安全因素；磁盘高密度存储受到损坏造成大量信息的丢失，存储介质中的残留信息泄密，计算机设备工作时产生的辐射电磁波造成的信息泄密等。

7.1 信息安全与网络安全的基本概念

7.1.1 信息安全与网络安全概述

信息安全是一门涉及计算机科学、网络技术、通信技术、密码技术、信息安全技术、应用数学、数论、信息论等多种学科的综合性学科。

信息安全主要包括以下 5 方面的内容，即需保证信息的保密性、真实性、完整性、未授权复制和所寄生系统的安全性。信息安全本身包括的范围很大，其中包括如何防范商业企业机密泄露、防范青少年对不良信息的浏览、防范个人信息的泄露等。网络环境下的信息安全体系是保证信息安全的关键，包括计算机安全操作系统、各种安全协议、安全机制，只要存在安全漏洞便会威胁全局安全。保障信息安全是指信息系统受到保护，不因偶然的或者恶意的因素而遭到破坏、更改、泄露，系统连续可靠正常地运行，信息服务不中断，最终实现业务连续性。

1. 信息安全的基本概念

信息安全主要指防止信息被故意的或偶然的非授权泄露、更改、破坏或使信息被非法的系统辨识和控制，避免攻击者利用系统的安全漏洞进行窃听、冒充、诈骗等有损合法用户的行为，主要内容如下。

（1）完整性。指信息在传输、交换、存储和处理过程中保持非修改、非破坏和非丢失的特性，即保持信息原样性，使信息能正确生成、存储、传输，这是最基本的安全特征。

（2）保密性。指信息按给定要求不泄漏给非授权的个人、实体或进程，或供其利用的特性，即杜绝有用信息泄漏给非授权个人或实体，强调有用信息只被授权对象使用的特征。

（3）可用性。指网络信息可被授权实体正确访问，并按要求能正常使用或在非正常情况下能恢复使用的特征，即在系统运行时能正确存取所需信息，当系统遭受攻击或破坏时，能迅速恢复并投入使用。可用性是衡量网络信息系统面向用户的一种安全性能。

（4）不可否认性。指通信双方在信息交互过程中，确信参与者本身以及参与者所提供的信息的真实同一性，即所有参与者都不可能否认或抵赖本人的真实身份，以及提供信息的原样性和完成的操作与承诺。

（5）可控性。指对流通在网络系统中的信息传播及具体内容能够实现有效控制的特性，即网络系统中的任何信息要在一定传输范围和存放空间内可控。除了采用常规的传播站点和传播内容监控这种形式外，最典型的如密码的托管政策，当加密算法交由第三方管理时，必须严格按规定可控执行。

2. 网络安全的基本概念

网络安全是指网络系统的硬件、软件及数据受到保护，不遭受偶然或恶意的破坏、更改、泄露，系统连续可靠地正常运行，网络服务不中断。其在不同环境和应用中有不同的解释。

网络安全从其本质来讲就是网络上信息安全，涉及的领域相当广泛，这是因为目前的公用通信网络中存在着各式各样的安全漏洞和威胁。广义上讲，凡是涉及网络上信息的保密性、完整性、可用性和可控性的相关技术和理论，都是网络安全的研究领域。

目前面对因特网上众多的网络服务，在日常使用方便的同时，对安全也提出了更高的要求。网络的安全属性主要有以下几个方面。

（1）保密性：指信息不泄露给非授权的用户、实体或进程。

（2）可用性：指可被授权实体访问并按需求使用的特性。

（3）可控性：指对信息的传播路径、范围及其内容所具有的控制能力。

（4）完整性：指信息在存储或传输过程中保持不被修改、破坏和丢失的特性。

（5）真实性：指在信息交互过程中，确保参与者的真实同一性，所有参与者都不能否认和抵赖曾经完成的操作和承诺，也称认证性、不可抵赖性。

3. 网络与信息安全的重要性

信息作为一种资源，它的普遍性、共享性、增值性、可处理性和多效用性，使其对于人类具有特别重要的意义。信息安全的实质就是要保护信息系统或信息网络中的信息资源免受各种类型的威胁、干扰和破坏，即保证信息的安全性。根据国际标准化组织的定义，信息安全性的含义主要指信息的完整性、可用性、保密性和可靠性。信息安全是任何国家、政府、部门、行业都必须十分重视的问题。

4. 网络信息安全的现状

近年来随着网络技术的飞速发展，计算机网络的资源共享进一步加强，随之而来的信息安全问题日益突出。据美国联邦调查局（Federal Bureau of Investigation，FBI）统计，美国每年网络安全问题所造成的经济损失高达 75 亿美元。而全球平均每 20 秒钟就发生一起 Internet 计算机侵入事件。在 Internet 和 Intranet 的大量应用中，其安全面临着重大的挑战，事实上，资源共享和安全历来是一对矛盾体。在一个开放的网络环境中，大量信息在网上流动，这为不法分子提供了攻击目标。而且计算机网络的组成形式多样性、终端分布广和网络的开放性、互联性等特征更为他们提供了便利。不法分子利用不同的攻击手段，获得访问或修改在网络中流动的敏感信息，闯入用户或政府部门的计算机系统，进行窥视、窃取、篡改数据。网络诈骗不受时间、地点、条件限制，其"低成本和高收益"又在一定程度上刺激了犯罪的增长，使得针对计算机信息系统的犯罪活动日益增多。

7.1.2　常见的安全威胁

信息与网络安全面临的威胁来自很多方面，并且随着时间的变化而变化。常见的计算机网络安全威胁的表现形式主要有窃听、重传、篡改、拒绝服务攻击、行为否认、电子欺骗、非授权访问、传播病毒。

窃听：攻击者通过监视网络数据的手段获得重要的信息，从而导致网络信息的泄密。

重传：攻击者事先获得部分或全部信息，然后将此信息发送给接收者。

篡改：攻击者对合法用户之间的通信信息进行修改、删除、插入，再将伪造的信息发送给接收者，这就是纯粹的信息破坏，这样的网络侵犯者被称为积极侵犯者。

拒绝服务攻击：攻击者通过某种方法使系统响应速度减慢甚至瘫痪，阻止合法用户获得服务。

行为否认：通信实体否认已经发生的行为。

电子欺骗：通过假冒合法用户的身份来进行网络攻击，从而达到掩盖攻击者真实身份，嫁祸他人的目的。

非授权访问：没有预先经过同意就使用网络或计算机资源的行为。

传播病毒：通过网络传播计算机病毒，其破坏性非常高，而且用户很难防范。

7.1.3　信息安全与网络安全的主要表现方面

1. 物理安全

网络的物理安全是整个网络系统安全的前提。在网络建设工程中，由于网络系统属于弱电工程，耐压值很低。因此，在网络工程的设计和施工中，必须优先考虑布线系统与照明电线、动力电线、通信线路、暖气管道及冷热空气管道之间的距离；考虑保护人和网络设备不受电、火灾和雷击的侵害；考虑布线系统和绝缘线、裸体线以及接地与焊接的安全；必须建设防雷系统，防雷系统不仅考虑建筑物防雷，还必须考虑计算机及其他弱电耐压设备的防雷。

2. 网络结构安全

网络结构的安全性也受到网络拓扑结构设计的直接影响。在外部网络和内部网络进行通信时，内部网络的机器安全会受到威胁，同时也影响在同一网络上的许多其他系统。透过网络传播，还会影响到连入 Internet 或 Intranet 的其他的网络。因此，在设计时要将内网服务器和外网及内部其他业务网络进行必要的隔离，避免网络结构信息外泄。

3. 系统安全

整个网络操作系统和网络硬件平台是否可靠且值得信任称为系统安全。没有绝对安全的操作系统，不同的用户应从不同的方面对其网络作详尽的分析，选择安全性尽可能高的操作系统。

4．应用系统安全

应用系统的安全跟具体的应用有关，涉及面广。应用系统的安全是动态的、不断变化的。

5．管理安全风险

网络安全中最重要的部分是管理。责权不明，安全管理制度不健全及缺乏可操作性等都可能带来管理安全的风险。

7.2　信息安全技术

7.2.1　信息安全技术概述

1．信息安全技术的定义

信息安全技术就是维护信息安全的技术。其包括信息安全概述、信息保密技术、信息隐藏技术、消息认证技术、密钥管理技术、数字签名技术、物理安全、操作系统安全、网络安全协议、应用层安全技术、网络攻击技术、网络防御技术、计算机病毒、信息安全法律与法规、信息安全解决方案等。

2．信息安全技术的分类

信息安全技术主要有以下几种安全技术类型：防火墙、安全路由器、虚拟专用网、安全服务器、电子商务认证授权机构、用户认证产品、安全管理中心、入侵检测系统、安全数据库、安全操作系统等。

（1）防火墙。指的是一个由软件和硬件设备组合而成，在内部网和外部网之间、专用网与公共网之间的界面上构造的保护屏障，是一种获取安全性方法的形象说法。它是一种计算机硬件和软件的结合，可在 Internet 与 Intranet 之间建立起一个安全网关，从而保护内部网免受非法用户的侵入。防火墙主要由服务访问规则、验证工具、包过滤和应用网关 4 个部分组成。防火墙就是一个位于计算机和它所连接的网络之间的软件或硬件。

（2）安全路由器。它通常是指集常规路由与网络安全防范功能于一身的网络安全设备。部分安全路由器产品甚至完全是通过在现有常规路由平台之上加装安全加密卡，或相应的软件安全系统而来的。

（3）虚拟专用网（VPN）。指的是在公用网络上建立专用网络的技术。其之所以称为虚拟网，主要是因为整个 VPN 网络的任意两个节点之间的连接并没有传统专用网所需的端到端的物理链路，而是架构在公用网络服务商所提供的网络平台，如 Internet、异步传输模式（ATM）、帧中继（Frame Relay）等之上的逻辑网络，用户数据在逻辑链路中传输。

（4）安全服务器主要针对一个局域网内部的信息存储、传输的安全保密问题，其实现功能包括对局域网资源的管理和控制，对局域网内用户的管理以及对局域网中所有安全相关事件的审计和跟踪。

（5）电子商务认证授权机构（CA）也称为电子商务认证中心，是负责发放和管理数字证书的权威机构，并作为电子商务交易中受信任的第三方，承担公钥体系中公钥的合法性检验的责任。

（6）用户认证产品。由于 IC 卡技术的日益成熟和完善，IC 卡被更为广泛地用于用户认证产品中，用来存储用户的个人私钥，并与其他技术，如动态口令相结合，对用户身份进行有效的识别。同时，还可利用 IC 卡上的个人私钥与数字签名技术结合，实现数字签名机制。随着模式识别技术的发展，诸如指纹、视网膜、脸部特征等高级身份识别技术也将投入应用，并与数字签名等现有技术结合，必将使得对用户身份的认证和识别更趋完善。

（7）安全管理中心。由于网上的安全产品较多，且分布在不同的位置，这就需要建立一套集中管理的机制和设备，即安全管理中心。它用来给各网络安全设备分发密钥、监控网络安全设备的运行状态、负责收集网络安全设备的审计信息等。

（8）入侵检测系统（IDS）是一种对网络传输进行即时监视，在发现可疑传输时发出警报或者采取主动反应措施的网络安全设备。它与其他网络安全设备的不同之处便在于，IDS 是一种积极主动的安全防护技术。IDS 最早出现在 1980 年 4 月。20 世纪 80 年代中期，IDS 逐渐发展成为入侵检测专家系统（IDES）。1990 年，IDS 分化为基于网络的 IDS 和基于主机的 IDS，后又出现分布式 IDS。目前，IDS 发展迅速，已有人宣称 IDS 可以完全取代防火墙。

（9）安全数据库通常是指在具有关系型数据库一般功能的基础上，提高数据库安全性，达到美国可信计算机系统评价标准（TCSEC）和可信数据库解释（TDI）的安全标记保护（B1）级标准，或中国国家标准《计算机信息系统安全保护等级划分准则》的第三级（安全标记保护级）以上安全标准的数据库管理系统。

（10）安全操作系统是指计算机信息系统在自主访问控制、强制访问控制、标记、身份鉴别、客体重用、审计、数据完整性、隐蔽信道分析、可信路径、可信恢复等 10 个方面满足相应的安全技术要求。

3. 信息安全技术的发展趋势

国际互联网允许自主接入，从而构成一个规模庞大的、复杂的巨系统，在如此复杂的环境下，孤立的技术发挥的作用有限，必须从整体的和体系的角度，综合运用系统论、控制论和信息论等理论，融合各种技术手段，加强自主创新和顶层设计，协同解决网络安全问题。

保证网络安全还需严格的手段，未来网络安全领域可能发生三件事：其一是向更高级别的认证转移；其二是目前存储在用户计算机上的复杂数据将"向上移动"，由与银行相似的机构确保它们的安全；其三是在全世界的国家和地区建立与驾照相似的制度，它们在计算机销售时限制计算机的运算能力，或要求用户演示在自己的计算机受到攻击时抵御攻击的能力。

4. 网络信息安全的五层体系

（1）网络层的安全性。网络层的安全性问题核心在于网络是否得到控制，即：是不是任何一个 IP 地址来源的用户都能够进入网络？如果将整个网络比作一幢办公大楼，对于网络层的安全考虑就如同为大楼设置守门人一样。守门人会仔细察看每一位来访者，一旦发现危险的来访者，便会将其拒之门外。

通过网络通道对网络系统进行访问的时候，每一个用户都会拥有一个独立的 IP 地址，这个 IP 地址能够大致表明用户的来源所在地和来源系统。目标网站通过对来源 IP 进行分析便能够初步判断来自这一 IP 的数据是否安全，是否会对本网络系统造成危害，以及来自这一 IP 地址的用户是否有权使用本网络的数据。一旦发现某些数据来自于不可信任的 IP 地址，系统便会自动将这些数据阻挡在系统之外。

用于解决网络层安全性问题的产品主要有防火墙产品和 VPN。防火墙的主要目的在于判断来源 IP，将危险或未经授权的 IP 数据拒之于系统之外，而只让安全的 IP 数据通过。一般来说，公司的内部网络若要与公众 Internet 相连，则应该在二者之间配置防火墙产品，以防止公司内部数据的外泄。VPN 主要解决的是数据传输的安全问题，如果公司各部在地域上跨度较大，使用专网、专线过于昂贵，则可以考虑使用 VPN。其目的在于保证公司内部的敏感关键数据能够安全地借助公共网络进行频繁地交换。

（2）系统的安全性。在系统安全性问题中，主要考虑的问题有两个：一是病毒对于网络的威胁；二是黑客对于网络的破坏和侵入。

病毒的主要传播途径已由过去的软盘、光盘等存储介质变成了网络，多数病毒不仅能够直接感染网络上的计算机，也能够将自身在网络上进行复制。同时，电子邮件、文件传输（FTP）以及网络页面中的恶意 Java 小程序和 ActiveX 控件，甚至文档文件都能够携带对网络和系统有破坏作用的病毒。这些病毒在网络上进行传播和破坏的多种途径和手段，使得网络环境中的防病毒工作变得更加复杂，网络防病毒工具必须能够针对网络中各个可能的病毒入口来进行防护。

对于网络黑客而言，他们的主要目的在于窃取数据和非法修改系统。其手段之一是窃取合法用户的口令，在合法身份的掩护下进行非法操作；其手段之二便是利用网络操作系统的某些合法但不为系统管理员和合法用户所熟知的操作指令。

（3）用户的安全性。对于用户的安全性所要考虑的问题：是否只有那些真正被授权的用户才能够使用系统中的资源和数据。

首先要做的是对用户进行分组管理，并且这种分组管理应该是针对安全性问题而考虑的分组。也就是说，应该根据不同的安全级别将用户分为若干等级，每一等级的用户只能访问与其等级相对应的系统资源和数据。

其次应该考虑的是强有力的身份认证，其目的是确保用户的密码不会被他人猜测到。

在大型的应用系统之中，有时会存在多重的登录体系，用户如需进入最高层的应用，往往需要多次输入多个不同的密码，如果管理不严，多重密码的存在也会造成安全问题上的漏洞。所以在某些先进的登录系统中，用户只需要输入一个密码，系统就能够自动识别用户的安全级别，从而使用户进入不同的应用层次。这种单一登录体系能够比多重登录体系提供更大的系统安全性。

（4）应用程序的安全性。在这一层的主要问题：是否只有合法的用户才能够对特定的数据进行合法的操作，这其中涉及两个方面的问题，一是应用程序对数据的合法权限，二是应用程序对用户的合法权限。

（5）数据的安全性。在数据的保存过程中，机密的数据即使处于安全的空间，也要对其进行加密处理，以保证万一数据失窃，偷盗者也读不懂其中的内容。这是一种比较被动的安全手段，但往往能够得到最好的效果。

7.2.2　信息安全的主要技术

1．加密与解密技术

信息的保密性是信息安全性的一个重要方面。保密的目的是防止不法之人破译机密信息。加密是实现信息的保密性的一个重要手段。所谓加密，就是使用数学方法来重新组织数据，使除了合法的接收者之外，任何其他人都不能恢复原先的"消息"或读懂变化后的"消息"。加密前的信息称为"明文"，加密后的信息称为"密文"。将密文变为明文的过程称为解密。

加密技术可使一些主要数据存储在一台不安全的计算机上，或可以在一个不安全的信道上传送。只有持有合法密钥的一方才能获得"明文"。

　　加密技术分为两类，即对称加密算法和非对称加密算法。

　　（1）对称加密算法。所谓对称，就是采用这种加密方法的双方用同样的密钥进行加密和解密。密钥是控制加密及解密过程的指令。算法是一组规则，规定如何进行加密和解密。对称加密需要对加密和解密使用相同密钥的加密算法。由于其速度快，对称性加密通常在消息发送方需要加密大量数据时使用。对称性加密也称为密钥加密。

　　（2）非对称加密。与对称加密算法不同，非对称加密算法需要两个密钥：公开密钥和私有密钥。公开密钥与私有密钥是一对：如果用公开密钥对数据进行加密，只有用对应的私有密钥才能解密；如果用私有密钥对数据进行加密，那么只有用对应的公开密钥才能解密。因为加密和解密使用的是两个不同的密钥，所以这种算法叫作非对称加密算法。

　　2. 认证技术

　　认证就是指用户必须提供其是谁的证明，如他是某个雇员、某个组织的代理、某个软件过程。认证的标准方法就是弄清楚用户是谁，他具有什么特征，他知道什么可用于识别身份。比如说，系统中存储了用户的指纹，他接入网络时，就必须在连接到网络的电子指纹机上提供他的指纹，只有指纹相符才允许他访问系统。为了解决安全问题，一些公司和机构正千方百计地解决用户身份认证的问题，主要有以下几种认证方法。

　　（1）数字签名。数字签名是一种类似写在纸上的普通的物理签名，使用了公钥加密领域的技术实现，用于鉴别数字信息的方法。一套数字签名通常定义两种互补的运算，一个用于签名，另一个用于验证。

　　数字签名，就是只有信息的发送者才能产生的别人无法伪造的一段数字串，这段数字串同时也是对信息的发送者发送信息真实性的一个有效证明。

　　数字签名是非对称密钥加密技术与数字摘要技术的应用。

　　数字签名技术是将摘要信息用发送者的私钥加密，与原文一起传送给接收者。接收者只有用发送者的公钥才能解密被加密的摘要信息，然后用 HASH 函数对收到的原文产生一个摘要信息，与解密的摘要信息对比。如果相同，则说明收到的信息是完整的，在传输过程中没有被修改，否则说明信息被修改过，因此数字签名能够验证信息的完整性。

　　（2）数字水印。数字水印技术是将一些标识信息直接嵌入数字载体当中或是间接表示，且不影响原载体的使用价值，也不容易被探知和再次修改，但可以被生产方识别和辨认。通过这些隐藏在载体中的信息，可以达到确认内容创建者、购买者、传送隐秘信息或者判断载体是否被篡改等目的。数字水印是保护信息安全、实现防伪溯源、版权保护的有效办法，是信息隐藏技术研究领域的重要分支和研究方向。

　　数字水印技术基本上具有下面几个方面的特点：

　　1）安全性：数字水印的信息应是安全的，难以篡改或伪造，同时，应当有较低的误检测率，当原内容发生变化时，数字水印应当发生变化，从而可以检测原始数据的变更；当然数字水印同样对重复添加有很强的抵抗性

　　2）隐蔽性：数字水印应是不可知觉的，而且应不影响被保护数据的正常使用，不会使数据降质。

　　（3）数字证书。数字证书就是互联网通信中标志通信各方身份信息的一串数字，其提供了一种在 Internet 上验证通信实体身份的方式。数字证书不是数字身份证，而是身份认证机构盖在数字身份证上的一个章或印。它是由权威机构，即 CA 机构，又称为证书授权中心发行的，

人们可以在网上用它来识别对方的身份。

以数字证书为核心的加密技术可以对网络上传输的信息进行加密和解密、数字签名和签名验证，确保网上传递信息的机密性、完整性及交易的不可抵赖性。使用了数字证书，即使发送的信息在网上被他人截获，甚至丢失了个人的账户、密码等信息，仍可以保证账户、资金安全。

（4）双重认证。如波士顿的 Beth Isreal Hospital 公司和意大利一家居领导地位的电信公司正采用双重认证方法来保证用户的身份证明的可靠性。也就是说他们不是采用一种方法，而是采用两种形式的证明方法，这些证明方法包括令牌、智能卡和仿生装置，如视网膜或指纹扫描器。

3. 访问控制技术

（1）访问控制技术概述。访问控制技术即防止对任何资源进行未授权的访问，从而使计算机系统在合法的范围内使用。其通过用户身份及其所归属的某项定义组来限制用户对某些信息项的访问，或限制对某些控制功能的使用。通常用于系统管理员控制用户对服务器、目录、文件等网络资源的访问。

访问控制的主要功能：保证合法用户访问受保护的网络资源，防止非法的主体进入受保护的网络资源，或防止合法用户对受保护的网络资源进行非授权的访问。访问控制首先需要对用户身份的合法性进行验证，同时利用控制策略进行选用和管理工作。当对用户身份和访问权限验证之后，还需要对越权操作进行监控。

访问控制的内容包括认证、控制策略实现和安全审计。

● 认证：包括主体对客体的识别及客体对主体的检验确认。

● 控制策略：通过合理地设定控制规则集合，确保用户对信息资源在授权范围内的合法使用。既要确保授权用户的合理使用，又要防止非法用户侵权进入系统，使重要信息资源泄露。同时要控制合法用户也不能越权行使权限以外的功能及访问范围。

● 安全审计：系统可以自动根据用户的访问权限，对计算机网络环境下的有关活动或行为进行系统的、独立的检查验证，并做出相应评价与审计。

（2）访问控制技术级别。

1）入网访问控制。入网访问控制是网络访问的第一层访问控制。其对用户规定所能登入到的服务器及获取的网络资源，控制准许用户入网的时间和工作站点。用户的入网访问控制分为用户名和口令的识别与验证、用户账号的默认限制检查。用户若有任何一个环节检查未通过，就无法登入网络进行访问。

2）网络的权限控制。网络的权限控制是防止网络非法操作而采取的一种安全保护措施。用户对网络资源的访问权限通常用一个访问控制列表来描述。

3）目录级安全控制。目录级安全控制是针对用户设置的访问控制，具体为控制目录、文件、设备的访问。用户在目录一级指定的权限对所有文件和子目录有效，用户还可进一步指定对目录下的子目录和文件的权限。

4）属性安全控制。属性安全控制可将特定的属性与网络服务器的文件及目录网络设备相关联。在权限安全的基础上，对属性安全提供更进一步的安全控制。网络上的资源都应先标示其安全属性，将用户对应网络资源的访问权限存入访问控制列表中，记录用户对网络资源的访问能力，以便进行访问控制。

属性配置的权限：向某个文件写数据、复制一个文件、删除目录或文件、查看目录和文件、执行文件、隐含文件、共享、系统属性等。安全属性可以保护重要的目录和文件，防止用户越权对目录和文件的查看、删除和修改等。

5）网络服务器安全控制。网络服务器安全控制允许通过服务器控制台执行的安全控制操作包括，用户利用控制台装载和卸载操作模块、安装和删除软件等。操作网络服务器的安全控制还包括设置口令锁定服务器控制台，主要防止非法用户修改、删除重要信息。另外，系统管理员还可通过设定服务器的登入时间限制、非法访问者检测以及关闭的时间间隔等措施，对网络服务器进行多方位的安全控制。

（3）访问控制技术分类。主要的访问控制有 3 种模式：自主访问控制（DAC）、强制访问控制（MAC）和基于角色访问控制（RBAC）。

1）自主访问控制。自主访问控制是一种接入控制服务，执行基于系统实体身份及其到系统资源的接入授权，其功能包括在文件，文件夹和共享资源中设置许可。用户有权对自身所创建的文件、数据表等访问对象进行访问，并可将其访问权授予其他用户或收回其访问权限。允许访问对象的属主制定针对该对象访问的控制策略，通常，可通过访问控制列表来限定针对客体可执行的操作。

2）强制访问控制。每个主体都有既定的安全属性，每个客体也都有既定的安全属性，主体对客体是否能执行特定的操作取决于两者安全属性之间的关系。通常所说的 MAC 主要是指美国国防部的可信计算机系统评估标准（TESEC）中的 MAC，它主要用来描述美国军用计算机系统环境下的多级安全策略。安全属性用二元组（安全级、类别集合）表示，安全级表示机密程度，类别集合表示部门或组织的集合。

3）基于角色的访问控制。基于角色的访问控制是通过对角色的访问所进行的控制。其将使权限与角色相关联，用户通过成为适当角色的成员而得到其角色的权限，极大地简化了权限管理。为了完成某项工作创建角色，用户可依其责任和资格分派相应的角色，角色可依新需求和系统的合并而被赋予新权限，而权限也可根据需要从某角色中收回。其于角色的访问控制减小了授权管理的复杂性，降低了管理开销，提高了企业安全策略的灵活性。

4. 防火墙

网络防火墙技术是一种用来加强网络之间访问控制，防止外部网络用户以非法手段通过外部网络进入内部网络访问内部网络资源，保护内部网络操作环境的特殊网络互联设备。它对两个或多个网络之间传输的数据包（如链接方式）按照一定的安全策略来实施检查，以决定网络之间的通信是否被允许，并监视网络运行状态。

目前的防火墙产品主要有堡垒主机、包过滤路由器、应用层网关（代理服务器）以及电路层网关、屏蔽主机防火墙、双宿主机等类型。

防火墙处于 5 层网络安全体系中的最底层，属于网络层安全技术范畴。负责网络间的安全认证与传输，但随着网络安全技术的整体发展和网络应用的不断变化，现代防火墙技术已经逐步走向网络层之外的其他安全层次，不仅要完成传统防火墙的过滤任务，同时还能为各种网络应用提供相应的安全服务。另外还有多种防火墙产品正向着数据安全与用户认证、防止病毒与黑客侵入等方向发展。

根据防火墙所采用的技术不同，可以将它分为 4 种基本类型：包过滤型、网络地址转换（NAT）、代理型和监测型。具体如下：

（1）包过滤型。包过滤型产品是防火墙的初级产品，其技术依据是网络中的分包传输技术。网络上的数据都是以"包"为单位进行传输的，数据被分割成为一定大小的数据包，每一个数据包中都会包含一些特定信息，如数据的源地址、目标地址、TCP/UDP 源端口和目标端口等。防火墙通过读取数据包中的地址信息来判断这些"包"是否来自可信任的安全站点，一旦发现来自危险站点的数据包，防火墙便会将这些数据拒之门外。系统管理员也可以根据实际情况灵活制订判断规则。

包过滤技术的优点是简单实用，实现成本较低，在应用环境比较简单的情况下，能够以较小的代价在一定程度上保证系统的安全。

但包过滤技术的缺陷也是明显的。包过滤技术是一种完全基于网络层的安全技术，只能根据数据包的来源、目标和端口等网络信息进行判断，无法识别基于应用层的恶意侵入，如恶意的 Java 小程序以及电子邮件中附带的病毒。有经验的黑客很容易伪造 IP 地址骗过包过滤型防火墙。

（2）网络地址转换（NAT）。网络地址转换是一种用于把 IP 地址转换成临时的、外部的、注册的 IP 地址标准。它允许具有私有 IP 地址的内部网络访问因特网。它还意味着用户不需要为其网络中每一台机器取得注册的 IP 地址。

NAT 的工作过程：在内部网络通过安全网卡访问外部网络时，将产生一个映射记录。系统将外出的源地址和源端口映射为一个伪装的地址和端口，让这个伪装的地址和端口通过非安全网卡与外部网络连接，这样对外就隐藏了真实的内部网络地址。在外部网络通过非安全网卡访问内部网络时，它并不知道内部网络的连接情况，而只是通过一个开放的 IP 地址和端口来请求访问。防火墙根据预先定义好的映射规则来判断这个访问是否安全。当符合规则时，防火墙认为访问是安全的，可以接受访问请求，也可以将连接请求映射到不同的内部计算机中。当不符合规则时，防火墙认为该访问是不安全的，不能被接受，防火墙将屏蔽外部的连接请求。网络地址转换的过程对于用户来说是透明的，不需要用户进行设置，用户只要进行常规操作即可。

（3）代理型。代理型防火墙也可以被称为代理服务器，它的安全性要高于包过滤型产品，并已经开始向应用层发展。代理服务器位于客户机与服务器之间，完全阻挡了二者间的数据交流。从客户机来看，代理服务器相当于一台真正的服务器；而从服务器来看，代理服务器又是一台真正客户机。当客户机需要使用服务器上的数据时，首先将数据请求发给代理服务器，代理服务器再根据这一请求向服务器索取数据，然后再由代理服务器将数据传输给客户机。由于外部系统与内部服务器之间没有直接的数据通道，外部的恶意侵害也就很难伤害企业内部网络系统。

代理型防火墙的优点是安全性较高，可以针对应用层进行侦测和扫描，对基于应用层的侵入和病毒都十分有效。其缺点是对系统的整体性能有较大的影响，而且代理服务器必须针对客户机可能产生的所有应用类型逐一进行设置，大大增加了系统管理的复杂性。

（4）监测型。监测型防火墙是新一代的产品，这一技术实际已经超越了最初的防火墙定义。监测型防火墙能够对各层的数据进行主动的、实时的监测，在对这些数据加以分析的基础上，监测型防火墙能够有效地判断出各层中的非法侵入。同时，这种检测型防火墙产品一般还带有分布式探测器，这些探测器安置在各种应用服务器和其他网络的节点之中，不仅能够检测来自网络外部的攻击，同时对来自内部的恶意破坏也有极强的防范作用。据权威机构统计，在针对网络系统的攻击中，有相当比例的攻击来自网络内部。因此，监测型防火墙不仅超越了传统防火墙的定义，而且在安全性上也超越了前两代产品。

虽然监测型防火墙的安全性已超越了包过滤型和代理服务器型防火墙，但由于监测型防火墙技术的实现成本较高，也不易管理，所以目前在实际生产应用中的防火墙产品仍然以第二代代理型产品为主，但在某些领域也已经开始使用监测型防火墙。基于对系统成本与安全技术成本的综合考虑，用户可以选择性地使用某些监测型技术。这样既能够保证网络系统的安全性需求，同时也能有效地控制安全系统的总拥有成本。

虽然防火墙是目前保护网络免遭黑客袭击的有效手段，但也有明显不足：无法防范通过防火墙以外的其他途径的攻击，不能防止来自内部变节者和不经心的用户们带来的威胁，也不能完全防止传送已感染病毒的软件或文件，以及无法防范数据驱动型的攻击。

5. 入侵检测技术

（1）入侵检测的概述。入侵检测技术是指通过从计算机网络或计算机系统中的若干关键点收集信息并对其进行分析，从中发现网络或系统中是否有违反安全策略的行为和遭到袭击的迹象的一种安全技术。

入侵检测系统（IDS）是一种对网络传输进行即时监视，在发现可疑传输时发出警报或者采取主动反应措施的网络安全设备。它与其他网络安全设备的不同之处在于，IDS 是一种积极主动的安全防护技术。

1980 年，美国人詹姆斯·安德森的《计算机安全威胁监控与监视》第一次详细阐述了入侵检测的概念。1986 年，乔治敦大学研究出了第一个实时入侵检测专家系统。1990 年，加州大学开发了网络安全监控系统，该系统第一次直接将网络流作为审计数据来源，因而可以在不将审计数据转换成统一格式的情况下监控异种主机。从此，入侵检测系统发展史翻开了新的一页，两大阵营正式形成：基于网络的 IDS 和基于主机的 IDS。1988 年之后，美国开展对分布式入侵检测系统的研究，将基于主机和基于网络的检测方法集成到一起。从 20 世纪 90 年代到现在，入侵检测系统的研发呈现出百家争鸣的繁荣局面，并在智能化和分布式两个方向取得了长足的进展。按照分析方法或检测原理可以分为基于统计分析原理的异常入侵检测与基于模板匹配原理的误用入侵检测。按照体系结构可分为集中式入侵检测和分布式入侵检测。按照工作方式可分为离线入侵检测和在线入侵检测。

（2）常用的入侵检测手段。入侵检测系统常用的入侵检测方法有特征检测、统计检测与专家系统。国内的入侵检测产品中 95% 是属于使用入侵模板进行模式匹配的特征检测产品，其他 5% 是采用概率统计的统计检测产品与基于日志的专家知识库系产品。

1）特征检测。特征检测对已知的攻击或入侵的方式作出确定性的描述，形成相应的事件模式。当被审计的事件与已知的入侵事件模式相匹配时报警。特征检测在原理上与专家系统相仿，在检测方法上与计算机病毒的检测方式类似。目前基于对包特征描述的模式匹配应用较为广泛，该方法预报检测的准确率较高，但对于无经验知识的入侵与攻击行为无能为力。

2）统计检测。统计模型常用异常检测，在统计模型中常用的测量参数包括审计事件的数量、间隔时间、资源消耗情况等。常用的入侵检测的 5 种统计模型为操作模型、方差模型、多元模型、马尔柯夫过程模型、时间序列分析模型。

统计方法的最大优点是可以"学习"用户的使用习惯，从而具有较高检出率与可用性。但是它的"学习"能力也给入侵者以机会通过逐步"训练"使入侵事件符合正常操作的统计规律，从而透过入侵检测系统。

3）专家系统。专家系统这种入侵检测方法经常是针对有特征入侵规则。所谓的规则，即知识，不同的系统与设置具有不同的规则，且规则之间往往无通用性。专家系统的建立依赖于知识库的完备性，知识库的完备性又取决于审计记录的完备性与实时性。入侵的特征抽取与表达是入侵检测专家系统的关键。在系统实现中，将有关入侵的知识转化为 if-then 结构，if 部分为入侵特征，then 部分是系统防范措施。运用专家系统防范有特征入侵行为的有效性完全取决于专家系统知识库的完备性。

4）文件完整性检查。这种入侵检测方法是系统检查计算机中自上次检查后文件变化情况。文件完整性检查系统保存每个文件的数字文摘数据库，每次检查时，重新计算文件的数字文摘并将它与数据库中的值相比较；如不同，则文件已被修改；若相同，文件则未发生变化。

7.2.3　黑客及防御策略

黑客是一个中文词语，源自英文 hacker 一词，最初指热心于计算机技术、水平高超的电脑专家，尤其是程序设计人员。

（1）在信息安全里，"黑客"指研究智取计算机安全系统的人员。利用公共通信网络，如互联网和电话系统，在未经许可的情况下：载入对方系统的被称为黑帽黑客（英文：black hat，另称 cracker）；调试和分析计算机安全系统的被称为白帽黑客（英语：white hat）。"黑客"一词最早用来称呼研究盗用电话系统的人士。

（2）在业余计算机方面，"黑客"指研究修改计算机产品的业余爱好者。20 世纪 70 年代，很多的"黑客"群落聚焦于硬件研究，20 世纪 80 年代至 90 年代，很多"黑客"聚焦于软件更改（如编写游戏模组、攻克软件版权限制）。

（3）"黑客"是"一种热衷于研究系统和计算机（特别是网络）内部运作的人"。

1. 黑客常用攻击方法

（1）获取口令。其通常包括有三种方法：一是通过网络监听非法得到用户口令，这类方法有一定的局限性，但危害性极大，监听者往往能够获得其所在网段的所有用户账号和口令，对局域网安全威胁巨大；二是在知道用户的账号后利用一些专业软件强行破解用户口令，这种方法不受网段限制，但黑客要有足够的耐心和时间；三是在获得一个服务器上的用户口令文件后，用暴力破解程序和用户口令，该方法的使用前提是黑客获得口令的 Shadow 文件。第三种方法在所有方法中危害最大，因为它不需要像第二种方法那样一遍又一遍地尝试登录服务器，而是在本地将加密后的口令与 Shadow 文件中的口令相比较就能非常容易地破获用户密码，尤其在面对那些安全意识不强的用户时，在短短的一两分钟内，甚至几十秒内就可以将其破解。

（2）放置特洛伊木马程序。特洛伊木马程序可以直接侵入用户的电脑并进行破坏，它常被伪装成工具程序或者游戏等，诱使用户打开带有特洛伊木马程序的邮件附件或从网上直接下载程序，一旦用户打开了这些邮件的附件或者执行了这些程序之后，它们就会像古特洛伊人在敌人城外留下的藏满士兵的木马一样留在自己的计算机中，并在自己的计算机系统中隐藏一个可以在 Windows 启动时悄悄执行的程序。当连接到因特网上时，这个程序就会通知黑客，报告该计算机的 IP 地址以及预先设定的端口。黑客在收到这些信息后，再利用这个潜伏的程序，就可以任意地修改计算机的参数设定、复制文件、窥视整个硬盘中的内容等，从而达到控制计算机的目的。

（3）WWW 的欺骗技术。在网上用户可以利用 IE 等浏览器进行各种各样的 Web 站点的访问，如阅读新闻组、咨询产品价格、订阅报纸、电子商务等。然而一般的用户恐怕不会想到有这些问题存在：正在访问的网页已经被黑客篡改过，网页上的信息是虚假的。例如黑客将用户要浏览的网页的 URL 改写为指向黑客自己的服务器，当用户浏览目标网页的时候，实际上是向黑客服务器发出请求，那么黑客就可以达到欺骗的目的了。

（4）电子邮件攻击。电子邮件攻击主要表现为两种方式：一是电子邮件轰炸和电子邮件"滚雪球"，也就是通常所说的邮件炸弹，指的是用伪造的 IP 地址和电子邮件地址向同一信箱发送数以千计、万计甚至无穷多次的内容相同的垃圾邮件，致使受害人邮箱被"炸"，严重者可能会给电子邮件服务器操作系统带来危险，甚至瘫痪；二是电子邮件欺骗，攻击者佯称自己为系统管理员，给用户发送邮件要求用户修改口令或在貌似正常的附件中加载病毒或其他木马程序，这类欺骗只要用户提高警惕，一般危害性不是太大。

（5）通过一个节点来攻击其他节点。黑客在突破一台主机后，往往以此主机作为根据地，攻击其他主机。他们可以使用网络监听方法，尝试攻破同一网络内的其他主机；也可以通过 IP 欺骗和主机信任关系，攻击其他主机。这类攻击很狡猾，但由于某些技术很难掌握，因此较少被黑客使用。

（6）网络监听。网络监听是主机的一种工作模式，在这种模式下，主机可以接受到本网段在同一条物理通道上传输的所有信息，而不管这些信息的发送方和接受方是谁。此时，如果两台主机进行通信的信息没有加密，只要使用某些网络监听工具就可以轻而易举地截取包括口令和账号在内的信息资料。虽然网络监听获得的用户账号和口令具有一定的局限性，但监听者往往能够获得其所在网段的所有用户账号及口令。

（7）寻找系统漏洞。许多系统都有这样那样的安全漏洞（Bugs），其中某些是操作系统或应用软件本身具有的，这些漏洞在补丁未被开发出来之前一般很难防御黑客的破坏，除非将网线拔掉；还有一些漏洞是由于系统管理员配置错误引起的，如在网络文件系统中，将目录和文件以可写的方式调出，将未加 Shadow 的用户密码文件以明码方式存放在某一目录下，这都会给黑客带来可乘之机，应及时加以修正。

（8）利用账号进行攻击。有的黑客会利用操作系统提供的缺省账户和密码进行攻击，这类攻击只要系统管理员提高警惕，将系统提供的缺省账户关掉或提醒无口令用户增加口令一般都能克服。

（9）偷取特权。利用各种特洛伊木马程序、后门程序和黑客自己编写的导致缓冲区溢出的程序进行攻击，前两种方法可使黑客非法获得对用户机器的完全控制权，第三种方法可使黑客获得超级用户的权限，从而拥有对整个网络的绝对控制权。这种攻击手段一旦奏效危害性极大。

2. 网络安全防御

不同的网络攻击应采取不同的防御方法，主要应从网络安全技术的加强和采取必要防范措施两个方面考虑。网络安全技术包括入侵检测、访问控制、网络加密技术、网络地址转换技术、身份认证技术等。

（1）入侵检测。入侵检测系统（IDS）可以被定义为对计算机和网络资源的恶意使用行为进行识别和相应处理的系统。包括系统外部的入侵和内部用户的非授权行为，是为保证计算机系统的安全而设计与配置的一种能够及时发现并报告系统中未授权或异常现象的技术，是一种用于检测计算机网络中违反安全策略行为的技术。

（2）访问控制。访问控制主要有两种类型：网络访问控制和系统访问控制。网络访问控制限制外部对主机网络服务的访问和系统内部用户对外部的访问，通常由防火墙实现。系统访问控制为不同用户赋予不同的主机资源访问权限，操作系统提供一定的功能实现系统访问控制。

（3）网络加密技术。利用技术手段把重要的数据变为乱码（加密）传送，到达目的地后再用相同或不同的手段还原（解密）。加密技术包括两个元素：算法和密钥。算法是将普通的文本（或者可以理解的信息）与一串数字（密钥）结合，产生不可理解的密文的步骤；密钥是用来对数据进行编码和解码的一种算法。在安全保密中，可通过适当的密钥加密技术和管理机制来保证网络的信息通信安全。

（4）网络地址转换技术。网络地址转换（NAT）属接入广域网（WAN）技术，是一种将私有地址转化为合法 IP 地址的转换技术，被广泛应用于各种类型 Internet 接入方式和各种类型的网络中。原因很简单，NAT 不仅完美地解决了 IP 地址不足的问题，而且还能够有效地避免来自网络外部的攻击，隐藏并保护网络内部的计算机。

（5）身份认证技术。身份认证技术是在计算机网络中确认操作者身份的过程而产生的有效解决方法。计算机网络世界中，一切信息（包括用户的身份信息）都是用一组特定的数据来表示的，计算机只能识别用户的数字身份，所有对用户的授权也是针对用户数字身份的授权。

网络安全防范主要通过防火墙、系统补丁、IP 地址确认和数据加密等技术来实现。

7.3 计算机病毒及防治

7.3.1 计算机病毒的基础知识

1. 计算机病毒的特征

计算机病毒是编制者在计算机程序中插入的破坏计算机功能或者数据的代码，是能影响计算机使用，能自我复制的一组计算机指令或者程序代码。

计算机病毒具有如下主要特征：

（1）寄生性。计算机病毒寄生在其他程序之中，当执行这个程序时，病毒就起破坏作用，而在未启动这个程序之前，它是不易被人发觉的。

（2）传染性。计算机病毒不但本身具有破坏性，更有害的是具有传染性，一旦病毒被复制或产生变种，其速度之快令人难以预防。

（3）潜伏性。有些病毒像定时炸弹一样，其发作时间是预先设计好的。比如黑色星期五病毒，不到预定时间无法被觉察，等到条件具备的瞬间就爆炸开来，对系统进行破坏。

（4）隐蔽性。计算机病毒具有很强的隐蔽性，有的可以通过病毒软件检查出来，有的根本就查不出来，有的时隐时现、变化无常，这类病毒处理起来通常很困难。

（5）破坏性。计算机中毒后，可能会导致正常的程序无法运行，把计算机内的文件删除或受到不同程度的损坏

2. 计算机病毒的分类

（1）引导区计算机病毒。20 世纪 90 年代中期，最为流行的计算机病毒是引导区病毒，主要通过软盘在 16 位元磁盘操作系统（DOS）环境进行传播。引导区病毒会感染软盘内的引导区及硬盘，而且也能够感染用户硬盘内的主引导区（MBR）。一旦计算机中毒，每一个经受

感染计算机读取过的软盘都会受到感染。

引导区计算机病毒的传播方式：该病毒隐藏在磁盘内，在系统文件启动以前就已驻留在内存内。这样一来，计算机病毒就可完全控制 DOS 中断功能，以便进行病毒传播和破坏活动。那些设计在 DOS 或 Windows 上执行的引导区病毒不能够在新的计算机操作系统上传播，所以这类的计算机病毒已经比较罕见了。

典型例子：Michelangelo 是一种引导区病毒。它会感染引导区内的磁盘及硬盘内的主引导记录（MBR）。当此计算机病毒常驻内存时，便会感染所有读取中及没有写入保护的磁盘。除此以外，Michelangelo 会于 3 月 6 日当天删除受感染计算机内的所有文件。

（2）文件型计算机病毒。文件型计算机病毒又称寄生病毒，通常感染执行文件（.EXE），但是有些也会感染其他可执行文件，如 DLL、SCR 等。每次执行受感染的文件时，计算机病毒便会发作：计算机病毒会将自己复制到其他可执行文件，并且继续执行原有的程序，以免被用户所察觉。

典型例子：CIH 会感染 Windows 的.EXE 文件，并在每月的 26 号发作日进行严重破坏。于每月的 26 号当日，此计算机病毒会试图把一些随机资料覆写在系统的硬盘，令用户无法读取该硬盘原有资料。此外，这病毒会试图破坏 FlashBIOS 内的资料。

（3）复合型计算机病毒。复合型计算机病毒具有引导区病毒和文件型病毒的双重特点。

（4）宏病毒。与其他计算机病毒类型不同的是，宏病毒是攻击数据文件而不是程序文件。

宏病毒专门针对特定的应用软件，可感染依附于某些应用软件内的宏指令。它很容易通过电子邮件附件、软盘、文件下载和群组软件等多种方式进行传播，如 Microsoft Word 和 Microsoft Excel。宏病毒采用程序语言撰写，例如 Visual Basic 或 CorelDraw，而这些又是易于掌握的程序语言。宏病毒最先在 1995 年被发现，在不久后已成为最普遍的计算机病毒。

3. 计算机病毒的表现形式

计算机受到病毒感染后，会表现出不同的症状，接下来将一些经常遇到的现象列出来，供参考。

（1）计算机不能正常启动。加电后计算机根本不能启动，或者可以启动，但所需要的时间比原来的启动时间变长了，有时会突然出现黑屏现象。

（2）运行速度降低。如果发现在运行某个程序时，读取数据的时间比原来长，存文件或调文件的时间都增加了，那就可能是由于病毒造成的。

（3）磁盘空间迅速变小。由于病毒程序要进驻内存，而且又能繁殖，因此使内存空间变小甚至变为 0，用户什么信息也进不去。

（4）文件内容和长度有所改变。一个文件存入磁盘后，它的长度和内容都不会改变，可是由于病毒的干扰，文件长度可能改变，文件内容也可能出现乱码。有时文件内容无法显示或显示后又消失了。

（5）经常出现"死机"现象。正常的操作是不会造成死机现象的，即使是初学者，命令输入不对也不会死机。如果计算机经常死机，那可能是系统被病毒感染了。

（6）外部设备工作异常。因为外部设备受系统的控制，如果计算机中有病毒，外部设备在工作时可能会出现一些异常情况，出现一些用理论或经验说不清道不明的现象。

以上仅列出一些比较常见的病毒表现形式，在实际应用中还会遇到一些其他的特殊现象，这就需要由用户自己判断了。

7.3.2　计算机病毒的防治与清除

1. 计算机病毒的防治

要采用预防为主，管理为主，清杀为辅的防治策略。

（1）不使用来历不明的移动存储设备，不浏览一些格调不高的网站，不阅读来历不明的邮件。

（2）系统备份。要经常备份系统，防止万一被病毒侵害后导致系统崩溃。

（3）安装防病毒软件。

（4）经常查毒、杀毒。

2. 计算机病毒的清除

主要通过安装杀毒软件来实现，国内的有 360 杀毒、金山毒霸等。杀毒软件一般由查毒、杀毒及病毒防火墙三部分组成。

（1）查毒过程。反病毒软件对计算机中的所有存储介质进行扫描，若遇某文件中某一部分代码与查毒软件中的某个病毒特征值相同时，就向用户报告发现了某病毒。

由于新的病毒还在不断出现，为保证反病毒程序能不断认识这些新的病毒程序，反病毒软件供应商会及时收集世界上出现的各种病毒，并建立新的病毒特征库向用户发布，用户及时下载这种病毒特征库才有可能抵御网络上层出不穷的病毒的侵袭。

（2）杀毒过程。在设计杀毒软件时，按病毒感染文件的相反顺序写一个程序，以清除感染病毒，恢复文件原样。

（3）病毒防火墙。当外部进程企图访问防火墙所防护的计算机时，病毒防火墙或者直接阻止这样的操作，或者询问用户并等待用户命令。

杀毒软件具有被动性，一般需要先有病毒及其样品才能研制查杀该病毒的程序，不能查杀未知病毒。有些软件声称可以查杀新的病毒，其实也只能查杀一些已知病毒的变种，而不能查杀一种全新的病毒。迄今为止还没有哪种反病毒软件能查杀现存的所有病毒，更不要说新的病毒了。

7.3.3　计算机病毒的预防

在使用计算机的过程中遵循以下原则可防患于未然。

（1）建立正确的防毒观念，学习有关病毒与反病毒知识。

（2）不要随便下载网上的软件，尤其不要下载那些来自无名网站的免费软件，因为这些软件无法保证没有被病毒感染。

（3）不要使用盗版软件。

（4）不要随便使用别人的软盘或光盘，尽量做到专机专盘专用。

（5）使用新设备和新软件之前要检查。

（6）使用反病毒软件。及时升级反病毒软件的病毒库，开启病毒实时监控。

（7）有规律地制作备份。要养成备份重要文件的习惯。

（8）制作一张无毒的系统软盘，将其写保护，妥善保管，以便应急。

（9）制作应急盘/急救盘/恢复盘。按照反病毒软件的要求制作应急盘/急救盘/恢复盘，以便恢复系统急用。在应急盘/急救盘/恢复盘上存储有关系统的重要信息数据，如硬盘主引导区信息、引导区信息、CMOS 的设备信息以及 DOS 系统的 COMMAND.COM 和两个隐含文件。

（10）一般不要用软盘启动系统。如果计算机能从硬盘启动，就不要用软盘启动，因为这是造成硬盘引导区感染病毒的主要原因。

（11）注意计算机有无异常症状。

（12）发现可疑情况及时通报以获取帮助。

（13）重建硬盘分区，减少损失。若硬盘资料已经遭到破坏，不必急着格式化，因为病毒不可能在短时间内将全部硬盘资料破坏，可利用"灾后重建"程序加以分析和重建。

7.4 网络信息安全相关的网络知识

7.4.1 计算机网络端口

1. 端口概述

在 Internet 上，各主机间通过 TCP/TP 协议发送和接收数据报，各个数据报根据其目的主机的 IP 地址来进行互联网络中的路由选择。可见，把数据报顺利地传送到目的主机是没有问题的。大多数操作系统都支持多程序（进程）同时运行，那么目的主机应该把接收到的数据报传送给众多同时运行的进程中的哪一个呢？显然这个问题有待解决，端口机制便由此被引入。

一台拥有 IP 地址的主机可以提供许多服务，比如 Web 服务、FTP 服务、SMTP 服务等，这些服务完全可以通过 1 个 IP 地址来实现。那么，主机是怎样区分不同的网络服务呢？显然不能只靠 IP 地址，因为 IP 地址与网络服务的关系是一对多的关系。实际上主机是通过"IP 地址+端口号"来区分不同的服务的。

需要注意的是，端口并不是一一对应的。比如某台计算机作为客户机访问一台 WWW 服务器时，WWW 服务器使用 80 端口与该计算机通信，但该计算机则可能使用"3656"这样的端口。

2. 计算机网络中常用的端口号

下面列出了计算机网络中常用的端口号和对应的网络服务。

21/tcp：FTP 文件传输协议。

22/tcp：SSH 安全登录、文件传送（SCP）和端口重定向。

23/tcp：Telnet 远程登录协议。

25/tcp：SMTP 简单邮件传输协议。

69/udp：TFTP 简单文件传输协议。

79/tcp：Finger 服务。

80/tcp：HTTP 超文本传送协议（WWW）。

88/tcp：Kerberos 安全认证系统。

110/tcp：POP3 邮局协议 3 代（E-mail）。

113/tcp：验证服务。

119/tcp：NNTP 网络新闻组传输协议。

220/tcp：IMAP3 互联网邮件访问协议 3 代。

443/tcp：HTTPS 超文本传输安全协议。

3．计算机网络端口号与网络安全的联系

端口在入侵中的作用：有人曾经把服务器比作房子，而把端口比作通向不同房间的门，如果不考虑细节的话，这是一个不错的比喻。入侵者要占领这间房子，势必要破门而入，那么对于入侵者来说，了解房子开了几扇门，都是什么样的门，门后面有什么东西就显得至关重要。

入侵者通常会用扫描器对目标主机的端口进行扫描，以确定哪些端口是开放的，从开放的端口，入侵者可以知道目标主机大致提供了哪些服务，进而猜测可能存在的漏洞。因此对端口的扫描可以帮助我们更好地了解目标主机，而对于管理员，扫描本机的开放端口也是做好安全防范的第一步。

4．如何关闭计算机网络中的端口

每一项服务都对应相应的端口，比如众所周知的 WWW 服务的端口是 80，SMTP 是 25，FTP 是 21，Windows 安装中默认这些服务都是开启的。这对于个人用户来说确实没有必要，关掉端口也就是关闭无用的服务。这可以使用"控制面板"的"管理工具"中的"服务"来配置。

（1）关闭 7、9 端口：关闭简单 ICP/IP 服务（Simple TCP/IP Service）；支持以下 TCP/IP 服务：Character Generator、Daytime、Discard、Echo 以及 Quote of the Day。

（2）关闭 80 端口：关闭 WWW 服务。在"服务"中显示名称为"World Wide Web Publishing Service"，通过 Internet 信息服务的管理单元提供 Web 连接和管理来操作。

（3）关闭 25 端口：关闭简单邮件传输协议［Simple Mail Transport Protocol（SMTP）］服务，它提供的功能是跨网传送电子邮件。

（4）关闭 21 端口：关闭文件传输协发布服务（FTP Publishing Service），它提供的服务是通过 Internet 信息服务的管理单元提供 FTP 连接和管理。

（5）关闭 23 端口：关闭 Telnet 服务，它允许远程用户登录到系统并且使用命令行运行控制台程序。

（6）关闭 Server 服务，此服务提供 RPC 支持及文件、打印、命名管道共享。关掉它就关掉了 Windows 的默认共享，比如 ipc$、c$、admin$等。

（7）关闭 139 端口：139 端口是 NetBIOS Session 端口，用于文件和打印共享，值得注意的是运行 Samba 的 UNIX 机器也开放了 139 端口，其功能相同。关闭 139 端口的方法是在"网络和拨号连接"中的"本地连接"中选取"Internet 协议（TCP/IP）"属性，进入"高级 TCP/IP 设置"，在"WINS 设置"中有"禁用 TCP/IP 的 NETBIOS"单选按钮项，选择该项就关闭了 139 端口。对于个人用户来说，可以在各项服务属性设置中设为"禁用"，以免下次重启服务也重新启动，导致端口也开放。

7.4.2　Windows 中常用的网络命令

在使用 Windows 操作系统的计算机中可以通过一些常用的网络命令来测试和了解自己计算机的网络的一些连接和计算机网络端口的各种情况，这些信息有利于操作者了解所操作的计算机的网络安全情况并给其提供一些帮助信息。运行这些网络命令的方法是单击"开始"，选择"所有程序"→"附件"→"命令提示符"命令即可。下面列出了一些与计算机网络安全维护相关的网络命令。

1. Netstat

Netstat 用于显示与 IP、TCP、UDP 和 ICMP 协议相关的统计数据，一般用于检验本机各端口的网络连接情况。

Netstat 的一些常用命令如下：

netstat -s：本命令能够按照各个协议分别显示其统计数据。如果应用程序（如 Web 浏览器）运行速度比较慢，或者不能显示 Web 页之类的数据，那么就可以用本命令来查看所显示的信息。用户需要仔细查看统计数据的各行，找到出错的关键字，进而确定问题所在。

netstat -e：本命令用于显示关于以太网的统计数据。它列出的项目包括传送的数据报的总字节数、错误数、删除数、数据报的数量和广播的数量。这些统计数据既有发送的数据报数量，也有接收的数据报数量。这个命令可以用来统计一些基本的网络流量。

netstat -r：本命令可以显示关于路由表的信息，类似于后面所讲使用 route print 命令时显示的信息。该命令除了显示有效路由外，还显示当前有效的连接。

netstat -a：本命令显示一个所有的有效连接信息列表，包括已建立的连接（ESTABLISHED），也包括监听连接请求（LISTENING）的连接。

netstat -n：显示所有已建立的有效连接。

2. IPConfig

IPConfig 用于显示当前的 TCP/IP 配置的设置值。这些信息一般用来检验人工配置的 TCP/IP 设置是否正确。但是，如果计算机和所在的局域网使用了动态主机配置协议，这个程序所显示的信息也许更加实用。IPConfig 可以让用户了解计算机是否成功地获得了一个 IP 地址，如果已获得，则可以了解它目前分配到的是什么地址。了解计算机当前的 IP 地址、子网掩码和缺省网关实际上是进行测试和故障分析的必要项目。

IPConfig 的一些常用命令如下：

ipconfig：当 IPConfig 不带任何参数时，那么它为每个已经配置了的接口显示 IP 地址、子网掩码和缺省网关值

ipconfig/all：当使用 all 命令时，IPConfig 能为 DNS 和 WINS 服务器显示它已配置且所要使用的附加信息（如 IP 地址等），并且显示内置于本地网卡中的物理地址（MAC）。如果 IP 地址是从 DHCP 服务器租用的，IPConfig 将显示 DHCP 服务器的 IP 地址和租用地址预计失效的日期。

ipconfig/release 和 ipconfig/renew：这是两个附加命令，只能在向 DHCP 服务器租用其 IP 地址的计算机上起作用。如果输入 ipconfig/release，那么所有接口的租用 IP 地址便重新交付给 DHCP 服务器。如果输入 ipconfig/renew，那么本地计算机便设法与 DHCP 服务器取得联系，并租用一个 IP 地址。请注意，大多数情况下网卡将被重新赋予和以前所赋予的相同的 IP 地址。

3. ARP

ARP 是一个重要的 TCP/IP 协议，并且可用于确定对应 IP 地址的网卡物理地址。使用 arp 命令能够查看本地计算机或另一台计算机的 ARP 高速缓存中的当前内容。此外，使用 arp 命令，也可以用人工方式输入静态的网卡物理/IP 地址对，可以为缺省网关和本地服务器等常用主机进行这项操作，有助于减少网络上的信息量。

按照缺省设置，ARP 高速缓存中的项目是动态的，每当发送一个指定地点的数据报且高

速缓存中不存在当前项目时，ARP 便会自动添加该项目。一旦高速缓存的项目被输入，它们就已经开始走向失效状态。因此，如果 ARP 高速缓存中项目很少或根本没有时，请不要奇怪，通过另一台计算机或路由器的 ping 命令即可添加。因此，需要通过 arp 命令查看高速缓存中的内容时，请最好先 ping 此台计算机。

ARP 的一些常用命令如下：

arp -a 或 arp -g：用于查看高速缓存中的所有项目。-a 和-g 参数的结果是一样的，多年来，-g 一直是 UNIX 平台上用来显示 ARP 高速缓存中所有项目的命令，而 Windows 用的是 arp -a，但它也可以接受比较传统的-g 命令。

arp -a IP：如果有多个网卡，那么使用 arp -a 加上接口的 IP 地址就可以只显示与该接口相关的 ARP 缓存项目。

arp -s IP（物理地址）：可以向 ARP 高速缓存中人工输入一个静态项目。该项目在计算机引导过程中将保持有效状态，在出现错误时，人工配置的物理地址将自动更新该项目。

arp -d IP：使用本命令可人工删除一个静态项目。

4. Tracert

当数据报从计算机经过多个网关传送到目的地时，Tracert 命令可以用来跟踪数据报使用的路由。该实用程序跟踪的路径是源计算机到目的地的一条路径，不能保证或认为数据报总遵循这个路径。如果配置使用 DNS，那么常常会从所产生的应答中得到城市、地址和常见通信公司的名字。Tracert 是一个运行得比较慢的命令，每个路由器大约需要 15 秒钟。

Tracert 的使用很简单，只需要在 Tracert 后面跟一个 IP 地址或 URL，Tracert 会进行相应的域名转换。Tracert 一般用来检测故障的位置，可以用 Tracert IP 检测在哪个环节上出了问题，虽然没有确定是什么问题，但它已经告诉了问题所在的地方。

5. Route

大多数主机一般都是驻留在只连接一台路由器的网段上。由于只有一台路由器，因此不存在使用哪一台路由器将数据报发表到远程计算机上去的问题，该路由器的 IP 地址可作为该网段上所有计算机的缺省网关来输入。

但是，当网络上拥有两个或多个路由器时，就不一定只依赖缺省网关了。实际上用户可能想让某些远程 IP 地址通过某个特定的路由器来传递，而其他的远程 IP 则通过另一个路由器来传递。在这种情况下，需要相应的路由信息，这些信息存储在路由表中，每个主机和每个路由器都配有自己唯一的路由表。大多数路由器使用专门的路由协议来交换和动态更新路由器之间的路由表。但在有些情况下，必须人工将项目添加到路由器和主机上的路由表中。Route 就是用来显示、人工添加和修改路由表项目的。

Route 的一些常用命令如下：

route print：本命令用于显示路由表中的当前项目，在单路由器网段上的输出结果。

route add：使用本命令，可以将新路由项目添加给路由表。

route delete：使用本命令可以从路由表中删除路由。

6. NBTStat

NBTStat 实用程序用于提供关于 NetBIOS 的统计数据。运用 NetBIOS 可以查看本地计算机或远程计算机上的 NetBIOS 名字表格。

NBTStat 的一些常用命令如下：

nbtstat -n：显示寄存在本地的名字和服务程序。

nbtstat -c：本命令用于显示 NetBIOS 名字高速缓存的内容。NetBIOS 名字高速缓存用于存放与本计算机最近进行通信的其他计算机的 NetBIOS 名字和 IP 地址对。

nbtstat -r：本命令用于清除和重新加载 NetBIOS 名字高速缓存。

nbtstat -a IP：通过 IP 显示另一台计算机的物理地址和名字列表，所显示的内容就像对方计算机自己运行 nbtstat -n 一样。

nbtstat -s IP：显示使用其 IP 地址的另一台计算机的 NetBIOS 连接表。

7. Net

Net 有很多函数用于使用和核查计算机之间的 NetBIOS 连接。下面介绍最常用的两个：net view 和 net use。

net view UNC：此命令可以查看目标服务器上的共享点名字。任何局域网里的人都可以发出此命令，而且不需要提供用户 ID 或口令。UNC 名字总是以"\\"开头，后面跟随目标计算机的名字。

net use：本地盘符目标计算机共享点，本命令用于建立或取消到达特定共享点的映像驱动器的连接。

7.5　信息存储安全技术

在信息存储安全技术中主要介绍目前在网络数据磁盘存储上采用较多的磁盘阵列（RAID）技术。

RAID 中文简称为独立冗余磁盘阵列。简单来说，RAID 是一种把多块独立的硬盘（物理硬盘）按不同的方式组合起来形成一个硬盘组（逻辑硬盘），从而提供比单个硬盘更高的存储性能和提供数据备份技术。组成磁盘阵列的不同方式称为 RAID 级别。数据备份的功能是在用户数据一旦发生损坏后，利用备份信息可以使损坏数据得以恢复，从而保障用户数据的安全性。

RAID 技术主要包含 RAID0～RAID7 等数个规范，它们的侧重点各不相同。常见的规范有如下几种：

1. RAID0

RAID0 是连续以位或字节为单位分割数据，并行读/写于多个磁盘上，因此具有很高的数据传输率，但它没有数据冗余，因此并不能算是真正的 RAID 结构。RAID0 只是单纯地提高性能，并没有为数据的可靠性提供保证，而且其中的一个磁盘失效将影响所有数据。因此，RAID0 不能应用于数据安全性要求高的场合。

2. RAID1

它是通过磁盘数据镜像实现数据冗余，在成对的独立磁盘上产生互为备份的数据。当原始数据繁忙时，可直接从镜像复制中读取数据，因此 RAID1 可以提高读取性能。RAID1 是磁盘阵列中单位成本最高的，但提供了很高的数据安全性和可用性。当一个磁盘失效时，系统可以自动切换到镜像磁盘上读写，而不需要重组失效的数据。

3. RAID0+1

RAID0+1 也被称为 RAID10 标准，实际是将 RAID0 和 RAID1 标准结合的产物，在连续地以位或字节为单位分割数据并且并行读/写多个磁盘的同时，为每一块磁盘作磁盘镜像进行冗余。它的优点是同时拥有 RAID0 的超凡速度和 RAID1 的数据高可靠性，但是 CPU 占用率同样也更高，而且磁盘的利用率比较低。

4. RAID2

RAID2 将数据条块化地分布于不同的硬盘上，条块单位为位或字节，并使用称为"加重平均纠错码"的编码技术来提供错误检查及恢复。这种编码技术需要多个磁盘存放检查及恢复信息，这使得 RAID2 技术实施更复杂，因此在商业环境中很少使用。

5. RAID3

它同 RAID2 非常类似，都是将数据条块化分布于不同的硬盘上，区别在于 RAID3 使用简单的奇偶校验，并用单块磁盘存放奇偶校验信息。如果一块磁盘失效，奇偶校验盘及其他数据盘可以重新产生数据；如果奇偶校验盘失效则不影响数据使用。RAID3 对于大量的连续数据可提供很高的传输率，但对于随机数据来说，奇偶校验盘会成为写操作的瓶颈。

6. RAID4

RAID4 同样也将数据条块化并分布于不同的磁盘上，但条块单位为块或记录。RAID4 使用一块磁盘作为奇偶校验盘，每次写操作都需要访问奇偶检验盘，这时奇偶校验盘会成为写操作的瓶颈，因此 RAID4 在商业环境中也很少使用。

7. RAID5

RAID5 不单独指定奇偶检验盘，而是在所有磁盘上交叉地存取数据及奇偶校验信息。在 RAID5 上，读/写指针可同时对阵列设备进行操作，提供了更高的数据流量。RAID5 更适合于小数据块和随机读写的数据。

RAID3 与 RAID5 相比，最主要的区别在于，RAID3 每进行一次数据传输就需涉及所有的阵列盘，而对于 RAID5 来说，大部分数据传输只对一块磁盘操作，并可进行并行操作。在 RAID5 中有"写损失"，即每一次写操作将产生四个实际的读/写操作，其中两次读旧的数据及奇偶信息，两次写新的数据及奇偶信息。

8. RAID6

RAID6 与 RAID5 相比增加了第 2 个独立的奇偶校验信息块。两个独立的奇偶系统使用不同的算法，数据的可靠性非常高，即使两块磁盘同时失效也不会影响数据的使用。但 RAID6 需要分配给奇偶校验信息更大的磁盘空间，相对于 RAID5 有更大的"写损失"，因此"写性能"非常差。较差的性能和复杂的实施方式使得 RAID6 很少得到实际应用。

9. RAID7

这是一种新的 RAID 标准，其自身带有智能化实时操作系统和用于存储管理的软件工具，可完全独立于主机运行，不占用主机 CPU 资源。RAID7 可以看作是一种存储计算机，与其他 RAID 标准有明显区别。

除了以上的各种标准，我们可以如 RAID0+1 那样结合多种 RAID 规范来构筑所需的 RAID 阵列，例如 RAID5+3（RAID53）就是一种应用较为广泛的阵列形式。用户一般可以通过灵活配置磁盘阵列来获得更加符合其要求的磁盘存储系统。

7.6　计算机安全评价标准

我国在网络信息安全方面具有严格的评价标准，具体如下：

1999年10月经过国家质量技术监督局批准发布的《计算机信息系统安全保护等级划分准则》将计算机安全保护划分为以下5个级别。

第1级为用户自主保护级（GB1安全级）：它的安全保护机制使用户具备自主安全保护的能力，保护用户的信息免受非法的读写破坏。

第2级为系统审计保护级（GB2安全级）：除具备第一级所有的安全保护功能外，要求创建和维护访问的审计跟踪记录，使所有的用户对自己的行为的合法性负责。

第3级为安全标记保护级（GB3安全级）：除继承前一个级别的安全功能外，还要求以访问对象标记的安全级别限制访问者的访问权限，实现对访问对象的强制保护。

第4级为结构化保护级（GB4安全级）：在继承前面安全级别安全功能的基础上，将安全保护机制划分为关键部分和非关键部分，对关键部分直接控制访问者对访问对象的存取，从而加强系统的抗渗透能力。

第5级为访问验证保护级（GB5安全级）：这一个级别特别增设了访问验证功能，负责仲裁访问者对访问对象的所有访问活动。

我国是国际标准化组织的成员国，信息安全标准化工作在各方面的努力下正在积极开展之中。从20世纪80年代中期开始，自主制定和采用了一批相应的信息安全标准。但是，应该承认，标准的制定需要较为广泛的应用经验和较为深入的研究背景。这两方面的差距，使我国的信息安全标准化工作与国际已有的工作相比，覆盖的范围还不够大，宏观和微观的指导作用也有待进一步提高。

习题

单项选择题

1．网络安全的保密性是指信息不泄露给非授权的（　　）实体或进程。

A．PC　　　　　　　B．个人　　　　　　C．网络　　　　　　D．系统

2．（　　）作为一种资源，它的普遍性、共享性、增值性、可处理性和多效用性，使其对于人类具有特别重要的意义。

A．信息　　　　　　B．劳动　　　　　　C．能力　　　　　　D．知识

3．全球平均每20（　　）就发生一起Internet计算机侵入事件。

A．小时　　　　　　B．分钟　　　　　　C．秒　　　　　　　D．天

4．网络诈骗的特点是（　　）。

A．低成本和高收益　　　　　　　　B．低成本和低收益

C．高成本和高收益　　　　　　　　D．高成本和低收益

5．网络结构的安全性受到网络（　　）结构设计的直接影响。

A．数据　　　　　　B．系统　　　　　　C．拓扑　　　　　　D．电路

6．防火墙指的是一个由软件和硬件设备组合而成，在内部网和外部网之间、专用网与公共网之间的界面上构造的（　　）。

　　A．集成电路　　　　B．保护屏障　　　　C．数据　　　　　　D．设备

7．安全路由器通常是指集常规路由与网络安全防范功能于一身的（　　）安全设备。

　　A．网络　　　　　　B．信息　　　　　　C．数据　　　　　　D．系统

8．国际互联网允许（　　）接入，从而构成一个规模庞大的、复杂的巨系统。

　　A．自主　　　　　　B．条件　　　　　　C．设备　　　　　　D．自由

9．病毒的主要传播途径已由过去的软盘、光盘等存储介质变成了（　　）。

　　A．网络　　　　　　B．系统　　　　　　C．信号　　　　　　D．设备

10．密钥是控制加密及解密过程的（　　）。

　　A．算法　　　　　　B．指令　　　　　　C．钥匙　　　　　　D．工具

11．数字签名是一种类似写在纸上的普通的物理签名，但是使用了（　　）加密领域的技术实现，用于鉴别数字信息的方法。

　　A．网络　　　　　　B．算法　　　　　　C．密钥　　　　　　D．公钥

12．数字证书就是互联网通信中标志通信各方身份信息的一串数字，提供了一种在Internet 上验证通信（　　）的方式。

　　A．实体数据　　　　B．实体身份　　　　C．个人信息　　　　D．公钥

13．在信息安全里，"黑客"指研究智取计算机安全系统的（　　）。

　　A．代码　　　　　　B．人员　　　　　　C．设备　　　　　　D．算法

14．计算机病毒是编制者在计算机程序中插入的破坏计算机功能或者数据的代码，能影响计算机使用，能自我（　　）的一组计算机指令或者程序代码。

　　A．复制　　　　　　B．进化　　　　　　C．修改　　　　　　D．修复

参考文献

[1] 张伟利，何钰娟，朱烨，等．中国大学 MOOC—Office 高级应用．成都：成都信息工程
     大学．
[2] 王立松，潘梅园，朱敏．大学计算机实践教程[M]．北京：电子工业出版社，2014．
[3] 周丽娟，纪淑芹．大学计算机基础[M]．北京：科学出版社，2012．
[4] 李健苹．计算机应用基础教程[M]．北京：人民邮电出版社，2016．
[5] 刘志敏．计算机应用基础教程[M]．北京：清华大学出版社，2015．
[6] 段永平，陈海英，安远英．计算机应用基础教程[M]．北京：清华大学出版社，2017．
[7] 刘志强．计算机应用基础教程[M]．北京：机械工业出版社，2018．
[8] 战德臣，聂兰顺．大学计算机[M]．北京：电子工业出版社，2013．
[9] 欧丽辉，孙壮桥．计算机应用基础教程[M]．北京：中国金融出版社，2017．
[10] 杨海波，侯萍，俞炫昊．大学计算机基础实践教程[M]．北京：科学出版社，2012．
[11] 吴兆明．计算机应用基础教程[M]．北京：人民邮电出版社，2018．
[12] 黄和，蔡洪涛．计算机应用基础教程[M]．北京：科学出版社，2017．
[13] 周晶．计算机应用基础实践教程[M]．北京：清华大学出版社，2013．
[14] 陈娟．计算机应用基础实践教程[M]．北京：电子工业出版社，2017．
[15] 李晓艳，郭维威．计算机应用基础实践教程[M]．北京：人民邮电出版社，2016．